软考冲刺 100 题

网络工程师考前冲刺 100 题
（第二版）

朱小平　施　游　编著

中国水利水电出版社
www.waterpub.com.cn
·北京·

内 容 提 要

通过网络工程师考试已成为诸多从事网络系统集成和网络管理的技术人员获得职称晋升和能力水平认定的一个重要条件，然而网络工程师考试的知识点繁多，有一定难度。本书总结了作者多年来对软考备考的方法，以及对题目分析、归类、整理、总结等方面的研究。

全书内容通过思维导图描述整个考试的知识体系；以典型题目高度概括考试的知识点分布，并详细阐述解题的方法和技巧，通过对题目的选择和分析来覆盖考试大纲中的重点、难点及疑点。

本书可作为参加网络工程师考试考生的自学用书，也可作为软考培训班的教材和从事网络技术相关的专业人员的参考用书。

图书在版编目（ＣＩＰ）数据

网络工程师考前冲刺100题 / 朱小平，施游编著. --
2版. -- 北京 ： 中国水利水电出版社，2017.1（2024.3 重印）
（软考冲刺100题）
ISBN 978-7-5170-4789-6

Ⅰ. ①网… Ⅱ. ①朱… ②施… Ⅲ. ①计算机网络—
资格考试—习题集 Ⅳ. ①TP393-44

中国版本图书馆CIP数据核字(2016)第241917号

策划编辑：周春元　　责任编辑：张玉玲　　加工编辑：孙 丹　　封面设计：李 佳

书　　名	软考冲刺100题 **网络工程师考前冲刺 100 题（第二版）** WANGLUO GONGCHENGSHI KAOQIAN CHONGCI 100 TI
作　　者	朱小平　施　游　编著
出版发行	中国水利水电出版社 （北京市海淀区玉渊潭南路 1 号 D 座　100038） 网址：www.waterpub.com.cn E-mail: mchannel@263.net（答疑） 　　　　sales@mwr.gov.cn 电话：(010) 68545888（营销中心）、82562819（组稿）
经　　售	北京科水图书销售有限公司 电话：(010) 68545874、63202643 全国各地新华书店和相关出版物销售网点
排　　版	北京万水电子信息有限公司
印　　刷	三河市鑫金马印装有限公司
规　　格	184mm×240mm　16 开本　19.75 印张　459 千字
版　　次	2013 年 3 月第 1 版　2013 年 3 月第 1 次印刷 2017 年 1 月第 2 版　2024 年 3 月第 15 次印刷
印　　数	45001—48000 册
定　　价	48.00 元

本书编委会

张 立 湖南木森教育科技有限公司

李同行 广东大象同行教育科技有限公司

吴献文 湖南铁道职业技术学院

田卫红 娄底潇湘职业学院

廖坤鸿 湖南省娄底市行政审批服务局

肖忠良 娄底职业技术学院

再版前言

    本书作为《攻克要塞》百题系列教辅之一，自 2013 年 3 月出版以来，迄今已过去 3 年多的时间。这期间我们的教学思路、方法及教学工具都发生了较大的改变。2016 年上半年，当出版社征询我们是否改版的时候，我们决定继续改进这个系列。

    我们依旧认为，大部分考生是没有足够的时间去反复阅读教材的，也没有足够的时间和精力耗费在旷日持久的复习上。所以此次改版，我们仍保持原有的核心理念，即通过关键题目来攻克知识难点和重点，花较少的时间来通过软考。因此，本书侧重点仍然在"题"，做典型的题，掌握典型的知识点。在经过多年的教学检验后，我们仍然沿用原有的目录结构，但该书的内容在第一版的基础上进行了一定的调整，主要体现在以下三方面：

    （1）用近年来的新题目、典型题目替换部分老旧题目。

    （2）强化"课堂练习"环节的习题，对部分习题进行了增补，仿真程度更高。

    （3）根据近年来的考试动向，增加了华为设备配置的案例题。

    多年过去，考题、考核方式、考核知识点方面均有了一些的变化，我们需要更新相关的复习思路和样题。所以，本书的再版是我面授经验的再一次的提炼与总结。

    感谢学员在教学过程中给予的反馈！

    感谢合作培训机构给予的支持！

    感谢中国水利水电出版社在此套丛书上的尽心尽力！

    我们自知本书并非完美，我们的研发团队也必然会持续完善本书。在阅读过程中，如果您有任何想法和意见，欢迎关注"攻克要塞"公众号，与我们交流。

编者

2021 年 3 月最新修订

初版前言

一直以来，计算机技术与软件专业技术资格（水平）考试（以下简称"软考"）是国内难度最高的计算机专业资格考试之一，其平均通过率在 10%左右。自网络工程师开考以来，其通过率也维持在 15%左右的水平，考试的难度可想而知。

本人从 2004 年开始从事软考的辅导与培训工作，一直以来都在进行软考相关的培训业务，自 2008 年以来，各企事业单位的信息技术部门逐步认可软考的网络工程师的职称认定，应各单位的邀请，我开始网络工程师的面授培训。通常面授的课程只有 5 天时间，在 5 天之内将该考试涉及到的主要知识点全部讲完，同时要让学员掌握重点、难点和疑点，培训强度之大可想而知，因此，整理关键知识点是我日常的教学任务之一。同时，在培训过程中，纵观目前的图书市场，很难找到一本合适的书籍推荐给学员作为考试高效复习的蓝本。因此，在培训过程中，我一直使用内部编排的讲义和习题，经过多年的培训，该讲义和习题的版本根据教学的实际情况每年不断地进行了更新。

2011 年下半年，在出版机构的推动下，我萌生了总结经验、编撰书籍的想法，在与出版社签订合同后，我根据自己的培训经验，总结部分经典题型、解题方法并结集出版。这就是本书产生的缘由之一。

当然，本书属于系列丛书中的一本，同时也是本人实际教学的一部分，是本人多年来从事软考培训经验的阶段性总结。本书的出版得到了学员、培训机构及各地软考办的支持，正是这种教学上的反馈促使我们不断修正、完善培训讲义，促使了该书的形成。在此感谢本书编委会的同事们和部分省市的软考办以及培训合作机构。

编　者

致读者

所有参加考试的人都在寻找一种能通过考试的最有效的复习方法，然而很多人却无法找到适合自己的最有效的方法，其实，最有效的方法就是做题，虽然不是对每个人都最有效，但是对绝大部分人而言，这就是最好的方法了。

在我授课的过程中，培训机构和学员们往往抱着侥幸心理，希望通过老师 5 天的授课就可以通过考试，但对于大部分学员来说，仅凭听 5 天的课程就通过考试的几率很小。究其原因，就是学员没有经历过大量做题的训练，缺乏对试题敏锐的感觉。同样，在面授的过程中，大量的技巧和经验性内容需要通过做题而不断强化。

对于这种应试性的考试来说，"采用题海战术"确实是不二法门。但问题是，到哪里找题呢？互联网上的习题成千上万，是不是都需要做一遍呢？考生是否有足够的时间来做大量的习题呢？

其实，"采用题海战术"只是考试通关手段的一种表象，之所以通过题海战术应付考试，其真实原因是"大规模的做题导致了对知识点的全覆盖"，通过大量的习题来覆盖考试涉及到的知识范围，所以真正的原因是做题者命中了知识点，而不是题海战术本身。但在时间和精力有限的情况下，考生根本没有足够的时间采用题海战术，那要提高命中率，应该怎么办呢？

上午考试有 75 道选择题，下午有 5 道案例题。通过多年对考试的研究，实际题型和变化趋势不会超过 100 个，大量的题目围绕着有限的知识点反复考核，从不同的侧面变化不同的题型。为此，我基于历次培训的讲义和习题，将各知识领域的典型题型进行收集、汇总、分析，从这些题型中选出具有代表性的题目，并对部分题目考核的知识点、考核形式及题目的演化形式等进行了分析。当读者们掌握了这 100 道题的解题方法及相关的知识点后，可以说，考试的内容难逃你的复习范围。通过这 100 道题，让你有效规避题海战术而达到题海战术的效果。

编 者

本书说明

读者在拿到本书之前，首先要关注以下几个问题：

◎ 本书编写的目的

图书市场上关于网络工程师培训的书籍已如汗牛充栋，而本书有别于这些书籍之处在于以下几个方面：

（1）通过思维导图描述整个考试的知识体系。

（2）典型题目拉动知识点的复习。通过重点、难点题目来掌握考试大纲中的关键知识点，缩短复习时间，提高复习效率。

（3）通过典型题目阐述解题的方法和技巧。

我从2004年开始从事软考的培训工作，在与学生的交流过程中，为了迎合考生的需求，我研究了很多备考的方法，对题目分析、归类、整理、总结模式等，做了大量的工作。但就在这种持续的课程研发过程中，我经过了若干次的培训之后，观点又回到了原点，一个人如果真想在这种应试考试中获胜，唯一的方法就是做题。

对于本书所描述的100道题目，实际在选择过程中已经超过了这个数量。作者力争通过题目的选择和分析来覆盖考试大纲中的重点、难点及疑点。

在题目选择上要掌握以下几个原则：

（1）选择重点、难点等具有代表性的题目。

（2）选择考核频率比较高的题目（针对知识点而言）。

（3）选择用典型解题方法的题目。

（4）考核频度较低、题目不具备代表性、没有规律和技巧可言的题目一律排除在选题之外。

当然，在选择过程中，并不能100%覆盖知识点，但在每一章中描述和分析相关的知识点，同时标识出题目的知识点，使考生意识到自己所掌握知识点的覆盖程度。

◎ 关于思维导图在本书中的应用

本书在撰写过程中引入了思维导图，思维导图作为一种思考的工具，在日常的应考复习中能够发挥巨大作用。本书作者在面授的培训过程中大量使用了思维导图，从教学效果来看，凡是能够使用思维导图的学员，其对知识脉络的梳理和对知识的记忆水平明显强于其他同学。

通过思维导图来组织自己的思想（制作笔记）和他人的思想（记笔记）。本书中的全部思维导图在作者的博客中均可下载。

如果学员在每个学习阶段都做过思维导图，并且按照时间间隔定期复习，那么应该有通过考试的可能性。仅需把丰富的知识转换成极佳的考试行为即可，这就是正确的方法。

当然，本书对思维导图的应用也仅仅是初级水平，读者可以参考相关的更加专业的书籍来深入应用，发挥该工具在应试复习中的作用。

◎ 如何使用本书

由于本书的原则是通过做重点、难点、疑点的题目来带动知识点的复习，因此，在使用本书的过程中，建议掌握以下原则：

（1）根据每章思维导图来复习知识点，也可以在每一章的思维导图的基础上进行知识点的扩充。

（2）根据知识点找到对应的题目，每个题目均要具有代表性，因此，需要分析每一章题目考核的知识点、延伸的知识点和出题的方式。

（3）题目的复习可以配合《网络工程师 5 天修炼》进行，且要先分析。

目　录

1

计算机基础知识

知识点图谱与考点分析

本章虽然涉及的知识面非常广，但是在整个网络工程师考试中所占的分值并不多，根据历年的考点统计发现，本章所占的分值平均为 7~8 分。

本章的知识涉及到整个计算机基础部分和知识产权的知识，分布面非常广，但是分值普遍不高，题型变化不大。因此本章的复习一定要有一个精准的分类提纲，按照提纲复习就可以做到事半功倍的效果。本章的知识体系图谱如图 1-1 所示。

图 1-1　计算机基础知识体系图谱

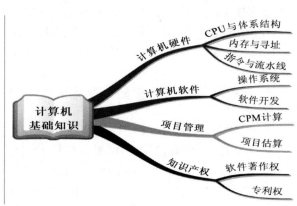

[辅导专家提示] 本章在整个考试中所占分值并不大，但却是涉及面非常广的章节，涉及了整个计算机基础知识部分和知识产权的知识，其内容相当独立，与后面的网络知识部分没有必然的关联。对于这一部分的知识点，一定要认真复习好每一种题型，做到举一反三。

知识点：计算机硬件

知识点综述

计算机硬件部分涉及到的知识点主要有 CPU 体系结构、指令与流水线、内存结构与寻址技术等几个部分。本知识点的体系图谱如图 1-2 所示。

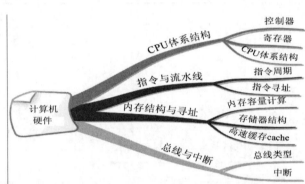

图 1-2　计算机硬件
知识体系图谱

该知识点中，重点是对 CPU 体系结构、流水线技术、内存结构与寻址、总线类型和中断技术等的掌握。

参考题型

【考核方式 1】考核对 CPU 的组成结构的理解。

1. 处理机主要由处理器、存储器和总线组成。总线包括＿＿(1)＿＿。

    (1) A．数据总线、地址总线、控制总线　　　B．并行总线、串行总线、逻辑总线

        C．单工总线、双工总线、外部总线　　　　D．逻辑总线、物理总线、内部总线

  ■ **试题分析**　广义来说，连接电子元件间的导线都称为总线。总线包括数据总线、地址总线、控制总线。

  ■ **参考答案**　(1) A

2. 以下关于 CPU 的叙述中，错误的是＿＿(2)＿＿。

    (2) A．CPU 产生每条指令的操作信号并将操作信号送往相应的部件进行控制

        B．程序计数器 PC 除了存放指令地址，也可以临时存储算术/逻辑运算结果

        C．CPU 中的控制器决定计算机运行过程的自动化

        D．指令译码器是 CPU 控制器中的部件

  ■ **试题分析**　PC 程序计数器，又称指令计数器，属于专用寄存器，功能就是计数、存储信息。程序加载时，PC 存储程序的起始地址即第一条指令的地址。执行程序时，修改 PC 内容，确保指向下一条指令地址。

  ■ **参考答案**　(2) B

3. 以下关于 CISC（Complex Instruction Set Computer，复杂指令集计算机）和 RISC（Reduced Instruction Set Computer，精简指令集计算机）的叙述中，错误的是___（3）___。

（3）A．在 CISC 中，其复杂指令都采用硬布线逻辑来执行

　　B．采用 CISC 技术的 CPU，其芯片设计复杂度更高

　　C．在 RISC 中，更适合采用硬布线逻辑执行指令

　　D．采用 RISC 技术，指令系统中的指令种类和寻址方式更少

■ **试题分析**　CPU 根据所使用的指令集可以分为 CISC 指令集和 RISC 指令集两种。

● 复杂指令集（Complex Instruction Set Computer，CISC）处理器中，不仅程序的各条指令是顺序串行执行，而且每条指令中的各个操作也是顺序串行执行的。顺序执行的优势是控制简单，但计算机各部分的利用率低，执行速度相对较慢。为了能兼容以前开发的各类应用程序，现在还在继续使用这种结构。

● 精简指令集（Reduced Instruction Set Computing，RISC）技术是在 CISC 指令系统基础上发展起来的。实际上 CPU 执行程序时，各种指令的使用频率非常悬殊，使用频率最高的指令往往是一些非常简单的指令。因此 RISC 型 CPU 不仅精简了指令系统，而且还采用了超标量和超流水线结构，大大增强了并行处理能力。RISC 的特点是指令格式统一，种类比较少，寻址方式简单，因此处理速度大大提高。但是 RISC 与 CISC 在软件和硬件上都不兼容，当前中高档服务器中普遍采用 RISC 指令系统的 CPU 和 UNIX 操作系统。

■ **参考答案**　（3）A

【考核方式2】　考核 CPU 中各个部件和各种寄存器的作用。

4. 若某条无条件转移汇编指令采用直接寻址，则该指令的功能是将指令中的地址码送入___（4）___。

（4）A．PC（程序计数器）　　　　　B．AR（地址寄存器）

　　C．AC（累加器）　　　　　　　D．ALU（算术逻辑单元）

■ **试题分析**　PC 程序计数器的功能见试题 2 分析。

地址寄存器用来保存当前 CPU 所访问的内存单元的地址。

在运算器中，累加器是专门存放算术或逻辑运算的一个操作数和运算结果的寄存器，能进行加、减、读出、移位、循环移位和求补等操作，是运算器的主要部分。

算术逻辑单元是中央处理器（CPU）的执行单元，是所有中央处理器的核心组成部分，由"与门"和"或门"构成的算术逻辑单元，其主要功能是进行二位元的算术运算，如加、减、乘（不包括整数除法）。

指令所要的操作数存放在内存中，在指令中直接给出该操作数的有效地址，这种寻址方式为直接寻址方式。

■ **参考答案**　（4）A

5. 编写汇编语言程序时，下列寄存器中，程序员可访问的是___（5）___。

（5）A．程序计数器（PC）　　　　　B．指令寄存器（IR）

C. 存储器数据寄存器（MDR） D. 存储器地址寄存器（MAR）

■ **试题分析** 程序计数器（PC）存储指令，可以被程序员访问；

指令寄存器（IR）暂存内存取出的指令，不能被程序员访问；

存储器数据寄存器（MDR）和存储器地址寄存器（MAR）暂存内存数据，不能被程序员访问。

■ **参考答案** （5）A

[辅导专家提示] CPU 中的各种寄存器的作用是属于考试中出题比较多的知识点。因此考生必须要掌握 CPU 中常用的寄存器的特点和作用。

【考核方式3】 考核指令的基本格式和寻址方式。

6. 计算机指令一般包括操作码和地址码两部分，为分析执行一条指令，其_____(6)_____。

　　（6）A. 操作码应存入指令寄存器（IR），地址码应存入程序计数器（PC）

　　　　 B. 操作码应存入程序计数器（PC），地址码应存入指令寄存器（IR）

　　　　 C. 操作码和地址码都应存入指令寄存器（IR）

　　　　 D. 操作码和地址码都应存入程序计数器（PC）

■ **试题分析** PC（程序计数器）的主要功能有计数、寄存信息。用于保存将要执行的下一条指令地址。

IR（指令寄存器）保存当前执行的指令。程序被加载到内存后开始运行，当 CPU 执行一条指令时，先把它从内存器取到缓冲寄存器 DR 中，再送入 IR 暂存，指令译码器根据 IR 的内容产生各种微操作指令，控制其他的组成部件工作，完成所需的功能。

■ **参考答案** （6）C

【考核方式4】 考核流水线的基本概念和计算。

7. 某指令流水线由 5 段组成，第 1、3、5 段所需时间为 Δt，第 2、4 段所需时间分别为 $3\Delta t$、$2\Delta t$，如下图所示。那么连续输入 n 条指令时的吞吐率（单位时间内执行的指令个数）TP 为_____(7)_____。

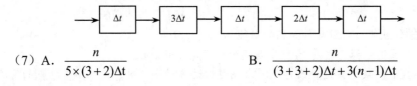

　　（7）A. $\dfrac{n}{5\times(3+2)\Delta t}$ 　　　　　　B. $\dfrac{n}{(3+3+2)\Delta t+3(n-1)\Delta t}$

　　　　 C. $\dfrac{n}{(3+2)\Delta t+(n-3)\Delta t}$ 　　　D. $\dfrac{n}{(3+2)\Delta t+5\times 3\Delta t}$

■ **试题分析** 设流水线由 N 段组成，每段所需时间分别为 Δt_i（$1\leqslant i\leqslant N$），完成 M 个任务的实际时间为 $\sum_{i=1}^{n}\Delta t_i+(M-1)\Delta t_j$，其中 Δt_j 为时间最长的那一段的执行时间。

本题中，$\Delta t_j=3\Delta t$，$\sum_{i=1}^{n}\Delta t_i=\Delta t+3\Delta t+\Delta t+2\Delta t+\Delta t=8\Delta t$

该流水线完成时间 $= \sum_{i=1}^{n} \Delta t_i + (M-1)\Delta t_j = 8\Delta t + 3(n-1)\Delta t$

吞吐率：单位时间内流水线处理指令数。所以本题的吞吐率=指令数/流水线完成时间

$= \dfrac{n}{8\Delta t + 3(n-1)\Delta t}$。这个知识点还会考到流水线周期、效率、加速比等的计算，因此要一并掌握。

■ **参考答案**　（7）B

【考核方式5】　内存结构和寻址方式。

8. 计算机中主存储器主要由存储体、控制线路、地址寄存器、数据寄存器和＿＿（8）＿＿组成。

　　（8）A．地址译码电路　　　　　　　　B．地址和数据总线

　　　　　C．微操作形成部件　　　　　　　D．指令译码器

■ **试题分析**　存储器中除了基本的存储体和控制线路之外，一个非常重要的内容就是如何将地址转换成对应的存储单元内的地址。因此地址译码电路尤其重要。

■ **参考答案**　（8）A

9. 若 CPU 要执行的指令为：MOV R1,# 45（即将数值 45 传送到寄存器 R1 中），则该指令中采用的寻址方式为＿＿（9）＿＿。

　　（9）A．直接寻址和立即寻址　　　　　B．寄存器寻址和立即寻址

　　　　　C．相对寻址和直接寻址　　　　　D．寄存器间接寻址和直接寻址

■ **试题分析**　这是一条汇编指令，其中 R1 是寄存器，#45 是立即数，因此这条指令中用到了寄存器寻址和立即寻址。

■ **参考答案**　（9）B

10. 在指令系统的各种寻址方式中，获取操作数最快的方式是＿＿（10）＿＿。

　　（10）A．直接寻址　　　　　　　　　　B．间接寻址

　　　C．立即寻址　　　　　　　　　　D．寄存器寻址

■ **试题分析**　立即数寻址执行速度最快，因为这种寻址方式，取指令时操作数也一起取出，不需要再次取操作数，所以执行速度最快。

■ **参考答案**　（10）C

11. 内存单元按字节编址，地址 0000A000H-0000BFFFH 共有＿＿（11）＿＿个存储单元。

　　（11）A．8192K　　　　　　　　　　B．1024K

　　　C．13K　　　　　　　　　　　　D．8K

■ **试题分析**　此种类型的内存大小的计算问题可以套用简单的公式：最高位地址=最低位地址+1 即可。本题中，M=0000BFFFH-0000A000H+1=1FFFH+1=2000H，化为 10 进制为 8192，再化为 K，即 8192/1024=8K。这种计算公式虽然简单，但是计算量不小。为了帮助大家能更快速地计算，可以采用下面的公式。

M=[(末地址-首地址)转化为 10 进制+1]×4K；其中 4K 对应的是末地址中的最后几位数是 FFFH

的情况。因此这道题就变成了 M=[(0000B-0000A)转化为十进制+1]×4K=(1+1)×4K=8K。若末地址中最后几位数是 FFH，则公式中的 4K 就变成 1/4K；若是 FFFFH，则公式中的 4K 就变为 64K。如 2016 年上半年考试中的第 1 题：按字节内存编址，从 A1000H 到 B13FFH 区域的存储容量为（　　）KB。因为末地址的最后几位中，可以找到 FFH，因此可以代入公式 M=[(B13-A10)化十进制+1]×1/4K=[(103)转化十进制+1]×1/4K=[259+1]×1/4K=65K。

更详细的内容可以参考朱小平老师编著的《网络工程师 5 天修炼》一书。

■ **参考答案** （11）D

【考核方式 6】 高速缓存的基本概念。

12.　　　（12）　　　是指按内容访问的存储器。

（12）A．虚拟存储器　　　　　　　B．相联存储器
　　　　C．高速缓存（Cache）　　　D．随机访问存储器

■ **试题分析** 按内容访问的存储器是相联存储器。更详细的内容参见朱小平老师编著的《网络工程师的 5 天修炼》一书。

■ **参考答案** （12）B

【考核方式 7】 考核总线与中断等输入/输出控制方法的了解。

13.　在输入/输出控制方法中，采用　　　（13）　　　可以使得设备与主存间的数据块传送无须 CPU 干预。

（13）A．程序控制输入/输出　　B．中断　　　　C．DMA　　　D．总线控制

■ **试题分析** 主机和外设进行信息交换可以分为：程序控制输入/输出、中断控制、直接内存存取（DMA）、输入/输出通道方式和 I/O 处理机主机和外设进行信息交换的方法五种方式。具体如表 1-1 所示。

表 1-1　五种信息交换方式

方式	定义	特点
程序控制输入/输出	计算机程序完全控制 CPU 和外部设备间的数据传输。I/O 发生时，CPU 暂停主程序，处理 I/O 指令，进行数据传送	经济、简单、占用少量硬件，适用于较低速率外设
中断	外设数据准备就绪时，"主动"向 CPU 发出中断请求（即 CPU 暂时中断目前的工作而进行数据交换）。当中断服务结束后，CPU 重新执行原程序	适用于随机出现的服务
直接内存存取（Direct Memory Access，DMA）	DMA 控制器从 CPU 中完全接管对总线的控制，数据交换不经过 CPU，而直接在内存储器和 I/O 设备之间进行	完全硬件执行 I/O 交换。用于高速地传送成组的数据
通道方式	通道是一个特殊处理器，有自己的指令和程序专门负责数据输入输出的传输控制，CPU 无需"传输控制"，只负责"数据处理"	通道与 CPU 分时使用内存，实现了 CPU 内部运算与 I/O 设备的并行工作
I/O 处理机	通道方式的进一步发展，结构更接近一般处理机，甚至就是微型计算机	这种系统已变成分布式的多机系统

■ **参考答案** （13）C

14. CPU 响应 DMA 请求是在___(14)___结束时。

　　（14）A. 一条指令执行　　　　　　B. 一段程序

　　　　　C. 一个时钟周期　　　　　　D. 一个总线周期

■ **试题分析** 总线周期通常指的是 CPU 完成一次访问 MEM 或 I/O 端口操作所需要的时间。CPU 响应 DMA 请求时，只能是在完成某次 I/O 操作之后。

■ **参考答案** （14）D

【**考核方式 8**】 考核总线结构和特点的掌握。

15. 在计算机系统中采用总线结构，便于实现系统的积木化构造，同时可以___(15)___。

　　（15）A. 提高数据传输速度　　　　B. 提高数据传输量

　　　　　C. 减少信息传输线的数量　　D. 减少指令系统的复杂性

■ **试题分析** 计算机系统中采用总线结构，优点有：①简化了硬件的设计；②系统扩展性好；③减少信息传输线的数量；④便于故障诊断和维修。

■ **参考答案** （15）C

知识点：计算机软件

知识点综述

　　计算机软件系统部分涉及到的知识点主要有：操作系统中基本的文件和设备管理、进程管理、软件开发、计算机中数的表示和运算等几个部分。本知识点的体系图谱如图 1-3 所示。

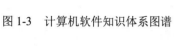

图 1-3　计算机软件知识体系图谱

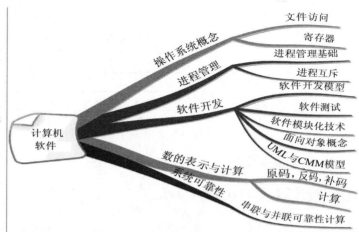

参考题型

【考核方式 1】 考核操作系统的基本概念。

1. 操作系统是裸机上的第一层软件，其他系统软件（如___(1)___等）和应用软件都是建立在操作系统基础上的。下图①②③分别表示___(2)___。

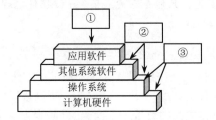

(1) A. 编译程序、财务软件和数据库管理系统软件

　　B. 汇编程序、编译程序和 Java 解释器

　　C. 编译程序、数据库管理系统软件和汽车防盗程序

　　D. 语言处理程序、办公管理软件和气象预报软件

(2) A. 应用软件开发者、最终用户和系统软件开发者

　　B. 应用软件开发者、系统软件开发者和最终用户

　　C. 最终用户、系统软件开发者和应用软件开发者

　　D. 最终用户、应用软件开发者和系统软件开发者

■ **试题分析**　属于应用软件的有财务软件、汽车防盗程序、办公管理软件、气象预报软件。而操作系统的地位示意图如图 1-4 所示。

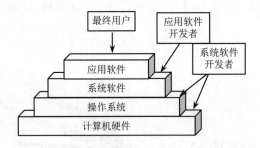

图 1-4　操作系统在计算机系统中的地位示意图

■ **参考答案**　（1）B　（2）D

【考核方式 2】 文件与设备管理。

2. 若某文件系统的目录结构如下图所示，假设用户要访问文件 f1.java，且当前工作目录为 Program，则该文件的全文件名为___(3)___，其相对路径为___(4)___。

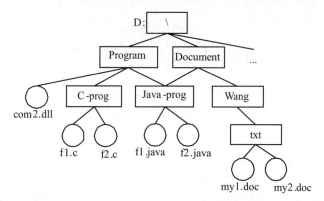

（3）A. f1.java　　　　　　　　　　　　B. \Document\Java-prog\f1.java

　　 C. D:\Program\Java-prog\f1.java　　 D. \Program\Java-prog\f1.java

（4）A. Java-prog\　　　　　　　　　　 B. \Java-prog\

　　 C. Program\Java-prog　　　　　　　 D. \Program\Java-prog\

■ **试题分析**　该文件的全文件名（即绝对路径）为 D:\Program\Java-prog\f1.java，其相对（Program 目录）的路径为 Java-prog\。

■ **参考答案**　（3）C　（4）A

【考核方式3】 考核进程的基本概念和同步互斥等操作。

3. 假设系统中进程的三态模型如下图所示，图中的 a、b 和 c 的状态分别为___（5）___。

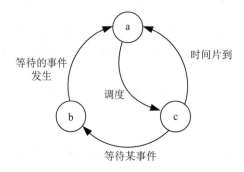

（5）A. 就绪、运行、阻塞　　　　　　　 B. 运行、阻塞、就绪

　　 C. 就绪、阻塞、运行　　　　　　　 D. 阻塞、就绪、运行

■ **试题分析**　进程有就绪、运行、阻塞三种基本状态，各状态可以相互转换。

● 调度程序的调度可以将就绪状态的进程转入运行状态。

● 当运行的进程由于分配的时间片用完了，便可以转入就绪状态；当进程中正在等待的事件发生时，进程将从阻塞到就绪状态，如 I/O 完成。

● 进程从运行到阻塞状态通常是由于进程释放 CPU、等待系统分配资源或等待某些事件的发生，如执行了 P 操作、系统暂时不能满足其对某资源的请求、等待用户的输入信息等。

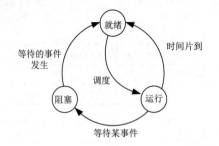

■ **参考答案** （5）C

4. 设系统中有 R 类资源 m 个，现有 n 个进程互斥使用。若每个进程对 R 资源的最大需求为 w，那么当 m、n、w 取下表的值时，对于下表中的 a～e 五种情况，___(6)___ 两种情况可能会发生死锁。对于这两种情况，若将___(7)___，则不会发生死锁。

	a	b	c	d	e
m	2	2	2	4	4
n	1	2	2	3	3
w	2	1	2	2	3

（6）A. a 和 b   B. b 和 c   C. c 和 d   D. c 和 e
（7）A. n 加 1 或 w 加 1   B. m 加 1 或 w 减 1
       C. m 减 1 或 w 加 1   D. m 减 1 或 w 减 1

■ **试题分析**

a 情况：n=1，表示系统只有 1 个进程，不存在死锁的情况。

b 情况：m=2，n=2，w=1，表示系统有 2 个资源、2 个进程，每个进程最多占用 1 个资源，所以不会发生死锁。

d 情况：m=4，n=3，w=2，表示系统中有 4 个资源、3 个进程，并且每个进程最多可以占用 2 个资源。因此，若每个进程都分配了 1 个资源，则还剩余 1 个资源可进行分配，使得其中的某个进程可以继续运行完并释放资源，因此不会发生死锁。

根据表中的数据可以知道，c 和 e 均可能出现死锁，因此总资源（m）减少或者各进程占用资源（w）增加，都可能提高死锁的频率。

c 情况，m 加 1：则 m=3，n=2，w=2，系统中有 3 个资源、2 个进程，每个进程最多占用 2 个资源。则系统出现 2 个进程各占 1 资源的情况，也仍有 1 个资源可以分配，保证系统不死锁。

c 情况，w 减 1：m=2，n=2，w=1，则每个进程占用 1 个资源，进程可以运行完，不会出现死锁。

e 情况的分析可以参考 c。

■ **参考答案** （6）D   （7）B

【考核方式4】 考查考生对软件开发基本概念的理解。

5. 面向对象开发方法的基本思想是，尽可能按照人类认识客观世界的方法来分析和解决问题，___(8)___方法不属于面向对象方法。

(8) A. Booch　　　　B. Coad　　　　C. OMT　　　　D. Jackson

■ **试题分析**　Booch 方法、Coad 方法和 OMT 方法属于面向对象开发方法。Jackson 方法属于面向数据结构开发方法。

■ **参考答案**　(8) D

6. 软件设计时需要遵循抽象、模块化、信息隐蔽和模块独立原则。在划分软件系统模块时，应尽量做到___(9)___。

(9) A. 高内聚、高耦合　　　　　　　　B. 高内聚、低耦合

C. 低内聚、高耦合　　　　　　　　D. 低内聚、低耦合

■ **试题分析**　软件设计时需要遵循抽象、模块化、信息隐蔽和模块独立原则。在划分软件系统模块时，应尽量做到高内聚、低耦合。

■ **参考答案**　(9) B

【考核方式 5】　考查考生对软件风险、项目估算、项目风险评估等的了解。

7. 软件风险一般包含___(10)___两个特性。

(10) A. 救火和危机管理　　　　　　　B. 已知风险和未知风险

C. 不确定性和损失　　　　　　　D. 员工和预算

■ **试题分析**　软件风险一般包含不确定性和损失两个特性。B 选项是软件风险分类的一种方式；D 选择则是识别项目风险的识别因素。

■ **参考答案**　(10) C

【考核方式 6】　考查考生对软件测试技术的了解。

8. 一个项目为了修正一个错误而进行了变更。这个错误被修正后，却引起以前可以正确运行的代码出错。___(11)___最可能发现这一问题。

(11) A. 单元测试　　B. 接受测试　　　C. 回归测试　　　D. 安装测试

■ **试题分析**　回归测试是指在发生修改之后重新测试先前的测试以保证修改的正确性。理论上，软件产生新版本，都需要进行回归测试，验证以前发现和修复的错误是否在新软件版本上再次出现。因为软件测试部分考试的知识点较多，因此需要了解一些软件测试基本知识。

软件的测试根据在软件开发过程中所处的阶段和作用进行，动态测试可分为如下几个步骤：单元测试、集成测试、系统测试、验收测试、回归测试。

①单元测试。单元测试是对软件中的基本组成单位进行的测试，如一个模块、一个过程等，是最微小规模的测试。它是软件动态测试的最基本的部分，测试时需要知道内部程序设计和编码的细节知识。

②集成测试。集成测试是指一个应用系统的各个部件的联合测试，以决定其能否在一起共同工作且没有冲突。一般集成测试以前，单元测试已经完成。

③系统测试。系统测试的对象不仅仅包括需要测试的产品系统的软件，还要包含软件所依赖的硬件、外设，甚至包括某些数据、某些支持软件及其接口等。因此，必须将系统中的软件与各种依赖的资源结合起来，在系统实际运行环境下进行测试。

④验收测试。验收测试是指系统开发生命周期方法的一个重要阶段，也是部署软件之前的最后一个测试操作。测试目的就是确保软件准备就绪，并且可以让最终用户能执行该软件的既定功能和任务。验收测试的一般策略有以下几种：正式验收、非正式验收、α测试、β测试。

● 正式验收。正式验收测试是一项管理严格的过程，它通常是系统测试的延续。正式验收测试一般是开发组织与最终用户组织的代表一起执行的。也有一些完全由最终用户组织执行。

● 非正式验收。在非正式验收测试中，执行测试过程的限制不如正式验收测试中那样严格。测试过程中，主要是确定并记录要研究的功能和业务任务，但没有可以遵循的特定测试用例。

● α测试（Alpha Testing）。又称Alpha测试，是由用户在开发环境下进行的测试，也可以是公司内部的用户在模拟实际操作环境下进行的受控测试，Alpha测试不能由该系统的程序员或测试员完成。在系统开发接近完成时，对应用系统测试。测试后，仍然会有少量的设计变更。

● β测试（Beta Testing）。又称Beta测试，用户验收测试（UAT）。β测试是软件的多个用户在一个或多个用户的实际使用环境下进行的测试。开发者通常不在测试现场，Beta测试不能由程序员或测试员完成。

⑤回归测试。回归测试是指在发生修改之后，重新测试先前的测试以保证修改的正确性。因为修正某缺陷时必须更改源代码，因而就有可能影响这部分源代码所控制的功能。所以在验证修好的缺陷时，不仅要服从原来出现缺陷时的步骤重新测试，而且还要测试有可能受影响的所有功能。

此外，考生还需要掌握白盒测试和黑盒测试的概念。

● 白盒测试（White Box Testing）。又称结构测试或者逻辑驱动测试，它是把测试对象看作一个能打开、可以看见内部结构的盒子。利用白盒测试法对软件进行动态测试时，主要是测试软件产品的内部结构和处理过程，而不关注软件产品的功能。

● 黑盒测试（Black Box Testing）。又称功能测试或者数据驱动测试，是根据软件的规格进行的测试，这类测试把软件看作一个不能打开的盒子，因此不考虑软件内部的运作原理。

■ **参考答案**　（11）C

【**考核方式7**】　考查考生对软件开发模型的特点和应用环境的了解。

9. 假设某软件公司与客户签订合同开发一个软件系统，系统的功能有较清晰定义，且客户对交付时间有严格要求，则该系统的开发最适宜采用____(12)____。

　（12）A．瀑布模型　　B．原型模型　　　C．V-模型　　　　D．螺旋模型

■ **试题分析**　瀑布模型是最早出现的软件开发模型，它提供了软件开发的基本框架。其过程是从上一项活动接收该项活动的工作对象作为输入，利用这一输入实施该项活动应完成的内容，给出该项活动的工作成果，并作为输出传给下一项活动。同时评审该项活动的实施，若确认，则继续下一项活动；否则返回前面，甚至更前面的活动。主要适用于功能定义清晰、时间要求严格的项目。对于经常变化的项目而言，瀑布模型则无能为力。

■ **参考答案**　（12）A

[辅导专家提示] 常见的软件开发模型及其基本特点是考试中一个考查得比较多的内容，因此考生必须要对基本的软件开发模型和应用环境有一个清楚的认识。另外，近几年考得比较多的一个概念就是敏捷开发，也要特别注意。考试中也偶尔考到UML的几种常见图的作用和概念等。可以

在复习这个知识点的时候适当了解相关概念。

【考核方式8】 考核程序设计的基本概念。

10. 程序的三种基本控制结构是 ___(13)___ 。

（13）A. 过程、子程序和分程序　　　　B. 顺序、选择和重复

C. 递归、堆栈和队列　　　　　　D. 调用、返回和跳转

■ **试题分析** 程序的三种基本控制结构是顺序结构、选择结构和重复结构（循环结构）。

■ **参考答案** （13）B

【考核方式9】 考核数的表示和计算。

11. 计算机中常采用原码、反码、补码和移码表示数据，其中，±0 编码相同的是 ___(14)___ 。

（14）A. 原码和补码　　B. 反码和补码　　C. 补码和移码　　D. 原码和移码

■ **试题分析** 机器字长为 n 的数据表示方式如下所示。

符号位	数值绝对值

1位　　　　　　　　　　　n-1位

设定 n 为 8 时，±0 编码的原码、反码、补码表示如下：

原码

$[+0]_原$=0 0000000,　$[-0]_原$=1 0000000

反码

$[+0]_反$=0 0000000,　$[-0]_反$=1 1111111

补码

$[+0]_补$=0 0000000,　$[-0]_补$=0 0000000

移码（又称为增码或偏码）常用于表示浮点数中的阶码。移码=真值 X+常数，该常数又称偏置值，相当于 X 在数轴上向正向偏移了若干单位，这就是"移码"一词的由来。即对字长为 n 的计算机，若最高位为符号位，数值为 n-1 位。当偏移量取时，其真值 X 对应的移码的表示公式为：

$$[X]_移 = 2^{n-1} + x \quad (-2^{n-1} \leqslant X < 2^{n-1})$$

可以知道$[X]_移$可由$[X]_补$求得，方法是把$[X]_补$的符号位求反，即可得到$[X]_移$。

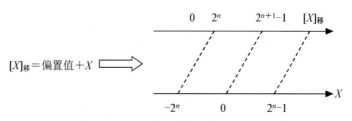

移码和真值的映射图

移码的特点：

①移码的最高位为 0 表示负数，最高位为 1 表示正数，这与原码、补码及反码的符号位取值正好相反。

②移码为全 0 时，它对应的真值最小；为全 1 时，它对应的真值最大。

③真值 0 的移码表示是唯一的，即[＋0]移=[－0]移=10000。

④同一数值的移码和补码，除最高位相反外，其他各位相同。

网络工程师考试中，特别喜欢考一些特殊数字的补码表示形式或者 N 比特长的补码所表示数的范围。因此，我们在复习的时候，要记住一些特殊数字的补码表示及表示的范围。

■ 参考答案　（14）C

12．某机器字长为 n，最高是符号位，其定点整数的最大值为＿＿＿（15）＿＿＿。

（15）A. 2^n-1　　　B. $2^{n-1}-1$　　　C. 2^n　　　D. 2^{n-1}

■ 试题分析

首先弄清楚这个 n 个 bit 中，用于表示数据部分的 bit 数，由于最高位是符号位，因此表示数据的部分只有(n-1)bit。由于表示的是定点整数，因此其最大值是 $2^{n-1}-1$。

■ 参考答案　（15）B

13．某机器字长为 n 位的二进制可以用补码来表示＿＿＿（16）＿＿＿个不同的有符号定点小数。

（16）A. 2^n　　　B. 2^{n-1}　　　C. 2^n-1　　　D. $2^{n-1}+1$

■ 试题分析

这道题问的是用补码表示的有符号定点小数的个数。由于符号位不同，表示的数也不相同，因此 n 个 bit 的补码，可以表示 2^n 个不同的数。

■ 参考答案　（16）A

【考核方式 10】　考查系统可靠性计算。

14．某计算机系统由下图所示的部件构成，假定每个部件的千小时可靠度都为 R，则该系统的千小时可靠度为＿＿＿（17）＿＿＿。

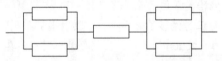

（17）A. R+2R/4　　　B. R+R²/4　　　C. R[1-(1-R)²]　　　D. R[1-(1-R)²]²

■ 试题分析　系统可靠性、失效率计算如表 1-2 所示。

表1-2　可靠性、失效率计算

	可靠性	失效率
串联系统	$\prod_{i=1}^{n} R_i$	$\sum_{i=1}^{n} \lambda_i$
并联系统	$R = 1 - \prod_{i=1}^{n}(1-R_i)$	$\dfrac{1}{\dfrac{1}{\lambda} \sum_{j=1}^{n} \dfrac{1}{j}}$

本题属于串并联混合系统。

①第一个和第三个并联模块的可靠性=$1-(1-R)^2$

②总的可靠性=$R \times [1-(1-R)^2]^2$

■ **参考答案**　（17）D

知识点：项目管理

知识点综述

项目管理中的关键路径计算和项目估算在每次考试中都会考到1~2分，虽然分值不高，但是题型相对固定，只要掌握了计算方法，此种题型非常容易。项目管理的知识点体系图谱如图1-5所示。

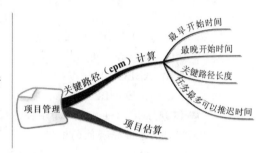

图 1-5　项目管理知识体系图谱

参考题型

【考核方式 1】　考查项目计划中关键路径的计算。

1. 下图是一个软件项目的活动图，其中顶点表示项目里程碑，连接顶点的边表示包含的活动，边上的值表示完成活动所需要的时间，则关键路径长度为＿＿＿(1)＿＿＿。

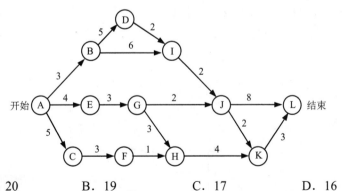

（1）A. 20　　　　　　B. 19　　　　　　C. 17　　　　　　D. 16

■ **试题分析**　路径 A→B→D→I→J→L（长度为 3+5+2+2+8=20）为最长路径，即为关键路径。这里要强调一点，虽然我们找关键路径是所有路径中最长的那一条。实际考试中，通常会问完成这个项目的最短工期是多少？这个最短工期实际上就是关键路径的长度，也就是最长的那一条路径。这个概念要特别注意。

■ **参考答案** （1）A

2. 使用 PERT 图进行进度安排，不能清晰地描述___（2）___，但可以给出哪些任务完成后才能开始另一些任务。下图所示工程从 A 到 K 的关键路径是___（3）___（图中省略了任务的开始和结束时刻）。

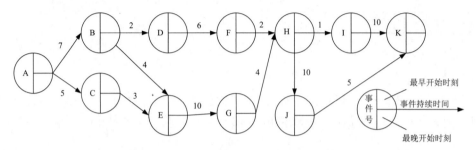

（2）A．每个任务从何时开始　　　　　B．每个任务到何时结束
　　 C．各任务之间的并行情况　　　　D．各任务之间的依赖关系
（3）A．ABEGHIK　　　　　　　　　B．ABEGHJK
　　 C．ACEGHIK　　　　　　　　　D．ACEGHJK

■ **试题分析** Gantt 图可清晰描述任务的持续时间、各任务之间的并行情况。
PERT 图可表示任务间的依赖关系、关键路径。

问题中给出的四个选项中，ABEGHIK=7+4+10+4+1+10=36，ABEGHJK=7+4+10+4+10+5=40，
ACEGHIK=5+3+10+4+1+10=33，ACEGHJK=5+3+10+4+10+5=37。里面最长的路径为 40，所以选 B。

■ **参考答案** （2）C　（3）B

【**考核方式 2**】 考查项目计划中某任务的最早开始时间、最晚开始时间、完工时间。

3. 进度安排的常用图形描述方法有 Gantt 图和 PERT 图。Gantt 图不能清晰地描述___（4）___；PERT 图可以给出哪些任务完成后才能开始另一些任务。下图所示的 PERT 图中，事件 6 的最晚开始时刻是___（5）___。

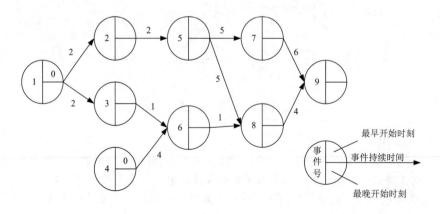

（4）A．每个任务从何时开始　　　　　B．每个任务到何时结束

C．每个任务的进展情况　　　　　D．各任务之间的依赖关系

（5）A．0　　　　　　　B．3　　　　　　　C．10　　　　　　　D．11

■ **试题分析**　安排进度的主要方法有 Gantt 图和 PERT 图两种。

①Gantt（甘特）图。

Gantt 图用水平条状图描述，它以日历为基准描述项目任务。

优点：直观表示各任务计划进度、当前进度。

缺点：不能清晰描述各任务间的关系，不能体现关键任务。

②PERT 图。

PERT 图是一种类似流程图的箭线图。它描绘出项目包含的各种活动的先后次序，标明每项活动的时间或相关的成本。

优点：可以进行有效事前控制；业务流程直观；体现关键任务。

缺点：前提是工作过程要能划分多个相对独立的活动；对工作过程和任务有准确描述；对事件时间的耗用是基于经验的判断，但是当事件是首次执行、没有经验参考时，经过判断得出的时间显然是不科学的。

路径 1→2→5→7→9 总时间为 15，路径 1→2→5→8→9 总时间是 13，路径 1→3→6→8→9 总时间是 8，路径 4→6→8→9 总时间为 9。关键路径即最长路径为 1→2→5→7→9。任务 6、8 均不在关键路径上，任务 9 最晚开始时间为 15；反推，任务 8 最晚开始时间为 11；再反推，任务 6 最晚开始时间为 10。

■ **参考答案**　（4）D　　（5）C

【**考核方式 3**】　计算某个里程碑是否在关键路径上。

4. 下图是一个软件项目的活动图，其中顶点表示项目里程碑，边表示包含的活动，边上的权重表示活动的持续时间，则里程碑　　（6）　　在关键路径上。

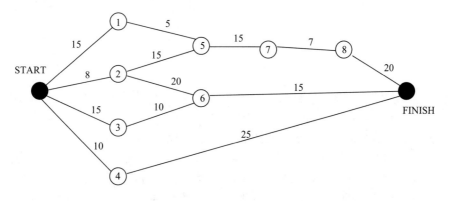

（6）A．1　　　　　　　B．2　　　　　　　C．3　　　　　　　D．4

■ **试题分析**　从开始顶点到结束顶点的最长路径为关键路径（临界路径），关键路径上的活动为关键活动。

在本题中找出的最长路径是 START→2→5→7→8→FINISH，其长度为 8+15+15+7+20=65，而其他任何路径的长度都比这条路径小，因此我们可以知道里程碑 2 在关键路径上。

■ **参考答案** （6）B

【考核方式 4】 计算松弛时间。

5. 下图是一个软件项目的活动图，其中顶点表示项目里程碑，连接顶点的边表示包含的活动，则里程碑___(7)___在关键路径上，活动 FG 的松弛时间为___(8)___。

    （7）A. B   B. C   C. D   D. I

    （8）A. 19   B. 20   C. 21   D. 24

■ **试题分析** 此种类型题目的关键是找出 CPM，一旦 CPM 正确，则所有的问题都很简单了。本题中最长的路径是 START→D→F→H→FINISH，长度是 10+8+20+10=48，因此只有 C 选项在关键路径上。活动 FG 的松弛时间是指其最晚开始时间和最早开始时间之间的差值，也可以是最晚完成时间和最早完成时间的差值。而 FG 要能开始，必须等待 CF 和 DF 都完成才能开始，因此最早开工时间是 max{6+4,10+8}=18，而最晚开工时间是在不影响总工期的前提下，最晚可以开始的时间。本题中倒推即可，48-7-3=38，因此松弛时间是最晚开工时间-最早开工时间：38-18=20。近年这种题型的一个显著变化就是引入可能的条件，导致某个活动工期发生变化，要求计算变化之后的 CPM 和变化之前的 CPM 之间的关系。基本原理还是计算 CPM，但是一定要考虑清楚不同的条件可能引起的 CPM 变换。

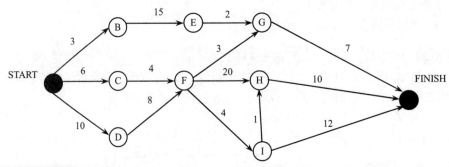

■ **参考答案** （7）C （8）B

【考核方式 5】 考核对项目的估算。

6. 下列关于项目估算方法的叙述，不正确的是___(9)___。

    （9）A. 专家判断方法受到专家经验和主观性影响

        B. 启发式方法（如 COCOMO 模型）的参数难以确定

        C. 机器学习方法难以描述训练数据的特征和确定其相似性

        D. 结合上述三种方法可以得到精确的估算结果

■ **试题分析** 项目估算方法有专家判断法、启发式法和机器学习法。

专家判断法是指向学有专长、见识广博并有相关经验的专家进行咨询，根据他们多年来的实践经验和判断能力对计划项目做出预测的方法。很显然，采用这种方法容易受到专家经验和主观性的影响。

启发式方法是使用一套相对简单、通用、有启发性的规则进行估算的方法，它具有参数难以确定、精确度不高等特点。

机器学习方法是一种基于人工智能与神经网络技术的估算方法，它难以描述训练数据的特征和确定其相似性。

无论采用哪种估算方法，估算得到的结果都是大概的，而不是精确的。

■ 参考答案　（9）D

知识点：知识产权

知识点综述

知识产权的考核每次分值比较固定，每次考试都会有 1～2 分，绝大部分是考查软件著作权的知识，偶尔考专利和其他的知识产权相关的概念，本知识点的体系图谱如图 1-6 所示。

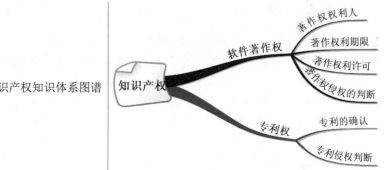

图 1-6　知识产权知识体系图谱

参考题型

【考核方式 1】　考核著作权的相关时间概念。

1. 关于软件著作权产生的时间，表述正确的是___(1)___。

(1) A. 自作品首次公开发表时

　　B. 自作者有创作意图时

　　C. 自作品得到国家著作权行政管理部门认可时

　　D. 自作品完成创作之日

■ 试题分析　《计算机软件保护条例》第十四条："软件著作权自软件开发完成之日起产生。自然人的软件著作权，保护期为自然人终生及其死亡后 50 年，截止于自然人死亡后第 50 年的 12 月 31 日；软件是合作开发的，截止于最后死亡的自然人死亡后第 50 年的 12 月 31 日。法人或者其他组织的软件著作权，保护期为 50 年，截止于软件首次发表后第 50 年的 12 月 31 日，但软件自开发完成之日起 50 年内未发表的，本条例不再保护。"

■ 参考答案　（1）D

【考核方式2】 考核著作权的许可。

2. 软件权利人与被许可方签订一份软件使用许可合同。若在该合同约定的时间和地域范围内，软件权利人不得再许可任何第三人以相同的方法使用该项软件，但软件权利人可以自己使用，则该项许可使用是 ___(2)___。

 （2）A. 独家许可使用   B. 独占许可使用

       C. 普通许可使用   D. 部分许可使用

 ■ 试题分析 ①普通许可。

 普通许可软件使用权转让给受让方后，转让方仍保有使用这一软件的权利，同时不排斥其继续以同样条件在同一区域转让给他人。

 ②独家许可。

 独家许可软件使用权转让给受让方后，转让方不得将软件授权给第三方，但是自己还可以使用该软件。

 ③独占许可。

 独占许可软件使用权转让给受让方后，转让方不得将软件授权给第三方，自己也不能使用。

 ■ 参考答案 （2）A

【考核方式3】 考核权利人或者权利的确定。

3. 两个以上的申请人分别就相同内容的计算机程序的发明创造，先后向国务院专利行政部门提出申请，___(3)___可以获得专利申请权。

 （3）A. 所有申请人均   B. 先申请人   C. 先使用人   D. 先发明人

 ■ 试题分析 专利只能授予一人，审批专利采用"先申请先得"原则，即两个以上的申请人分别就相同内容的计算机程序的发明创造，先后向国务院专利行政部门提出申请，先申请人可以获得专利申请权。

 ■ 参考答案 （3）B

【考核方式4】 考核职务开发的著作权归属。

4. 某软件公司参与开发管理系统软件的程序员张某，辞职到另一公司任职，于是该项目负责人将该管理系统软件上开发者的署名更改为李某（接张某工作），该项目负责人的行为 ___(4)___。

 （4）A. 侵犯了张某开发者身份权（署名权）

       B. 不构成侵权，因为程序员张某不是软件著作权人

       C. 只是行使管理者的权力，不构成侵权

       D. 不构成侵权，因为程序员张某已不是项目组成员

 ■ 试题分析 虽然这是职务作品，软件的著作权人是该软件公司，但是软件著作权中，除了署名权特别之外，其余的软件著作权都属于著作权人。

 ■ 参考答案 （4）A

课堂练习

1. 在 CPU 中，___(1)___ 不仅要保证指令的正确执行，还要能够处理异常事件。

    （1）A. 运算器   B. 控制器   C. 寄存器组   D. 内部总线

2. 在 CPU 中用于跟踪指令地址的寄存器是___(2)___。

    （2）A. 地址寄存器（MAR）   B. 数据寄存器（MDR）

         C. 程序计数器（PC）   D. 指令寄存器（IR）

3. 相联存储器按___(3)___访问。

    （3）A. 地址   B. 先入后出的方式

         C. 内容   D. 先入先出的方式

4. 以下关于 Cache 的叙述中，正确的是___(4)___。

    （4）A. 在容量确定的情况下，替换算法的时间复杂度是影响 Cache 命中率的关键因素

         B. Cache 的设计思想是在合理成本下提高命中率

         C. Cache 的设计目标是容量尽可能与主存容量相等

         D. CPU 中的 Cache 容量应大于 CPU 之外的 Cache 容量

5. 在程序的执行过程中，Cache 与主存的地址映像由___(5)___。

    （5）A. 专门的硬件自动完成   B. 程序员进行调度

         C. 操作系统进行管理   D. 程序员和操作系统共同协调完成

6. 总线复用方式可以___(6)___。

    （6）A. 提高总线的传输带宽   B. 增加总线的功能

         C. 减少总线中信号线的数量   D. 提高 CPU 利用率

7. 某企业有生产部和销售部，生产部负责生产产品并送入仓库，销售部负责从仓库取出产品销售，假设仓库可存放 N 件产品，用 PV 操作实现他们之间的同步过程如下图所示。

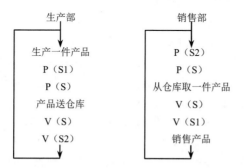

图中的信号量 S1 与 S2 为同步信号，初始值分别为 n 和 0，S 是一个互斥信号量，初值为 ___(7)___。

    （7）A. 0   B. 1   C. -1   D. N

8. 当采用数据流图对一个图书馆管理系统进行分析时，___(8)___是一个外部实体。

    （8）A. 读者   B. 图书   C. 借书证   D. 借阅

9. 利用结构化分析模型进行接口设计时，应以___(9)___为依据。

(9) A. 数据流图　　　　　　　　　　B. 实体－关系图

　　C. 数据字典　　　　　　　　　　D. 状态－迁移图

10. 数据流图（DFD）对系统的功能和功能之间的数据流进行建模，其中顶层数据流图描述了系统的___(10)___。

(10) A. 处理过程　　B. 输入与输出　　C. 数据存储　　D. 数据实体

11. 确定软件的模块划分及模块之间的调用关系是___(11)___阶段的任务。

(11) A. 需求分析　　B. 概要设计　　C. 详细设计　　D. 编码

12. 下列关于风险的叙述不正确的是___(12)___。

(12) A. 风险是可能发生的事件　　　B. 风险是一定会发生的事件

　　C. 风险是会带来损失的事件　　D. 风险是可能对其进行干预，以减少损失的事件

13. 下列关于项目估算方法的叙述，不正确的是___(13)___。

(13) A. 专家判断方法受到专家经验和主观性影响

　　B. 启发式方法（如COCOMO模型）的参数难以确定

　　C. 机器学习方法难以描述训练数据的特征和确定其相似性

　　D. 结合上述三种方法可以得到精确的估算结果

14. 使用白盒测试方法时，确定测试用例应根据___(14)___和指定的覆盖标准。

(14) A. 程序的内部逻辑　　　　　　B. 程序结构的复杂性

　　C. 使用说明书　　　　　　　　D. 程序的功能

15. 某项目组拟开发一个大规模系统，且具备了相关领域及类似规模系统的开发经验。下列过程模型中，___(15)___最合适开发此项目。

(15) A. 原型模型　　B. 瀑布模型　　C. V模型　　　　D. 螺旋模型

16. 栈是一种按"后进先出"原则进行插入和删除操作的数据结构，因此，___(16)___必须用栈。

(16) A. 函数或过程进行递归调用及返回处理

　　B. 将一个元素序列进行逆置

　　C. 链表节点的申请和释放

　　D. 可执行程序的装入和卸载

17. 以下关于数的定点表示和浮点表示的叙述中，不正确的是___(17)___。

(17) A. 定点表示法表示的数（成为定点数）常分为定点整数和定点小数

　　B. 定点表示法中，小数点需要一个存储位

　　C. 浮点表示法用阶码和尾数来表示数，成为浮点数

　　D. 在总数相同的情况下，浮点表示法可以表示更大的数

18. 若某整数的16位补码为$FFFF_H$（H表示十六进制），则该数的十进制值为___(18)___。

(18) A. 0　　　　B. -1　　　　C. $2^{16}-1$　　　　D. $-2^{16}+1$

19. 若计算机采用8位整数补码表示数据，则___(19)___运算将产生溢出。

(19) A. -127+1　　B. -127-1　　　C. 127+1　　　D. 127-1

20. 某项目主要由A~I任务构成，其计划图（如下图所示）展示了各任务之间的前后关系以

及每个任务的工期（单位：天），该项目的关键路径是___（20）___。在不延误项目总工期的情况下，任务 A 最多可以推迟开始的时间是___（21）___天。

（20）A. A→G→I B. A→D→F→H→I

C. B→E→G→I D. C→F→H→I

（21）A. 0 B. 2 C. 5 D. 7

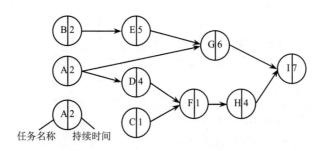

任务名称　　持续时间

21. 利用___（22）___可以对软件的技术信息、经营信息提供保护。

（22）A. 著作权 B. 专利权 C. 商业秘密权 D. 商标权

22. 中国企业 M 与美国公司 L 进行技术合作，合同约定 M 使用一项在有效期内的美国专利，但这项美国专利未在中国和其他国家提出申请。对于 M 销售依照该专利生产的产品，以下叙述正确的是___（23）___。

（23）A. 在中国销售，M 需要向 L 支付专利许可使用费

B. 返销美国，M 不需要向 L 支付专利许可使用费

C. 在其他国家销售，M 需要向 L 支付专利许可使用费

D. 在中国销售，M 不需要向 L 支付专利许可使用费

23. 软件设计师王某在其公司的某一综合信息管理系统软件开发工作中承担了大部分程序设计工作。该系统交付用户，投入试运行后，王某辞职离开公司，并带走了该综合信息管理系统的源程序，拒不交还公司。王某认为，综合信息管理系统源程序是他独立完成的，他是综合信息管理系统源程序的软件著作权人。王某的行为___（24）___。

（24）A. 侵犯了公司的软件著作权 B. 未侵犯公司的软件著作权

C. 侵犯了公司的商业秘密权 D. 不涉及侵犯公司的软件著作权

24. 在引用调用方式下进行函数调用，是将___（25）___。

（25）A. 实参的值传递给形参 B. 实参的地址传递给形参

C. 形参的值传递给实参 D. 形参的地址传递给实参

25. 以下关于结构化开发方法的叙述中，不正确的是___（26）___。

（26）A. 总的指导思想是自顶向下，逐层分解

B. 基本原则是功能的分解与抽象

C. 与面向对象开发方法相比，更适合于大规模，特别复杂的项目

D. 特别适合于数据处理领域的项目

试题分析

试题 1 分析：CPU 中运算器负责算数和逻辑运算。而控制器则负责相关的控制，要能保证指令正确执行，控制器必须要能根据相关信号给出处理。因此选 B。

参考答案：（1）B

试题 2 分析：程序计数器（PC）存储指令，用于跟踪指令地址，可以被程序员访问。

指令寄存器（IR）暂存内存取出的指令，不能被程序员访问。

存储器数据寄存器（MDR）和存储器地址寄存器（MAR）暂存内存数据，不能被程序员访问。

参考答案：（2）C

试题 3 分析：相联存储器是指其中任一存储项内容作为地址来存取的存储器。选用来寻址存储器的字段叫做关键字。存放在相联存储器中的项可以看成具有 KEY+DATA 这样的格式，其中 KEY 是地址，DATA 是信息。因此要访问相联存储器实际上就是按照内容来访问的。

参考答案：（3）C

试验 4 分析：不同情况下，不同算法的 Cache 命中率并不相同。Cache 设计思想是基于分级存储的，Cache 存储速度比主存快，但容量一定比主存小；同理，CPU 中的 Cache 容量比 CPU 之外的 Cache 容量要小。

参考答案：（4）B

试题 5 分析：在程序的执行过程中，Cache 与主存的地址映像由专门的硬件自动完成。

参考答案：（5）A

试题 6 分析：总线复用指的是数据和地址在同一个总线上传输的方式。这种方式可以减少总线中信号线的数量。

参考答案：（6）C

试题 7 分析：利用 PV 原语实现进程同步的方法是：首先判断进程间的关系是否为同步，若是，则为各并发进程设置各自的私有信号量，并为私有信号量赋初值，然后利用 PV 原语和私有信号量来规定各个进程的执行顺序。可以通过消费者和生产者进程之间的同步来说明。

假设可以通过一个缓冲区把生产者和消费者联系起来。生产者把产品生产出来，并送入仓库。给消费者发信号，消费者得到信号后，到仓库取产品，取走产品后给生产者发信号。并且假设仓库中一次只能放一个产品。当仓库满时，生产者不能放产品；当仓库空的时候，消费者不能取产品。

生产者只关心仓库是否为空，消费者只关心仓库中是否为满。可设置两个信号量 empty 和 full，其初值分别为 1 和 0。full 表示仓库中是否满，empty 表示仓库是否为空。

生产进程和消费者进程是并发执行的进程，假定生产进程先执行，它执行 P（empty）成功，把生产产品放入缓冲区，并执行 V（full）操作，使 full=1，表示在缓冲区中已有可供消费者使用的产品，然后执行 P（empty）操作将自己阻塞起来，等待消费进程将缓冲区中产品取走。当调度程序调度到消费进程执行时，由于 full =1，故 P（full）成功，可以从缓冲区中取走产品消费，并执行 V（empty）操作，将生产进程唤醒，然后又返回到进程的开始去执行 P（full）操作将自己阻塞起来，等待生产进程送来下一个产品，接下去又是生产进程执行。这样不断地重复，保证了生产进程和消费进程依次轮流执行，从而实现了两进程之间的同步操作。

参考答案：（7）B

试题 8 分析：DFD 主要描述功能和变换，用于功能建模，其中外部实体之间不能有联系，并且 DFD 是从一个外部实体开始。

参考答案：（8）A

试题 9 分析：数据流图（DFD）描述数据在系统中如何被传送或变换，以及如何对数据流进行变换的功能（子功能）。结构化分析模型进行接口设计时，应以 DFD 为依据。

实体关系图（E-R 图）提供了表示实体型、属性和联系的方法，用来描述现实世界的概念模型。实体关系图表示在信息系统中概念模型的数据存储。

数据字典是指对数据的数据项、数据结构、数据流、数据存储、处理逻辑、外部实体等进行定义和描述，其目的是对数据流程图中的各个元素作出详细的说明。数据流图是结构化分析模型需求分析阶段得到的结果，描述了系统的功能，在进行接口设计时，应以它为依据。

状态迁移图（STD）描述系统对外部事件如何响应、如何动作。

参考答案：（9）A

试题 10 分析：数据流图（Data Flow Diagram，DFD）从数据传递和加工角度，以图形方式来表达系统的逻辑功能、数据在系统内部的逻辑流向和逻辑变换过程，是结构化系统分析方法的主要表达工具及用于表示软件模型的一种图示方法。其中顶层数据流图只需要用一个加工表示整个系统；输出数据流和输入数据流为系统的输入数据和输出数据。中层数据流图是对父层数据流图中某个加工进行细化，而它的某个加工也可以再次细化，形成子图。底层数据流图是指其加工不能再分解的数据流图，其加工成为"原子加工"。因此选 B。

参考答案：（10）B

试题 11 分析：需求分析：对待开发软件提出的需求进行分析并给出详细的定义。编写出软件需求说明书及初步的用户手册，提交管理机构评审。该阶段明确做什么。

概要设计：将软件需求转化为数据结构和软件的系统结构，并建立接口。

详细设计：是在概要设计的基础上更细致的设计，它包括具体的业务对象设计、功能逻辑设计、界面设计等工作。详细设计是系统实现的依据，需要更多地考虑设计细节。

编码：用程序方式编写系统，实现设计。

参考答案：（11）B

试题 12 分析：风险涉及到一个事件发生的可能性，并不确保发生。

参考答案：（12）B

试题 13 分析：项目估算方法有专家判断法、启发式法和机器学习法。

专家判断法是指向学有专长、见识广博并有相关经验的专家进行咨询，根据他们多年来的实践经验和判断能力对计划项目作出预测的方法。很显然，采用这种方法容易受到专家经验和主观性的影响。

启发式方法是使用一套相对简单、通用、有启发性的规则进行估算的方法，它具有参数难以确定、精确度不高等特点。

机器学习方法是一种基于人工智能与神经网络技术的估算方法，它难以描述训练数据的特征和确定其相似性。

无论采用哪种估算方法，估算得到的结果都是大概的，而不是精确的。

参考答案：（13）D

试题 14 分析：白盒测试又称结构测试或者逻辑驱动测试。白盒法全面了解程序内部逻辑结构，对所有逻辑路径进行测试。白盒测试法中对测试的覆盖标准主要有逻辑覆盖、循环覆盖和基本路径测试。

参考答案：（14）A

试题 15 分析：瀑布模型适合需求明确项目。本题涉及的项目组具备类似系统开发经验，因此适合采用瀑布模型。

参考答案：（15）B

试题 16 分析：栈是一种按"后进先出"原则进行插入和删除操作的数据结构，因此，"函数或过程进行递归调用及返回处理"的后进先出的特性必须用栈。

参考答案：（16）A

试题 17 分析：计算机中数的表示主要是定点数和浮点数，其中定点数的表示中，常常用定点整数和定点小数表示，而小数点的位置通常约定一个固定的位置，而不是用一个存储位来表示。

参考答案：（17）B

试题 18 分析：n 位的原码、反码、补码能表示的数据范围如下图所示。

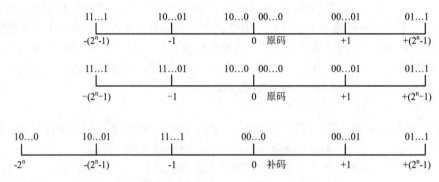

在补码表示中，$[+0]_补=0\,000000000000000=[-0]_补$。

已知补码求原码的方法为：符号位不变，其他各位取反，再+1。

本题 $FFFF_H$，保留符号位，按位取反，再加 1，结果为-1

参考答案：（18）B

试题 19 分析：8 位补码表示的数据范围为-128～127，因此 127+1 运算将产生溢出。

参考答案：（19）C

试题 20 分析：关键路径就是计划图中最长的路径，本图的关键路径为 B→E→G→I，工期为 20 天。

任务 A 处于任务流 A→G→I 和任务流 A→D→F→H→I 中，分别持续时间为 15 和 18，因此任务 A 的可延迟开始时间为 2。

参考答案：（20）C   （21）B

试题 21 分析：《中华人民共和国反不正当竞争法》第十条 经营者不得采用下列手段侵犯商业秘密：

（一）以盗窃、利诱、胁迫或者其他不正当手段获取权利人的商业秘密；

（二）披露、使用或者允许他人使用以前项手段获取的权利人的商业秘密；

（三）违反约定或者违反权利人有关保守商业秘密的要求，披露、使用或者允许他人使用其所掌握的商业秘密。

第三人明知或者应知前款所列违法行为，获取、使用或者披露他人的商业秘密，视为侵犯商业秘密。

本条所称的商业秘密，是指不为公众所知悉、能为权利人带来经济利益、具有实用性并经权利人采取保密措施的技术信息和经营信息。

参考答案：（22）C

试题 22 分析：本题是一个基本的专利权使用费的问题，因为 L 没有在中国区域申请专利权，则不需要向其支付专利费用。

参考答案：（23）D

试题 23 分析：本题是一道关于软件著作权中职务开发作品的软件著作权的归属问题，通常的职务开发中，软件著作权归对应的公司或者企业所有。

参考答案：（24）A

试题 24 分析：本题考察的是程序设计中的函数调用传递参数的基本概念，首先掌握形参和实参的基本概念。形参就是函数定义里的各种运算参数。如 int Fun(int a,int b); 这里的 a，b 就是形参。实参是形参被具体赋值之后的值，是参与实际的运算的值。而函数调用通常也有三种形式。传值调用，传址调用和引用调用。传值调用是将实参的值复制给形参。传址调用是将实参的地址传给形参。引用调用类似于传址调用，但是引用调用的初始化不在类型说明时候进行，而是在执行主调函数的调用表达式时，为形参分配内存空间，同时用实参来初始化形参。这样引用类型的形参就通过形实结合，成为实参的一个别名，对形参的任何操作也就会直接作用于实参。

参考答案：（25）B

试题 25 分析：结构化开发方法按用户至上的原则，结构化、模块化、自顶向下地对系统进行分析和设计的方法。结构化开发方法的不足主要是开发周期太长，个性化开发阶段的文档编写工作量过大。通常，结构化开发方法主要适用于组织规模较大、组织结构相对稳定的企业，这些大型企业往往业务处理过程规范、信息系统数据需求非常明确，在一定时期内需求变化不大。

参考答案：（26）C

2

网络体系结构

知识点图谱与考点分析

网络体系结构在网络工程师考试中的分值大约为 1～3 分。主要掌握基本的 OSI 参考模型和 TCP/IP 模型中的基本层次概念和两个模型的比较，其主要知识体系图谱如图 2-1 所示。

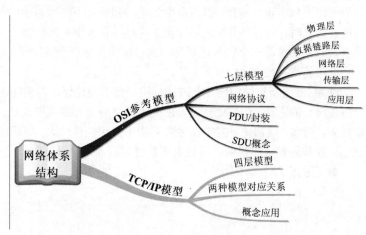

图 2-1　网络体系结构
　　知识点体系图谱

在历年考试中，其考核内容集中在上午的选择题部分。

知识点：网络参考模型

知识点综述

本知识点中，主要是了解上下层协议之间的相对关系，其中的封装就是指 OSI/RM 参考模型的许多层使用特定方式描述信道中来回传送的数据。数据从高层向低层传送的过程中，每层都对接收到的原始数据添加信息，通常是附加一个报头和报尾，这个过程称为封装。同时要注意 PDU 与 SDU 之间的关系。协议数据单元（Protocol Data Unit，PDU）用于对等层次之间传送的数据单位。例如，在数据从会话层传送到传输层的过程中，传输层把数据 PDU 封装在一个传输层数据段中。而 OSI 把层与层之间交换的数据的单位称为服务数据单元（Service Data Unit，SDU）。相邻两层关系如图 2-2 所示。

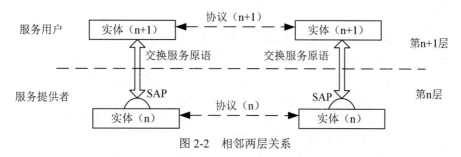

图 2-2　相邻两层关系

由于参考模型中的每一个层次涉及到的概念相对较多，在上午考试中占约 13～21 分，因此对参考模型中每一层的细节在后面分章节介绍。本知识点图谱如图 2-3 所示。

图 2-3　网络参考模型知识体系图谱

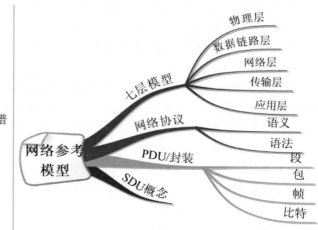

参考题型

【考核方式】考核协议的上下层关系，属于识记性知识点。

ICMP 协议属于 TCP/IP 网络中的 ___(1)___ 协议，ICMP 报文封装在 ___(2)___ 包中传送。

（1）A. 数据链路层　　　　　　　　　B. 网络层

　　　C. 传输层　　　　　　　　　　　D. 会话层

（2）A. IP　　　　B. TCP　　　　C. UDP　　　　D. PPP

■ 试题分析　Internet 控制报文协议（Internet Control Message Protocol，ICMP）是 TCP/IP

协议簇的一个重要协议，属于网络层，用于在 IP 主机、路由器之间传递控制消息。控制消息是指网络通不通、主机是否可达、路由是否可用等网络本身的消息。这些控制消息虽然并不传输用户数据，但是对于用户数据的传递起着重要的作用。该协议属于网络层协议，ICMP 报文是**封装在 IP 数据报**内传输。

■ **参考答案**　　（1）B　　（2）A

课堂练习

1. 在 ISO OSI/RM 中，____(1)____实现数据压缩功能。
   - （1）A. 应用层　　　　B. 表示层　　　　C. 会话层　　　　D. 网络层
2. ARP 协议数据单元封装在___(2)___中发送，ICMP 协议数据单元封装在___(3)___中发送。
   - （2）A. IP 数据报　　B. TCP 报文　　C. 以太帧　　　　D. UDP 报文
   - （3）A. IP 数据报　　B. TCP 报文　　C. 以太帧　　　　D. UDP 报文
3. 在 OSI 参考模型中，数据链路层处理的数据单位是___(4)___。
   - （4）A. 比特　　　　B. 帧　　　　　C. 分组　　　　　D. 报文

试题分析

试题 1 分析：在 ISO OSI/RM 中，表示层用于处理系统间信息的语法表达形式。每台计算机可能有它自己的表示数据的方法，需要协定和转换来保证不同的计算机可以彼此识别。

参考答案：（1）B

试题 2 分析：ARP 协议在层次分配上通常归为网络层协议，但是实际工作在数据链路层，因此 ARP 协议数据单元封装在以太帧中发送。Internet 控制消息协议（Internet Control Message Protocol，ICMP）是 TCP/IP 协议集中的一个子协议，属于网络层协议。ICMP 协议数据单元封装在 IP 数据报中发送。

试题答案：（2）C　　（3）A

试题 3 分析：此题主要考查了 ISO OSI/RM 体系结构中各层传输的数据单元名称。

物理层：比特流（Bit Stream）。

数据链路层：数据帧（Frame）。

网络层：数据分组或数据报（Packet）。

传输层：报文或段（Segment）。

试题答案：（3）B

3

物理层

知识点图谱与考点分析

从本章开始，主要讨论 ISO/OSI 参考模型中各个层次中主要的知识点，由于表示层与会话层在 TCP/IP 模型中没有对应的层次，故考试中基本不涉及这两个层次的内容，本书也不讨论这两个层次中的问题。物理层中主要包括传输介质的传输特性、数据传输理论、数字传输系统及接入技术等几个部分。其知识点图谱如图 3-1 所示。

图 3-1　物理层知识体系图谱

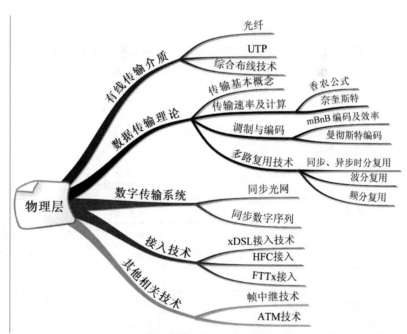

知识点：有线传输介质

知识点综述

传输介质的知识相对比较简单，主要是对目前网络中流行的传输介质（如光纤、UTP 等）的传输特性以及这些传输介质在综合布线系统中的应用，其知识体系图谱如图 3-2 所示。

图 3-2　有线传输介质知识体系图谱

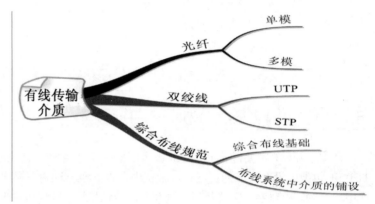

参考题型

【考核方式 1】　各种情况下介质的传输速率和距离参数的配合。

1. 在快速以太网物理层标准中，使用两对 5 类无屏蔽双绞线的是____(1)____。
    (1) A．100BASE-TX
        B．100BASE-FX
        C．100BASE-T4
        D．100BASE-T

    ■ 试题分析　各种常用的局域网所用的传输介质特性需要记住，表 3-1 列出了部分介质的通信特点。

表 3-1　规定的传输介质特性

名称	电缆	最大段长	特点
100Base-T4	4 对 3、4、5 类 UTP	100m	3 类双绞线，8B/6T，NRZ 编码
100Base-TX	2 对 5 类 UTP 或 2 对 STP	100m	100Mb/s 全双工通信，MLT-3 编码
100Base-FX	1 对光纤	2000m	100Mb/s 全双工通信，4B/5B、NRZI 编码
1000Base-CX	2 对 STP	25m	2 对 STP
1000Base-T	4 对 UTP	100m	4 对 UTP

续表

名称	电缆		最大段长	特点
1000Base-SX	62.5μm 多模		220m	模式带宽 160MHz*km，波长 850nm
			275m	模式带宽 200MHz*km，波长 850nm
	50μm 多模		500m	模式带宽 400MHz*km，波长 850nm
			550m	模式带宽 500MHz*km，波长 850nm
1000Base-LX	62.5μm 多模		550m	模式带宽 500MHz*km，波长 850nm
	50μm 多模			模式带宽 400MHz*km，波长 850nm
				模式带宽 500MHz*km，波长 850nm
	单模		5000m	波长 1310nm 或者 1550nm
10Gbase-S	50μm 多模		300m	波长 850nm
	62.5μm 多模		65m	波长 850nm
10Gbase-L	单模		10km	波长 1310nm
10Gbase-E	单模		40km	波长 1550nm
10GBase-LX4	单模		10km	波长 1310nm 波分多路复用

■ **参考答案**　（1）A

2. 光纤分为单模光纤和多模光纤，这两种光纤的区别是___（2）___。

　（2）A. 单模光纤的数据速率比多模光纤低　　B. 多模光纤比单模光纤传输距离更远

　　　　C. 单模光纤比多模光纤的价格更便宜　　D. 多模光纤比单模光纤的纤芯直径粗

■ **试题分析**　两类光纤的特性也是考试中常考的考点，表3-2列出部分常用参数。

表 3-2　单模与多模特性

	单模光纤	多模光纤
光源	激光二极管	LED
光源波长	1310nm 和 1550nm 两种	850nm 和 1300nm 两种
纤芯直径/包层外径	8.3/125μm	50/125μm 和 62.5/125μm
距离	2～10km	2km
速率	100～10Gb/s	1～10Gb/s
光种类	一种模式的光	不同模式的光

其中我们还要注意同样波长的光在同样的传输速率下，光纤的直径越小，传输的距离就越长。如 850nm 的光在 1000Mb/s 传输速率下，若用 50μm 光纤，可以达到 500m 的距离，而用 62.5μm 则可能只有 275m 的距离。

由于现在万兆以太网技术比较普及，因此网络工程师考试中可能会重点考查一些万兆以太网的传输情况。万兆模块是万兆的接口标准，万兆接口模块有多种，具体如表 3-3 所示。

表 3-3　万兆接口模块

模块名称	连接介质	可传输距离
10GBase-CX4	CX4 铜缆（属于屏蔽双绞线）	15m
10GBase-SR	多模光纤	200m～300m，传输距离 300m，则需要使用 50μm 的优化多模（Optimized Multimode 3，OM3）
10GBase-LX4	单模、多模光纤	多模 300m；单模 10km
10GBase-LR	单模光纤	2～10km，可达 25km
10GBase-LRM	多模光纤	使用 OM3 可达 260m
10GBase-ER	单模光纤	2～40km
10GBase-ZR	单模光纤	80km
10GBase-T	屏蔽或非屏蔽双绞线	100m

另外，SFP 还有 10GBase-KX4（并行方式）和 10GBase-KR（串行方式），用于背板。

■ 参考答案　（2）D

【考核方式 2】　物理层的基本电气规范。

3. RS-232-C 的电气特性采用 V.28 标准电路，允许的数据速率是___(3)___，传输距离不大于___(4)___。

（3）A. 1kb/s　　　B. 20kb/s　　　C. 100kb/s　　　D. 1Mb/s

（4）A. 1m　　　　B. 15m　　　　C. 100m　　　　D. 1km

■ 试题分析　RS-232-C 是美国电子工业协会（Electrical Industrial Association，EIA）于 1973 年提出的串行通信接口标准；主要用于 DTE（如计算机、终端等设备）与 DCE（如调制解调器、中继器、多路复用器等）之间通信的接口规范。在传输距离小于 15m 时（V.28 标准），最大数据速率为 19.2kb/s。

■ 参考答案　（3）B　　（4）B

【考核方式 3】　综合布线的基本概念。

4. 建筑物综合布线系统中，工作区子系统是指___(5)___。

（5）A. 由终端到信息插座之间的连线系统

B. 楼层接线间的配线架和线缆系统

C. 各楼层设备之间的互连系统

D. 连接各个建筑物的通信系统

■ 试题分析　工作区子系统是由终端设备连接到信息插座的连线组成，包括连接线、适配器。工作区子系统中，信息插座的安装位置距离地面的高度为 30～50 cm；如果信息插座到网卡之间使用无屏蔽双绞线，布线距离最大为 10m。除此之外，必须掌握综合布线系统中几个子系统对应的作用、特点等信息。

■ **参考答案**　（5）A

知识点：数据传输理论

知识点综述

数据传输理论是通信的基础，涉及到的理论概念比较多，而且比较难懂，考试中在这一块出题也比较多，因此这一部分的理论基础相当重要，大部分计算的理论依据就在这个知识点。本知识点的体系图谱如图 3-3 所示。

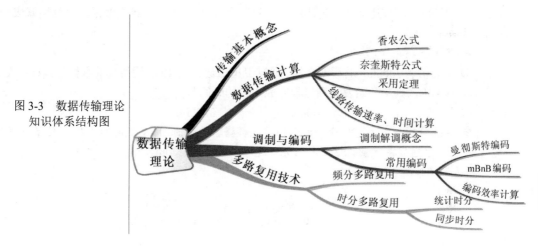

图 3-3　数据传输理论知识体系结构图

参考题型

【考核方式 1】 考查考生对基本传输速率的计算。

1. 在相隔 400km 的两地间，通过电缆以 4800b/s 的速率传送 3000 比特长的数据包，从开始发送到接收完数据需要的时间是 ___（1）___ 。

　　（1）A．480ms　　　B．607ms　　　C．612ms　　　D．627ms

　　■ **试题分析**　数据包从开始发送到接收数据需要的时间=发送时间（T_t）+传播延迟时间（T_1）。

　　具体计算如图 3-4 所示。

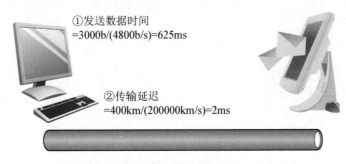

铜线中电磁信号的传播速率约为
200000km/s

①发送数据时间
=3000b/(4800b/s)=625ms

②传输延迟
=400km/(200000km/s)=2ms

③总时间=发送数据时间+传输延时=627ms

图3-4　计算过程

在网络工程师考试中，凡是涉及到计算的部分，必须将参与运算的各个**数据的单位换算成一致**，否则可能导致错误。

■ **参考答案**　（1）D

2. 在地面上相隔2000km的两地之间，通过卫星信道传送4000比特长的数据包，如果数据速率为64kb/s，则从开始发送到接收完成需要的时间是___（2）___。

（2）A．48ms　　　　B．640ms　　　　C．322.5ms　　　　D．332.5ms

■ **试题分析**　数据包从开始发送到接收数据需要的时间=发送时间（T_1）+传播延迟时间（T_1）。在卫星通信中注意记住卫星信号往返一次的延时270ms，是一个常量。

具体计算如图3-5所示。

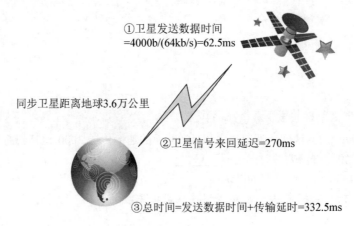

①卫星发送数据时间
=4000b/(64kb/s)=62.5ms

同步卫星距离地球3.6万公里

②卫星信号来回延迟=270ms

③总时间=发送数据时间+传输延时=332.5ms

图3-5　计算过程

■ **参考答案**　（2）D

【考核方式2】 考查考生对基本的计算公式的掌握。

3. 设信道带宽为 4kHz，信噪比为 30dB，按照香农定理，信道的最大数据速率约等于 ___（3）___。

   （3）A．10 kb/s   B．20 kb/s   C．30 kb/s   D．40 kb/s

■ **试题分析** 本题考查香农定理的基本知识。

香农定理（Shannon）总结出有噪声信道的最大数据传输率：在一条带宽为 H Hz、信噪比为 S/N 的有噪声信道的最大数据传输率 $V_{\max}$ 为：

$$V_{\max} = H\log_2(1+S/N)\text{b/s}$$

先求出信噪比 S/N：由 $30db = 10\ln S/N$，得 $\ln S/N = 3$，所以 $S/N = 10^3 = 1000$。

因此 $V_{\max} = H\log_2(1+S/N)\text{b/s} = 4000\log_2(1+1000)\text{b/s}$

$$\approx 4000 \times 9.97 \text{ b/s} \approx 40\text{kb/s}$$

■ **参考答案** （3）D

4. 设信道带宽为 3400Hz，调制为 4 种不同的码元，根据奈奎斯特（Nyquist）定理，理想信道的数据速率为 ___（4）___。

   （4）A．3.4kb/s   B．6.8kb/s   C．13.6kb/s   D．34kb/s

■ **试题分析** 本题考查 Nyquist 定理与码元及数据速率的关系。

根据奈奎斯特定理及码元速率与数据速率间的关系，数据速率 $R=2W\times\log_2 N$，可列出如下算式：

$$R=2\times 3400\times\log_2 4$$
$$=13600\text{b/s}$$
$$=13.6\text{kb/s}$$

■ **参考答案** （4）C

【考核方式3】 考查考生对采样定理的掌握。

5. 假设模拟信号的最高频率为 10MHz，采样频率必须大于___（5）___，才能使得到的样本信号不失真。

   （5）A．6MHz   B．12MHz   C．18MHz   D．20MHz

■ **试题分析** 根据采样定理，采样频率要大于 2 倍模拟信号频率，即 20MHz，才能使得到的样本信号不失真。

■ **参考答案** （5）D

【考核方式4】 考查考生对基本的异步通信的速率和效率的计算。

6. 在异步通信中，每个字符包含 1 位起始位、7 位数据位、1 位奇偶校验位和 1 位终止位，每秒钟传送 100 个字符，则有效数据速率为___（6）___。

   （6）A．500b/s   B．600b/s   C．700b/s   D．800b/s

■ **试题分析** 题目给出每秒钟传送 100 个字符，因此每秒传输的位有 100×（1+7+1+1）=1000 位，而其中有 100×7 个数据位，因此数据速率为 700b/s。

■ **参考答案** （6）C

【考核方式5】 考查考生对基本的调制的掌握。

7. 可以用数字信号对模拟载波的不同参量进行调制，下图所示的调制方式称为___（7）___。

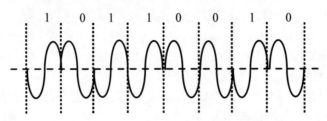

1 0 1 0 1 1 0 0 1 0

（7）A．ASK   B．FSK   C．PSK   D．DPSK

■ **试题分析** 相移键控（Phase Shift Keying，PSK），载波相位随着基带信号而变化。PSK最简单的形式是BPSK，载波相位有2种，分别表示逻辑0和1。

最基本的调制技术包括：幅移键控（ASK）、频移键控（FSK）、相位键控（PSK）。对几种调制技术的详细描述见表3-4。

表3-4   几种常见的调制技术

调制方式	描述	特点
幅移键控（ASK）	用载波的两个不同振幅表示 0 和 1，通常用恒定的载波振幅值表示1，无载波表示0	实现简单，但抗干扰性能差、效率低
频移键控（FSK）	用载波的两个不同频率表示 0 和 1	抗干扰性能较好。常设载波频率为 f_c，调制后频率为 f_1、f_2，一般要求 $f_2-f_c=f_c-f_1$
相位键控（PSK）	用载波的起始相位的变化表示 0 和 1	抗干扰性最好，而且相位的变化可以作为定时信息来同步时钟
四相键控（DPSK）	每 90° 表示一种状态	45°、135°、225°、315° 四个相位表示 00、01、10、11
正交移相键控（QPSK）	每 90° 表示一种状态	0°、90°、180°、270° 四个相位表示 00、01、10、11

■ **参考答案**   （7）C

【考核方式6】 考查考生对基本编码的掌握。

8．下图表示了某个数据的两种编码，这两种编码分别是＿＿＿（8）＿＿＿，该数据是＿＿＿（9）＿＿＿。

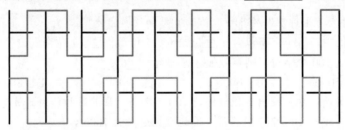

（8）A．X 为差分曼彻斯特码，Y 为曼彻斯特码

　　　B．X 为差分曼彻斯特码，Y 为双极性码

　　　C．X 为曼彻斯特码，Y 为差分曼彻斯特码

D．X 为曼彻斯特码，Y 为不归零码

（9）A．010011110 B．010011010 C．011011010 D．010010010

■ 试题分析

● 曼彻斯特编码。

曼彻斯特编码属于一种双相码，负电平到正电平代表"0"，正电平到负电平代表"1"；也可以是负电平到正电平代表"1"，正电平到负电平代表"0"。常用于 10M 以太网。传输一位信号需要有两次电平变化，因此编码效率为 50%。

● 差分曼彻斯特编码。

差分曼彻斯特编码属于一种双相码，中间电平只起到定时的作用，不用于表示数据。信号开始时有电平变化表示"0"，没有电平变化表示"1"。

具体对应关系如图 3-6 所示。

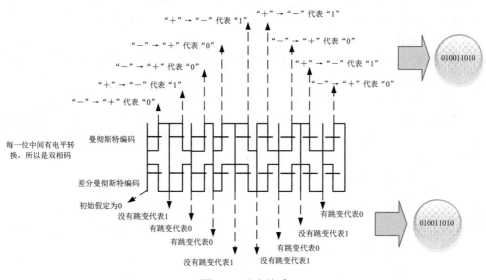

图 3-6 对应关系

■ 参考答案 （8）C （9）B

[辅导专家提示] 在考试中主要是考查曼彻斯特编码和 mBnB 两种编码的计算，尤其是曼彻斯特编码，考查的频率较高，要注意。

【考核方式 7】 考查考生对 PCM 技术的掌握。

9．设信道带宽为 3400Hz，采用 PCM 编码，采样周期为 125μs，每个样本量化为 128 个等级，则信道的数据速率为___（10）___。

（10）A．10kb/s B．16kb/s C．56kb/s D．64kb/s

■ 试题分析 模拟信号编码为数字信号的最常见的就是脉冲编码调制（Pulse Code Modulation，PCM）。脉冲编码过程为采样、量化、编码。

●采样：就是对模拟信号进行周期性扫描，把时间上连续的信号变成时间上离散的信号。采样必须遵循奈奎斯特采样定理，才能保证无失真地恢复原模拟信号。

举例：模拟电话信号通过 PCM 编码成为数字信号。语音最大频率小于 4kHz（约为 3.4kHz），根据采样定理，采样频率要大于 2 倍语音最大频率，即 8kHz（采样周期=125μs），就可以无失真地恢复语音信号。

●量化：就是把抽样值的幅度离散。即先规定的一组电平值，把抽样值用最接近的电平值来代替。规定的电平值通常是用二进制表示。

举例：语音系统采用 128 级（7 位）量化，采样 8kHz 的采样频率，那么有效数据速率为 56kb/s，在 E1 或者 T1 链路中，由于传输时，每 7bit 需要添加 1bit 的信令位，因此 T1 或者 E1 的语音信道数据速率为 64kb/s，如果像本题一样没有强调是 E1 或者 T1 这样的链路，则不考虑增加的信令位。本题中，没有强调信令位的问题，所以不需要考虑。

●编码：就是用一组二进制码组来表示每一个有固定电平的量化值。然而，实际上量化是在编码过程中同时完成的，故编码过程也称为模/数变换，可记作 A/D。

■ 参考答案　（10）C

10. 设信道带宽为 3400Hz，采用 PCM 编码，采样周期为 125μs，每个样本量化为 256 个等级，则信道的数据速率为　（11）　。

（11）A. 10kb/s　　B. 16kb/s　　C. 56kb/s　　D. 64kb/s

■ 试题分析　本题是一个简单的计算题，在每个采用周期内，一个样本量化为 256 级，也就是可以表示 8bit，因为 $\log_2 256=8$，也就是在一个 125μs 内传输 8bit，因此速率为 $8/(125\times10^{-6})$ =0.064×10^6=64kb/s，信道带宽为 3400Hz 其实是个干扰项。

■ 参考答案　（11）D

【考核方式8】考查考生对多路复用技术的掌握。

11. E 载波是 ITU-T 建议的传输标准，其中 E3 信道的数据速率大约是　（12）　Mb/s。贝尔系统 T3 信道的数据速率大约是　（13）　Mb/s。

（12）A. 64　　B. 34　　C. 8　　D. 2
（13）A. 1.5　　B. 6.3　　C. 44　　D. 274

■ 试题分析　按照 ITU-T 的多路复用标准，E1 载波由 32 个 64kb/s 的信道组成，E2 载波由 4 个 E1 载波组成，数据速率为 8.448Mb/s。E3 载波由 4 个 E2 载波组成，数据速率为 34.368Mb/s。E4 载波由 4 个 E3 载波组成，数据速率为 139.264Mb/s。E5 载波由 4 个 E4 载波组成，数据速率为 565.148 Mb/s。

同样地，T1 系统共 24 个语音话路，其载波的数据率=8000×193b/s = 1.544Mb/s，其中每个话音信道的数据速率是 64kb/s。还可以多路复用到更高级的载波上，如 4 个 T1 信道结合成 1 个 6.312Mb/s 的 T2 信道，7 个 T2 信道组合成 1 个 T3 信道，6 个 T3 信道组合成 1 个 T4 信道。

■ 参考答案　（12）B　　（13）C

知识点：数字传输系统

知识点综述

本知识点属于识记的范畴，主要考查考生对数字传输系统的基本了解。本知识点中要牢记 SDH 与 SONET 的基本传输速率，其知识体系图如图 3-7 所示。

图 3-7　数字传输系统知识体系图谱

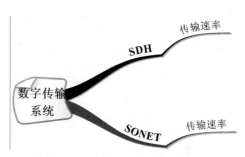

参考题型

【考核方式】　考核 SDH 和 SONET 的基本传输速率和概念。

1. 同步数字系列（SDH）是光纤信道的复用标准，其中最常用的 STM-1（OC-3）的数据速率是 ___(1)___，STM-4（OC-12）的数据速率是 ___(2)___。

  （1）A．155.520 Mb/s　　　　　　　　　B．622.080 Mb/s

       C．2488.320 Mb/s　　　　　　　　D．10Gb/s

  （2）A．155.520 Mb/s　　　　　　　　　B．622.080 Mb/s

       C．2488.320 Mb/s　　　　　　　　D．10Gb/s

■ 试题分析　同步数字系列（Synchronous Digital Hierarchy，SDH）是 ITU-T 以 SONET 为基础制定的国际标准。SDH 和 SONET 的不同主要在于基本速率不同。SDH 基本速率是第 1 级同步传递模块（Synchronous Transfer Module，STM-1）。**STM-1 速率为 155.520Mb/s**，和 OC-3 速率相同。STM-N 则代表 N 倍的 STM-1。STM-4 速率为 622.080 Mb/s。对于一些 SDH 和 SONET 的常见速率见表 3-5，希望考生在复习的时候能记住此表。

同步光纤网络（SONET）和同步数字层级（SDH）是一组有关光纤信道上的同步数据传输的标准协议，常用于物理层构架和同步机制。SONET 是由美国国家标准化组织（ANSI）颁布的美国标准版本。SDH 是由国际电信同盟（ITU）颁布的国际标准版本。

SONET/SDH 可以应用于 ATM 或非 ATM 环境。SONET/SDH（POS）上的数据包利用点对点协议（PPP），将 IP 数据包映射到 SONET 帧负载中。在 ATM 环境下，SONET/SDH 线路连接方式可能为多模式、单模式或 UTP。SONET 是基于传输在基本比特率是 51.840 Mb/s 的多倍速率或 STS-1。而 SDH 是基于 STM-1，数据传输率为 155.52Mb/s，与 STS-3 相当。

表 3-5　SONET/SDH 多路复用的速率

SONET 信号	比特率 Mb/s	SDH 信号	SONET 性能	SDH 性能
STS-1 和 OC-1	51.840	STM-0	28 DS-1s 或 1 DS-3	21 E1s
STS-3 和 OC-3	155.520	STM-1	84 DS-1s 或 3 DS-3s	63 E1s 或 1 E4
STS-12 和 OC-12	622.080	STM-4	336 DS-1s 或 12 DS-3s	252 E1s 或 4 E4s
STS-48 和 OC-48	2,488.320	STM-16	1,344 DS-1s 或 48 DS-3s	1008 E1s 或 16 E4s
STS-192 和 OC-192	9,953.280	STM-64	5,376 DS-1s 或 192 DS-3s	4032 E1s 或 64 E4s
STS-768 和 OC-768	39,813,120	STM-256	21,504 DS-1s 或 768 DS-3s	16128 E1s 或 256 E4s

还有一些速率定义，如 OC-9、OC-18、OC-24、OC-36、OC-96 及 OC-768，可参照相关标准文档，但它们使用并不普遍。其他更高的传输速率供未来使用。

■ 参考答案　（1）A　（2）B

[辅导专家提示] 本知识点考查最多的就是 SDH 和 SONET 速率的问题，因此需要记住常用 SDH 和 SONET 的速率。

2．利用 SDH 实现广域网互联，如果用户需要的数据传输速率较小，可以用准同步数字系列（PDH）兼容的传输方式在每个 STM-1 帧中封装＿＿（3）＿＿个 E1 信道。

（3）A．4　　　　　　　　　　　B．63

　　　C．255　　　　　　　　　D．1023

■ 试题分析　当数据传输速率较小时，可以使用 SDH 提供的准同步数字系列（Plesiochronous Digital Hierarchy，PDH）这种兼容传输方式。该方式在 STM-1 中封装了 63 个 E1 信道，可以同时向 63 个用户提供 2Mb/s 的接入速率。

■ 参考答案　（3）B

知识点：接入技术

知识点综述

本知识点的内容比较简单，主要考查考生对常用的几种接入技术的了解。其知识体系图谱如图 3-8 所示。

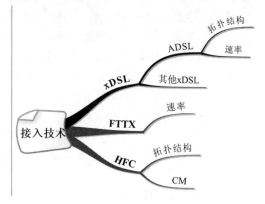

图 3-8　接入技术知识体系图谱

参考题型

【考核方式】 考查对基本接入技术的了解。

1. 数字用户线（DSL）是基于普通电话线的宽带接入技术，可以在铜质双绞线上同时传送数据和话音信号。下列选项中，数据速率最高的 DSL 标准是___(1)___。

　　（1）A. ADSL　　　　B. VDSL　　　　C. HDSL　　　　D. RADSL

　　■ 试题分析　xDSL 技术就是利用电话线中的高频信息传输数据，高频信号损耗大，容易受噪声干扰。xDSL 速率越高，传输距离越近。表 3-6 为 xDSL 常见类型。

表 3-6　常见的 xDSL 类型

名称	对称性	上、下行速率 （受距离影响有变化）	极限传输距离	复用技术
ADSL（非对称数字用户线路）	不对称	上行：64kb/s～1Mb/s 下行：1～8Mb/s	3～5km	频分复用
VDSL（甚高速数字用户线路）	不对称	上行：1.6～2.3Mb/s 下行：12.96～52Mb/s	0.9～1.4km	QAM 和 DMT
HDSL（高速数字用户线路）	对称	上行：1.544Mb/s 下行：1.544Mb/s	2.7～3.6km	时分复用
G.SHDSL（对称的高比特数字用户环路）	对称	一对线上、下行可达192kb/s～2.312Mb/s	3.7～7.1km	时分复用
RADSL（速率自适应用户数字线）	不对称	上行速率为128kb/s～1Mb/s 下行速率为640kb/s～12Mb/s	可达 5.5km	频分复用

　　■ 参考答案　（1）B

2. 下列 FTTx 组网方案中，光纤覆盖面最广的是___(2)___。

　　（2）A. FTTN　　　　B. FTTC　　　　C. FTTH　　　　D. FTTZ

　　■ 试题分析　FTTx 技术主要用于接入网络光纤化，范围从区域电信机房的局端设备到用户终端设备，局端设备为光线路终端（Optical Line Terminal，OLT），用户端设备为光网络单元（Optical Network Unit，ONU）或光网络终端（Optical Network Terminal，ONT）。

根据光纤到用户的距离来分类，可分成光纤到交换箱（Fiber To The Cabinet，FTTCab）、光纤到路边（Fiber To The Curb，FTTC）、光纤到大楼（Fiber To The Building，FTTB）及光纤到户（Fiber To The Home，FTTH）等服务形态。光纤到节点（Fiber-To-The-Node，FTTN）是光纤延伸到电缆交接箱所在处，一般覆盖 200～300 用户。本题来说 FTTH 光纤覆盖面较广。

■ **参考答案** （2）C

3. ADSL 采用___（3）___技术把 PSTN 线路划分为话音、上行和下行三个独立的信道，同时提供电话和上网服务。采用 ADSL 联网，计算机需要通过___（4）___和分离器连接到电话入户接线盒。

（3）A. 对分复用　　　　　　　　B. 频分复用
　　　C. 空分复用　　　　　　　　D. 码分多址
（4）A. ADSL 交换机　　　　　　 B. Cable Modem
　　　C. ADSL Modem　　　　　　 D. 无线路由器

■ **试题分析** xDSL 技术就是利用电话线中的高频信息传输数据的接入技术 ADSL（Asymmetric Digital Subscriber Line，非对称数字用户线路）是使用最广泛的一种，其技术提供的上行和下行带宽不对称，因此称为非对称数字用户线路。ADSL 采用 DMT（离散多音频）技术，将原来电话线路 4kHz 到 1.1MHz 频段划分成 256 个频宽为 4.3125kHz 的子频带。其中，4kHz 以下频段仍用于传送 POTS（传统电话业务），20kHz 到 138kHz 的频段用来传送上行信号，138kHz 到 1.1MHz 的频段用来传送下行信号。DMT 技术可以根据线路的情况灵活调整在每个信道上所调制的比特数，以便充分地利用线路。比较成熟的 ADSL 标准有两种——G.DMT和 G.Lite。G.DMT 是全速率的 ADSL 标准，支持 8Mb/s、1.5Mb/s 的高速下行、上行速率，但是，G.DMT 要求用户端安装 POTS 分离器，比较复杂且价格昂贵；G.Lite 标准速率较低，下行/上行速率为 1.5Mb/s、512kb/s，但省去了复杂的 POTS 分离器，成本较低且便于安装。在第一代 ADSL 标准的基础上，ITU-T 又制订了 G.992.4(ADSL2）及 G.922.5(ADSL2plus，又称 ADSL2+)。ADSL2 下行最高速率可达 12Mb/s，上行最高速率可达 1Mb/s。ADSL2+ 除了具备 ADSL2 的技术特点外，还指定了一个 2.2MHz 的下行频段。这使得 ADSL2+ 的下行速率有很大的提高，可以达到最高约 24Mb/s。上行速率最高约 1Mb/s。

■ **参考答案** （3）B　　　（4）C

知识点：其他相关技术

知识点综述

本知识点是以前常考的知识点之一，但是近年来随着高速以太网和 MPLS 等技术的兴起，传统的帧中继和 ATM 技术的相关知识点很少考了。这里给出两个典型试题，用于对这两种技术有一个初步的了解。其知识体系图谱如图 3-9 所示。

图 3-9　其他相关技术知识体系图谱

参考题型

【考核方式 1】 考核帧中继网的基本概念。

1. 以下关于帧中继网的叙述中，错误的是 ___(1)___ 。

    （1）A. 帧中继提供面向连接的网络服务

         B. 帧在传输过程中要进行流量控制

         C. 既可以按需提供带宽，也可以适应突发式业务

         D. 帧长可变，可以承载各种局域网的数据帧

  ■ **试题分析**　帧中继协议是在第二层建立虚拟电路，它用帧方式来承载数据业务，因此第三层就被简化了。而且它比 HDLC 要简单，只做检错，不重传，没有滑动窗口式的流控，只有拥塞控制。把复杂的检错丢给高层去处理了。帧中继通过 PVC 和 SVC 向用户提供通信服务，这是一种面向连接的服务。帧在传输过程中要进行流量整形技术来实现端速率的匹配。通过 BECN-后向显式堵塞通告、FECN-前向显式堵塞通告、CIR-承诺传输率、BC-数据平均传输率这几个参数来实现流量整形。因此可以实现按需提供带宽，也可以适用突发式的业务。在帧中继中，其帧长度可变，最大帧长可以达到 1008Byte。

  ■ **参考答案**　（1）B

【考核方式 2】 考核 ATM 技术的基本概念。

2. ATM 高层定义了 4 类业务，压缩视频信号的传送属于 ___(2)___ 类业务。

    （2）A. CBR　　　　B. VBR　　　　C. UBR　　　　D. ABR

  ■ **试题分析**　ATM 网络中传送的信息分为下面几种类型：CBR（恒定比特率）、VBR（可变比特率）、ABR（有效比特率）、UBR（未指定比特率）及 GFR（保证帧速率），对应不同的 AAL 类型，如表 3-7 所示。

表 3-7　ATM 业务

恒定比特率 CBR （Constant Bit Rate）	CBR 以固定比特率传送信息，用于要求带宽固定、时延（CTD）小和时延变化（CDV）小的实时业务
可变比特率 VBR （Variable Bit Rate）	VBR 以可变比特率传送信息，VBR 又分为实时 VBR（rt-VBR）和非实时 VBR（nrt-VBR）。Rt-VBR 更接近 CBR，对时延和时延变化要求较高，而对信元丢失率要求较低。Nrt-VBR 更接近于 ABR，对信元丢失率要求较高，而对时间参数要求较低
未指定比特率 UBR （Unspecified Bit Rate）	UBR 是利用网络剩余资源进行传送的，它对带宽、时延和时延变化没有要求。它不做承诺，也不发送拥塞的反馈信号。如果网络发生拥塞，UBR 信元将会被丢弃

有效比特率 ABR （Variable Bit Rate）	ABR 也是利用网络剩余资源进行传送的，它对带宽、时延和时延变化也没有要求。ATM 网络处理 ABR 的关键是如何充分将网络资源分配给 ABR，使 ABR 业务利用尽可能多的带宽，尽量降低时延和时延变化
保证帧速率 GFR （Guaranteed Frame Rate）	GFR 是 ATM 论坛中提出的新的 ATM 业务类型，GFR 业务支持非实时业务应用，它是为需要最小速率保证并能动态访问附加带宽的应用而设计的

其中的 rt-VBR 更有利于使用统计技术和多路复用技术的用户终端。nrt-VBR 主要用于在一定时间内的交互事物处理（如过程监视等）和帧中继业务。题目中没有区分实时 VBR（rt-VBR）和非实时 VBR（nrt-VBR）的概念，统一称为 VBR。

■ **参考答案** （2）B

课堂练习

1．下面列出的 4 种快速以太网物理层标准中，使用两对 5 类无屏蔽双绞线作为传输介质的是___(1)___。

  （1）A．100BASE-FX   B．100BASE-T4

        C．100BASE-TX   D．100BASE-T2

2．下面关于 RS-232-C 标准的描述中，正确的是___(2)___。

  （2）A．可以实现长距离远程通信

        B．可以使用 9 针或 25 针 D 型连接器

        C．必须采用 24 根线的电缆进行连接

        D．通常用于连接并行打印机

3．EIA/TIA-568 标准规定，在综合布线时，如果信息插座到网卡之间使用无屏蔽双绞线，布线距离最大为___(3)___m。

  （3）A．10   B．30   C．50   D．100

4．建筑物综合布线系统中的园区子系统是指___(4)___。

  （4）A．由终端到信息插座之间的连线系统

        B．楼层接线间到工作区的线缆系统

        C．各楼层设备之间的互连系统

        D．连接各个建筑物的通信系统

5．建筑物综合布线系统中的干线子系统是___(5)___，水平子系统是___(6)___。

  （5）A．各个楼层接线间配线架到工作区信息插座之间所安装的线缆

        B．由终端到信息插座之间的连线系统

        C．各楼层设备之间的互连系统

        D．连接各个建筑物的通信系统

  （6）A．各个楼层接线间配线架到工作区信息插座之间所安装的线缆

        B．由终端到信息插座之间的连线系统

  C．各楼层设备之间的互连系统

  D．连接各个建筑物的通信系统

6．在相隔 2000km 的两地间通过电缆以 4800b/s 的速率传送 3000 比特长的数据包，从开始发送到接收数据需要的时间是　　(7)　　，如果用 50kb/s 的卫星信道传送，则需要的时间是　　(8)　　。

  (7) A．480ms   B．645ms   C．630ms   D．635ms

  (8) A．70ms   B．330ms   C．500ms   D．600ms

7．下图所示的调制方式是　　(9)　　，若载波频率为 2400Hz，则码元速率为　　(10)　　。

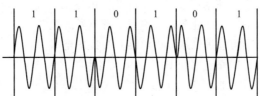

  (9) A．FSK   B．2DPSK   C．ASK   D．QAM

  (10) A．100 Baud B．200 Baud C．1200 Baud D．2400 Baud

8．4B/5B 编码是一种两级编码方案，首先要把数据变成　　(11)　　编码，再把 4 位分为一组的代码变换成 5 单位的代码。这种编码的效率是　　(12)　　。

  (11) A．NRZ-I   B．AMI   C．QAM   D．PCM

  (12) A．0.4   B．0.5   C．0.8   D．1.0

9．曼彻斯特编码的特点是　　(13)　　，它的编码效率是　　(14)　　。

  (13) A．在"0"比特的前沿有电平翻转，在"1"比特的前沿没有电平翻转

    B．在"1"比特的前沿有电平翻转，在"0"比特的前沿没有电平翻转

    C．在每个比特的前沿有电平翻转

    D．在每个比特的中间有电平翻转

  (14) A．50%   B．60%   C．80%   D．100%

10．下面关于曼彻斯特编码的叙述中，错误的是　　(15)　　。

  (15) A．曼彻斯特编码是一种双相码 B．曼彻斯特编码提供了比特同步信息

    C．曼彻斯特编码的效率为 50%   D．曼彻斯特编码应用在高速以太网中

11．E1 载波的基本帧由 32 个子信道组成，其中 30 个子信道用于传送话音数据，2 个子信道　　(16)　　用于传送控制信令，该基本帧的传送时间为　　(17)　　。

  (16) A．CH0 和 CH2   B．CH1 和 CH15

    C．CH15 和 CH16   D．CH0 和 CH16

  (17) A．100ms   B．200μs   C．125μs   D．150μs

12．E1 信道的数据速率是　　(18)　　，其中每个话音信道的数据速率是　　(19)　　。

  (18) A．1.544Mb/s B．2.048Mb/s C．6.312Mb/s D．44.736Mb/s

  (19) A．56kb/s   B．64kb/s   C．128kb/s   D．2048kb/s

13．E1 载波的数据速率是　　(20)　　Mb/s，T1 载波的数据速率是　　(21)　　Mb/s。

  (20) A．1.544   B．2.048   C．6.312   D．8.448

（21）A．1.544　　　B．2.048　　　C．6.312　　　D．8.448

14．T1 载波每个信道的数据速率为___（22）___，T1 信道的总数据速率为___（23）___。

（22）A．32kb/s　　B．56 kb/s　　C．64 kb/s　　D．96 kb/s

（23）A．1.544Mb/s　B．6.312Mb/s　C．2.048Mb/s　D．4.096Mb/s

15．下面用于表示帧中继虚电路表示符的是___（24）___。

（24）A．CIR　　　　B．LMI　　　　C．DLCI　　　D．VPI

16．下面关于帧中继网络的描述中，错误的是___（25）___。

（25）A．用户的数据速率可以在一定的范围内变化

B．既可以适应流式业务，又可以适应突发式业务

C．帧中继网可以提供永久虚电路和交换虚电路

D．帧中继虚电路建立在 HDLC 协议之上

17．在各种 xDSL 技术中，能提供上下行信道非对称传输的是___（26）___。

（26）A．ADSL 和 HDSL　　　　　　B．ADSL 和 VDSL

C．SDSL 和 VDSL　　　　　　D．SDSL 和 HDSL

18．设信道采用 2DPSK 调制，码元速率为 300 波特，则最大数据速率为___（27）___b/s。

（27）A．300　　　　B．600　　　　C．900　　　　D．1200

19．假设模拟信号的最高频率为 6MHz，采样频率必须大于___（28）___时，才能使得到的样本信号不失真。

（28）A．6MHz　　　B．12MHz　　　C．18MHz　　　D．20MHz

20．双极型 AMI 编码经过一个噪声信道，接收的波形如下图所示，那么出错的是第___（29）___位。

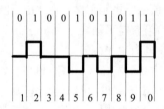

（29）A．3　　　　　B．5　　　　　C．7　　　　　D．9

21．使用 ADSL 接入 Internet，用户端需要安装___（30）___协议。

（30）A．PPP　　　　B．SLIP　　　　C．PPTP　　　　D．PPPoE

试题分析

试题 1 分析：100Base-FX 使用多模或单模光缆，连接器可以采用 MIC/FDDI 连接器、ST 连接器或 SC 连接器；主要用于高速主干网或远距离连接，或有强电气干扰的环境或要求较高安全保密链接的环境。

100Base-T4 是为了利用早期存在的大量 3 类音频级布线而设计的。它使用 4 对双绞线，其中 3 对用于同时传送数据，第 4 对线用于冲突检测时的接收信道。因此可以使用数据级 3、4 或 5 类非屏蔽双

绞线，也可使用音频级 3 类线缆。但由于没有专用的发送或接收线路，所以不能进行全双工操作。

IEEE 制定 100Base-T2 标准用于解决 100Base-T4 不能实现全双工的问题，100Base-T2 只用 2 对 3 类 UTP 线就可以传送 100Mbps 的数据,它采用 2 对音频或数据级 3、4 或 5 类 UTP 电缆。一对用于发送数据，另一对用于接收数据，可实现全双工操作。采用名为 PAM5x5 的 5 电平编码方案。

100Base-TX 使用两对 5 类非屏蔽双绞线或 1 类屏蔽双绞线。一对用于发送数据，另一对用于接收数据。采用 4B/5B 编码法，100Base-TX 使 100Base-T 中使用最广的物理层规范。此题中应该是 C 与 D 都可以使用 2 对 5 类无屏蔽线。此题命题不够严谨。

参考答案：（1）C

试题 2 分析： RS-232-C 接口是数据通信中最重要的而且是完全遵循数据通信标准的一种接口。它的作用就是定义 DTE 设备和 DCE 设备。RS-232-C 是数据通信设备间的实际物理层连接。RS-232-C 接口完成下列两项工作：提供 DTE 与 DCE 之间的物理连接；定义 9 针或者 25 个插脚的每个信号的含义。RS232C 包括四种特性：电气特性、机械特性、功能特性和过程特性。

参考答案：（2）B

试题 3 分析： 在 EIA/TIA-568 标准规定，在综合布线时，如果信息插座到网卡之间使用无屏蔽双绞线，则这个区域的布线距离最大为 10m。

参考答案：（3）A

试题 4 分析： 本题考查考生对建筑物综合布线系统中的园区子系统概念的理解。

综合布线系统由工作区子系统、水平子系统、干线子系统、设备间子系统、管理子系统、建筑群子系统六个部分组成。具体组成见图 3-10。

- 干线子系统：是各水平子系统（各楼层）设备之间的互连系统。
- 水平子系统：是各个楼层配线间中的配线架到工作区信息插座之间所安装的线缆。
- 工作区子系统：是由终端设备连接到信息插座的连线组成，包括连接线、适配器。工作区子系统中信息插座的安装位置距离地面的高度为 30～50 cm; 如果信息插座到网卡之间使用无屏蔽双绞线，布线距离最大为 10m。

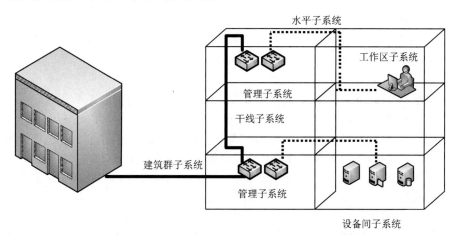

图 3-10　综合布线系统图

- 设备间子系统：位置处于设备间，并且集中安装了许多大型设备（主要是服务器、管理终端）的子系统。
- 管理子系统：该系统由交连、互连和配线架和信息插座式配线架以及相关跳线组成。
- 建筑群子系统：将一个建筑物中的电缆、光缆无线延伸到建筑群的另外一些建筑物中的通信设备和装置上。建筑群之间往往采用单模光纤进行连接。

参考答案：（4）D

试题 5 分析：建筑物综合布线系统中的干线子系统是各楼层设备之间的互连系统，水平子系统是各个楼层接线间配线架到工作区信息插座之间所安装的线缆。

参考答案：（5）C　（6）A

试题 6 分析：数据包从开始发送到接收数据需要的时间=发送时间（T_t）+传播延迟时间（T_1）。具体计算如下图所示。

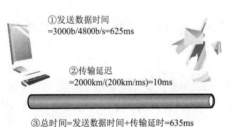
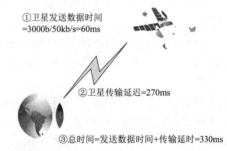

①发送数据时间=3000b/4800b/s=625ms
②传输延迟=2000km/(200km/ms)=10ms
③总时间=发送数据时间+传输延时=635ms

①卫星发送数据时间=3000b/50kb/s=60ms
②卫星传输延迟=270ms
③总时间=发送数据时间+传输延时=330ms

参考答案：（7）D　（8）B

试题 7 分析：从图中的波形看出，代表 1、0 的波形的频率和波幅均相同，因此排除 ASK（幅移键控）、FSK（频移键控）。代表"1"的相位是 0°，而代表"0"的相位是 180°，可以推断该波形是 PSK（相移键控）。而本题需要使用两个周期波形表示 1 位数字，所以码元速率为载波频率的一半，即 1200 波特。

参考答案：（9）B　（10）C

试题 8 分析：4B/5B 编码就是将 4 个比特数据编码成 5 个比特符号的方式，编码效率为 4bit/5bit=80%。该编码在发送到介质时，使用 NRZ-I 编码。

参考答案：（11）A　（12）C

试题 9 分析：曼彻斯特编码属于一种双相码，因此编码效率为 50%。

参考答案：（13）D　（14）A

试题 10 分析：曼彻斯特编码属于一种双相码，负电平到正电平代表"0"，正电平到负电平代表"1"；也可以是负电平到正电平代表"1"，正电平到负电平代表"0"。常用于 10M 以太网。传输一位信号需要有两次电平变化，因此编码效率为 50%。曼彻斯特编码适用于传统以太网，不适合应用在高速以太网中。

参考答案：（15）D

试题 11 分析：E1 成复帧方式，E1 的一个时分复用帧（其长度 T=125μs）共划分为 32 个相等的时隙，时隙的编号为 CH0～CH31。其中时隙 CH0 用作帧同步，时隙 CH16 用来传送信令。

参考答案：（16）D　　（17）C

试题 12 分析：**E1 成复帧方式**，E1 的一个时分复用帧（其长度 T=125μs）共划分为 32 个相等的时隙，时隙的编号为 CH0～CH31。其中时隙 CH0 用作帧同步，时隙 CH16 用来传送信令，剩下 CH1～CH15 和 CH17～CH31 共 30 个时隙用作 30 个语音话路，E1 载波的控制开销占 **6.25%**。每个时隙传送 8bit（7bit 编码加上 1bit 信令），因此共用 256bit。每秒传送 8000 个帧，因此 PCM 一次群 **E1 的数据率就是 2.048Mb/s**，其中的每个话音信道的数据速率是 **64kb/s**。

参考答案：（18）B　　（19）B

试题 13 分析：本题目是基本概念，必须要记住。

参考答案：（20）B　　（21）A。

试题 14 分析：本题考查 T1 载波。

在电信数字通信系统中，广泛使用了 PCM（Pulse Code Modulation，脉冲编码调制）技术。模拟电话的带宽为 4kHz，根据奈奎斯特定理，编码解码器（coder-decoder，codec）采样频率需要达到每秒 8000 次。编码解码器每次采样生成一个 8 比特的数字信息。因此，一个模拟电话信道在数字化后对应一个 64kb/s 的数字信道。一个 64kb/s 的数字信道被称为 DS0（Digital Signal 0，数字信号 0）。

T1 是 T-载波通信系统的基础，也称一次群。T1 由 24 个 DS0 信道多路复用组成，每秒 8000 帧。在一个帧中，为每个信道依次分配 8 个比特。另外每个帧还需要 1 个比特用于分帧控制。因此 T1 的帧大小为 24×8+1=193 比特，T1 的速率为 193×8000=1.544Mb/s。

参考答案：（22）C　　（23）A

试题 15 分析：这是帧中继中的基本概念，使用 DLCI 表示虚链路标识符。

参考答案：（24）C

试题 16 分析：帧中继最初是作为 ISDN 的一种承载业务而定义的。帧中继在第二层建立虚电路，用帧方式承载数据业务，因而第三层就被简化了。帧中继提供虚电路业务，其业务是面向连接的网络服务。在帧中继的虚电路上可以提供不同的服务质量。在帧中继网上，用户的**数据速率可以在一定的范围内变化**，从而**既可以适应流式业务**，又可以**适应突发式业务**。帧中继提供两种虚电路：交换虚电路（Switch Virtual Circuit，SVC）和永久虚电路（Permanent Virtual Circuit，PVC）。帧长可变，可以承载各种局域网的数据传输。

参考答案：（25）D

试题 17 分析：数字用户线路（Digital Subscriber Line，DSL）技术就是利用电话线中的高频信息传输数据，高频信号损耗大，容易受噪声干扰。xDSL 速率越高，传输距离越近。

参考答案：（26）B

试题 18 分析：**相移键控（Phase Shift Keying，PSK）**，载波相位随着基带信号而变化。PSK 最简单的形式是 BPSK，载波相位有两种，分别表示逻辑 0 和 1。

无噪声情况下，应该依据奈奎斯特定理来计算最大数据速率。奈奎斯特定理为：

$$最大数据速度 = 2W\log_2 N = B\log_2 N = 300 \times \log_2 2 = 300$$

其中：W 表示带宽，B 代表波特率，N 是码元总的种类数。

参考答案：（27）A

试题 **19** 分析：采样频率必须达到 2 倍模拟信号最高频率时，才能使得到的样本信号可以不失真地还原。

参考答案：（28）B

试题 **20** 分析：AMI 是一种典型的双极性码。**在数据流中遇到"1"时，使电平在正和负之间交替翻转，而遇到"0"时，则保持零电平，也就是将信码中的"1"交替编成"+1"和"－1"，而"0"保持不变。**这相当于三进制信号编码方法，比二进制有更好的抗噪声特性。AMI 有其内在的检错能力，当正负脉冲交替出现的规律被打乱时容易识别出来，这种情况叫做 AMI 违例。

参考答案：（29）C

试题 **21** 分析：常识题。

参考答案：（30）D

4

数据链路层

知识点图谱与考点分析

数据链路层是网络体系结构中的一个重要层次。考试中考查最多的是以太网的数据链路层的基本概念、算法及基本的纠错技术等。本章的知识体系图谱如图4-1所示。

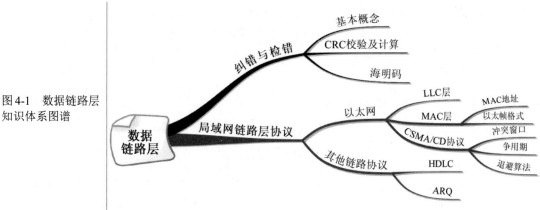

图 4-1 数据链路层
知识体系图谱

知识点：纠错与检错

知识点综述

数据传输过程中，错误难以避免，因此必须在数据通信过程中使用校验码，以确保能检测出在数据传输的过程中是否发生错误。本知识点的体系图谱如图4-2所示。

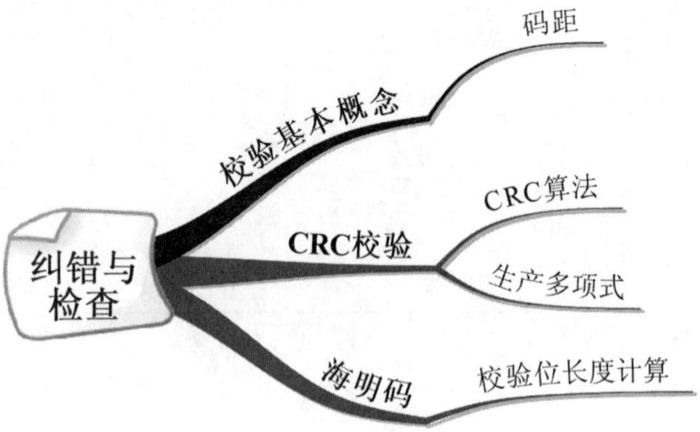

图4-2 纠错与检错知识体系图谱

参考题型

【考核方式1】 考查校验码的基本概念。

1. 以下关于校验码的叙述中，正确的是____(1)____。

   (1) A. 海明码利用多组数位的奇偶性来检错和纠错

   　　 B. 海明码的码距必须大于或等于1

   　　 C. 循环冗余校验码具有很强的检错和纠错能力

   　　 D. 循环冗余校验码的码距必定为1

   ■ **试题分析** 海明码是一种多重奇偶检错系统。A选项正确。

   海明码具有检错和纠错的功能，而为确保纠错和检错，码距必然大于或等于3。

   循环冗余校验码只能检错不能纠错，能检查r位错误，所以码距大于1。

   ■ **参考答案** (1) A

【考核方式2】 考查海明码的校验码位数。

2. 设数据码字为10010011，采用海明码进行校验，则必须加入____(2)____比特冗余位才能纠正1位错。

   (2) A. 2　　　　　 B. 3　　　　　 C. 4　　　　　 D. 5

   ■ **试题分析** 码距是指两个码字逐位比较，其不同字符的个数就是两个码字的距离。所以一个码制的距离定义为：在这个编码制中，各个码字之间的最小距离称为码距。例如4位二进制数中16个代码的码距为1，若合法地增大码距，可提高发现错误的能力。d个单比特错就可以把一个码字转换成另一个码字。为了检查出 d 个错(单比特错)，需要使用海明距离为 d+1 的编码；为了纠正 d 个错，需要使用海明距离为 2d+1 的编码。简单地说就是为了**检测 d 个错误**，则编码系统**码距≥d+1**；为了**纠正 d 个错误**，则编码系统**码距>2d**。

   设海明码校验位为 k，信息位为 m，则它们之间的关系应满足 $m+k+1\leq 2^k$。

   本题中数据码字为10010011，则 m=8，得到 k 最小为4。

   ■ **参考答案** (2) C

【考核方式3】　考查 CRC 校验码的计算。

3. 采用 CRC 进行差错校验，生成多项式为 $G(X)=X^4+X+1$，信息码字为 10111，则计算出的 CRC 校验码是____(3)____。

(3) A. 0000　　　　B. 0100　　　　C. 0010　　　　D. 1100

■ 试题分析

第一步：原始信息后"添 0"。

假定生成多项式 $G(X)$ 阶为 r，则在原始信息位后添加 r 个 0，新生成的信息串共 m+r 位，对应多项式设定为 $x^r M(x)$。

$G(X)=X^4+X+1=1 \times X^4+0 \times X^3+0 \times X^2+1 \times X+1 \times X^0$，所以生成多项式对应二进制字符串为 10011。由于最高阶码为 4，所以在原始信息 10111 后添加 4 个 0 后，得到的信息串为 10111 0000。

第二步：使用生成多项式除新信息串。

利用模 2 除法，用对应的 $G(x)$ 位去除串 $x^r M(x)$ 对应的位串，得到长度为 r 位的余数。除法过程如图 4-3 所示。

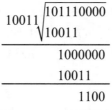

图 4-3　CRC 计算过程

得到余数 1100。

注意：余数不足 r，则余数左边用若干个 0 补齐。例如求得余数为 11，r=4，则补两个 0 得到 0011。

■ 参考答案　　(3) D

知识点：局域网链路层协议

知识点综述

局域网的数据链路层是整个网络工程师考试中最重要的知识点之一。由于目前的局域网市场主要是以太网，因此考试中与此知识相关的问题基本集中在以太网的数据链路层。本知识点的分值为 3～6 分左右，其知识体系图谱如图 4-4 所示。

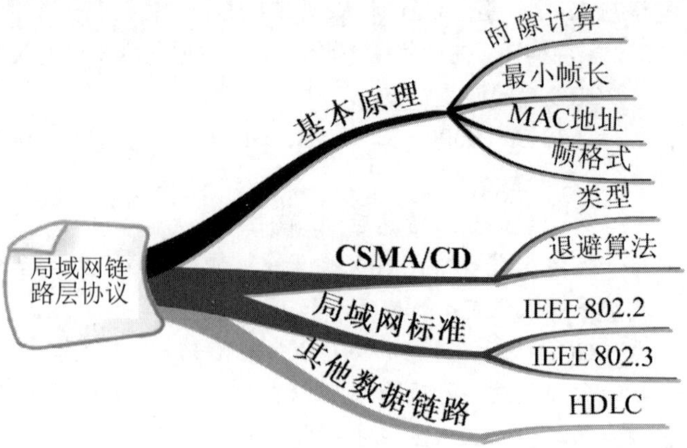

图 4-4　局域网链路层协议知识体系图谱

参考题型

【考核方式 1】　考查局域网的基本原理和概念、帧格式、最小帧长计算。

1. 采用 CSMA/CD 协议的基带总线，其段长为 1000m，中间没有中继器，数据速率为 10Mb/s，信号传播速度为 200m/μs。为了保证在发送期间能够检测到冲突，则该网络上的最小帧长应为___（1）___比特。

　　（1）A. 50　　　　　　B. 100　　　　　　C. 150　　　　　　D. 200

　　■ 试题分析　最小帧长=网络速率×2×(最大段长/信号传播速度+站点延时)，本题中站点延时为 0。

　　因此最小帧长=网络速率×2×最大段长/信号传播速度=10Mb/s×2×1000m/200m/μs=100bit。

　　■ 参考答案　（1）B

2. 局域网冲突时槽的计算方法如下：假设 t_{PHY} 表示工作站的物理层时延，C 表示光速，S 表示网段长度，t_R 表示中继器的时延，在局域网最大配置的情况下，冲突时槽等于___（2）___。

　　（2）A. $S/0.7C+2t_{PHY}+8t_R$　　　　　　B. $2S/0.7C+2t_{PHY}+8t_R$

　　　　 C. $2S/0.7C+t_{PHY}+8t_R$　　　　　　D. $2S/0.7C+2t_{PHY}+4t_R$

　　■ 试题分析　本题考查的是局域网最大配置下，数据从一端出发传递到最远端，再传送回来的时间。最大配置下可以接入 4 个中继器。因此来回的时间=2($S/0.7C+4t_R+t_{PHY}$)，选择 B。

　　■ 参考答案　（2）B

3. IEEE 802.3 规定的最小帧长为 64 字节，这个帧长是指___（3）___。

　　（3）A. 从前导字段到校验和的长度　　　B. 从目标地址到校验和的长度

　　　　 C. 从帧起始符到校验和的长度　　　D. 数据字段的长度

　　■ 试题分析　IEEE 802.3 规定的最小帧长为 64 字节，这个帧长是指从目标地址到校验和的长度。帧结构如图 4-5 所示。

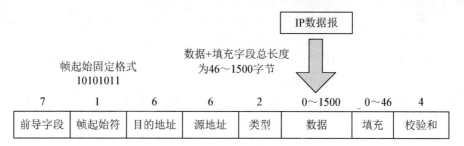

图 4-5　以太网帧格式

■ **参考答案** （3）B

【考核方式 2】　考查考生对 CSMA/CD 协议的理解。

4.　CSMA/CD 协议可以利用多种监听算法来减小发送冲突的概率，下面关于各种监听算法的描述中，正确的是___（4）___。

（4）A. 非坚持型监听算法有利于减少网络空闲时间

B. 坚持型监听算法有利于减少冲突的概率

C. P 坚持型监听算法无法减少网络的空闲时间

D. 坚持型监听算法能够及时抢占信道

■ **试题分析**　CSMA/CD 协议定义的坚持（监听）算法可以分为以下三类：

- **1-持续 CSMA**（1-persistent CSMA），当信道忙或发生冲突时，要发送帧的站一直持续监听，一旦发现信道有空闲（即在帧间最小间隔时间内没有检测到信道上有信号），便可发送。

    特点：有利于抢占信道，减少信道空闲时间；较长的传播延迟和同时监听，会导致多次冲突，降低系统性能。

- **非持续 CSMA**，发送方并不持续侦听信道，而是在冲突时等待随机的一段时间 N，再发送。

    特点：它有更好的信道利用率，由于随机时延后退，从而减少了冲突的概率；然而，可能出现的问题是因为后退而使信道闲置一段较长时间，这会使信道的利用率降低，而且增加了发送时延。

- **P-持续 CSMA**（P-persistent CSMA），发送方按 P 概率发送帧。即信道空闲时（即在帧间最小间隔时间内没有检测到信道上有信号），发送方不一定发送数据，而是按照 P 概率发送；以 1-P 概率不发送。若不发送数据，下一时间间隔 τ 仍空闲，同理进行发送；若信道忙，则等待下一时间间隔 τ，若冲突，则等待随机的一段时间，重新开始。τ 为单程网络传输时延。

    特点：P 的取值比较困难，大了会产生冲突，小了会延长等待时间。假定 n 个发送站等待发送，此时发现网络中有数据传送，当数据传输结束时，则有可能出现 n×P 个站发送数据。如果 n×P>1，则必然出现多个站点发送数据，这也必然导致冲突。有的站传数据完毕后，产生新帧与等待发送的数据帧竞争，很可能加剧冲突。

如果 P 太小，例如 P=0.01，则表示一个站点 100 个时间单位才会发送一次数据，这样 99 个时间单位就空闲了，造成浪费。

■ **参考答案** （4）D

5. 以太网介质访问控制策略可以采用不同的监听算法，其中一种是"一旦介质空闲就发送数据，假如介质忙，继续监听，直到介质空闲后立即发送数据"，这种算法称为 ___(5)___ 监听算法，该算法的主要特点是 ___(6)___ 。

（5）A．1-坚持型　　　B．非坚持型　　　C．P-坚持型　　　D．0-坚持型

（6）A．介质利用率和冲突概率都低　　　B．介质利用率和冲突概率都高

　　　C．介质利用率低且无法避免冲突　　　D．介质利用率高且可以有效避免冲突

■ **试题分析** 相关算法的特点见表4-1。

表 4-1　载波监听算法

监听算法	信道空闲时	信道忙时	特点
非坚持型监听算法	立即发送	等待 N，再监听	减少冲突，信道利用率降低
1-坚持型监听算法	立即发送	继续监听	提高信道利用率，增大了冲突
P-坚持型监听算法	以概率 P 发送	继续监听	有效平衡，但复杂

■ **参考答案** （5）A　　（6）B

【考核方式 3】 考查局域网的相关标准。

6. 在局域网标准中，100BASE-T 规定从收发器到集线器的距离不超过 ___(7)___ m。

（7）A．100　　　B．185　　　C．300　　　D．1000

■ **试题分析** 基本概念题，100BASE-T 规定从收发器到集线器的距离为100m。

■ **参考答案** （7）A

7. 以下属于万兆以太网物理层标准的是 ___(8)___ 。

（8）A．IEEE 802.3u　B．IEEE 802.3a　C．IEEE 802.3e　D．IEEE 802.3ae

■ **试题分析** **IEEE 802.3ae:** 万兆以太网（10 Gigabit Ethernet）。该标准仅支持光纤传输，提供两种连接。一种是和以太网连接、速率为10Gb/s 物理层设备，即 LAN PHY；另一种是与 SONET/SHD 连接、速率为 9.58464Gb/s 的 WAN 设备，即 WAN PHY。通过 WAN PHY 可以与 SONETOC-192 结合，通过 SONET 城域网提供端到端连接。该标准支持 10GBASE-S（850nm 短波）、10GBASE-l（1310nm 长波）、10GBASE-E（1550nm 长波）三种规格，最大传输距离为 300m、10km 和 40km。IEEE 802.3ae 支持 IEEE 802.3 标准中定义的最小和最大帧长。不采用 CSMA/CD 方式，只有全双工方式（**千兆以太网、万兆以太网最小帧长为 512 字节**）。

■ **参考答案** （8）D

【考核方式 4】 考查二进制指数后退算法。

8. 以太网中采用了二进制指数后退算法，这个算法的特点是 ___(9)___ 。

（9）A．网络负载越轻，可能后退的时间越长

B．网络负载越重，可能后退的时间越长

C．使得网络既可以适用于突发性业务，也可适用于流式业务

D．可以动态地提高网站发送的优先级

■ **试题分析**　以太网使用退避算法中的一种，即**"截断的二进制指数退避算法"**，来解决发送数据碰撞问题。这种算法规定，发生碰撞的站等待信道空闲后并不立即发送数据，而是推迟一个随机时间，再进入发送流程。这种方法减少了重传时再次发生碰撞的概率。

算法如下：

① 设定基本退避时间为争用期 2τ。

② 从整数集合中，随机取一个整数 r，则 r×2τ 为发送站等待时间。其中，k=Min[重传次数,10]。

③ 重传次数大于 16 次，则丢弃该帧数据，并汇报高层。

这个算法的特点是网络负载越重，可能后退的时间越长。

■ **参考答案**　（9）B

【**考核方式 5**】　考查其他数据链路层协议。

9．HDLC 协议是一种___（10）___，采用___（11）___标志作为帧定界符。

（10）A．面向比特的同步链路控制协议

B．面向字节计数的同步链路控制协议

C．面向字符的同步链路控制协议

D．异步链路控制协议

（11）A．10000001　　B．01111110　　　C．10101010　　　D．10101011

■ **试题分析**　数据链路控制协议可以分为面向字符的协议和面向比特的协议。HDLC 是一种同步链路控制协议。HDLC 使用统一的帧结构进行同步传输，01111110 作为帧的边界。

■ **参考答案**　（10）A　　（11）B

课堂练习

1．以太网帧格式如下图所示，其中"长度"字段的作用是___（1）___。

前导字段	帧起始符	目的地址	源地址	长度	数据	填充	校验和

（1）A．表示数据字段的长度

B．表示封装的上层协议的类型

C．表示整个帧的长度

D．既可以表示数据字段长度，也可以表示上层协议的类型

2．一个运行 CSMA/CD 协议的以太网，数据速率为 1Gb/s，网段长 1km，信号速率为 200,000km/sec，则最小帧长是___（2）___比特。

（2）A．1000　　　　B．2000　　　　　C．10000　　　　D．200000

3．千兆以太网标准 IEEE 802.3z 定义了一种帧突发方式（frame bursting），这种方式是指____（3）____。

（3）A．一个站可以突然发送一个帧

B．一个站可以不经过竞争就启动发送过程

C．一个站可以连续发送多个帧

D．一个站可以随机地发送紧急数据

4．数据链路协议 HDLC 是一种____（4）____。

（4）A．面向比特的同步链路控制协议　　　B．面向字节计数的同步链路控制协议

C．面向字符的同步链路控制协议　　　D．异步链路控制协议

5．一对有效码字之间的海明距离是____（5）____。如果信息为 10 位，要求纠正 1 位错，按照海明编码规则，最少需要增加的校验位是____（6）____。

（5）A．两个码字的比特数之和　　　　　B．两个码字的比特数之差

C．两个码字之间相同的位数　　　　　D．两个码字之间不同的位数

（6）A．3　　　　　　B．4　　　　　　C．5　　　　　　D．6

试题分析

试题 1 分析：以太网帧格式中的"长度"字段的作用是既可以表示数据字段长度，也可以表示上层协议的类型。除此以外，还要注意填充字段、校验和字段和源目的地址字段的作用。

参考答案：（1）D

试题 2 分析：以太网的最小帧长计算公式为：

最小帧长=网络速率×2×(最大段长/信号传播速度)

代入本公式可得：$1×10^9×2（1000/200,000,000）=10000bit$

参考答案：（2）C

试题 3 分析：**IEEE 802.3z**：千兆以太网（Gigabit Ethernet）。千兆以太网标准 IEEE 802.3z 定义了一种帧突发方式（frame bursting），这种方式是指一个站可以连续发送多个帧。用以保证传输站点连续发送一系列帧而不中途放弃对传输媒体的控制。该方式仅适用于半双工模式。在成功传输一帧后，发送站点进入突发模式以允许继续开始传输后面的帧，直到达到每次 65536 比特的"突发限制"。

参考答案：（3）C

试题 4 分析：数据链路协议 HDLC 是一种面向比特的同步链路控制协议。

参考答案：（4）A

试题 5 分析：这里考查码距的基本概念，**海明码距（码距）**是两个码字中不相同的二进制位的个数；**两个码字的码距**是一个编码系统中任意两个合法编码（码字）之间不同的二进数位数；**编码系统的码距**是整个编码系统中任意两个码字的码距的最小值。设海明码校验位为 k，信息位为 m，则它们之间的关系应满足 $m+k+1≤2^k$。

具体参见《网络工程师的 5 天修炼》海明码部分。

参考答案：（5）D　　（6）B

5

网络层

知识点图谱与考点分析

　　网络层在考试中占有极其重要的位置，这一知识领域中考查的问题涉及面广，其中的 IP 地址、IP 地址规划与子网划分、NAT 技术及 IPv6 是每次考试中都出现的知识点。而且，本知识点所占的分值比重较大，如 IP 地址的规划和子网划分这样的题型，每次都要考 7～9 分左右，IPv6 通常要考 3～5 分，因此必须重点掌握。其知识体系图谱如图 5-1 所示。

图 5-1　网络层知识点图谱

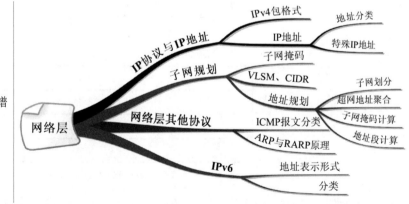

知识点：IP 协议与 IP 地址

知识点综述

IP 协议与 IP 地址是网络层中最基本的概念，尤其是与 IP 地址相关的内容，在考试中出现的频率非常高，因此必须掌握。其知识体系图谱如图 5-2 所示。

图 5-2　IP 协议与 IP 地址知识体系图谱

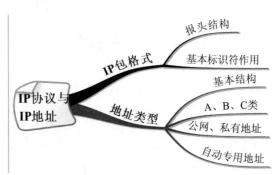

【考核方式 1】　考查 IP 协议的基本概念。

1. IPv4 协议头中标识符字段的作用是＿＿（1）＿＿。

（1）A．指明封装的上层协议　　　　　B．表示松散源路由

　　　 C．用于分段和重装配　　　　　　D．表示提供的服务类型

■ **试题分析**　图 5-3 给出了 IP 数据报头（Packet Header）结构。

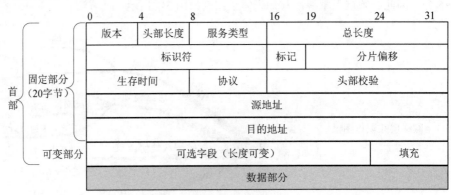

图 5-3　IP 数据报报头格式

标识符（Identifier） 字段长度 16 位。同一数据报分段后，标识符必须一致，这样便于重装成原来的数据报。

■ **参考答案**　（1）C

【考核方式2】 考核如何确定 IP 地址的类型及特殊的 IP 地址。

2. 自动专用 IP 地址（Automatic Private IP Address，APIPA）是 IANA（Internet Assigned Numbers Authority）保留的一个地址块，它的地址范围是___(2)___。当___(3)___时，使用 APIPA。

    （2）A．A 类地址块 10.254.0.0～10.254.255.255

        B．A 类地址块 100.254.0.0～100.254.255.255

        C．B 类地址块 168.254.0.0～168.254.255.255

        D．B 类地址块 169.254.0.0～169.254.255.255

    （3）A．通信对方要求使用 APIPA 地址

        B．由于网络故障而找不到 DHCP 服务器

        C．客户机配置中开启了 APIPA 功能

        D．DHCP 服务器分配的租约到期

■ 试题分析　**169.254.X.X 是保留地址**。如果 PC 机上的 IP 地址设置自动获取，而 PC 机又没有找到相应的 DHCP 服务，那么最后 PC 机可能得到保留地址中的一个 IP。这类地址又称为自动专用 IP 地址（Automatic Private IP Address，APIPA）。APIPA 是 IANA（Internet Assigned Numbers Authority）保留的一个地址块。

■ 参考答案　（2）D　（3）B

3. IP 地址 202.117.17.255/22 是___(4)___。

    （4）A．网络地址　 B．全局广播地址

        C．主机地址　 D．定向广播地址

■ 试题分析　本题也是关于 IP 子网计算的问题，最直接的方式就是将 IP 地址直接换算为二进制，即可看出主机部分的情况。202.117.00010001.11111111 可以看出最后的（32-22）=10bit 即可。最后 10bit 是 01.11111111，不是全 1 也不是全 0，因此不是广播地址，也不是网络地址，而是一个主机地址。

■ 参考答案　（4）C

4. 下列 IP 地址中，属于私有地址的是___(5)___。

    （5）A．100.1.32.7　 B．192.178.32.2　 C．172.17.32.15　 D．172.35.32.244

■ 试题分析　一共有三个私有地址段，地址范围分别是 10.0.0.0～10.255.255.255；172.16.0.0～172.31.255.255；192.168.0.0～192.168.255.255。

    C 类地址范围：192.0.0.0～223.255.255.255。

■ 参考答案　（5）C

【考核方式3】 考核 IP 地址的结构。

5. 32 位的 IP 地址可以划分为网络号和主机号两部分。以下地址中，___(6)___不能作为目标地址，___(7)___不能作为源地址。

    （6）A．0.0.0.0　 B．127.0.0.1　 C．10.0.0.1　 D．192.168.0.255/24

    （7）A．0.0.0.0　 B．127.0.0.1　 C．10.0.0.1　 D．192.168.0.255/24

■ 试题分析　特殊地址特性见表 5-1。

表 5-1　特殊地址特性

地址名称	地址格式	特点	可否作为源地址	可否作为目标地址
有限广播	255.255.255.255（网络字段和主机字段全1）	不被路由，会被送到相同物理网络段上的所有主机	N	Y
直接广播	主机字段全1，例如 192.1.1.255	广播会被路由，并会发送到专门网络上的每台主机	N	Y
网络地址	主机位全 0 的地址，例如 192.168.1.0	表示一个子网	N	N
全 0 地址	0.0.0.0	代表任意主机	Y	N
环回地址	127.X.X.X	向自己发送数据	Y	Y

■ 参考答案　（6）A　（7）D

知识点：子网规划

知识点综述

子网规划是每年网络工程师考试的重点内容之一，这个知识点在每年的考试中所占的分值在 4～6 分之间，因此对子网规划相关的计算都必须重点掌握。本知识点的体系图谱如图 5-4 所示。

图 5-4　子网规划知识体系图谱

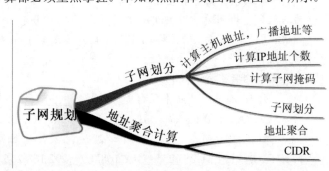

【考核方式 1】 计算 IP 地址段中对应的主机地址、网络地址、广播地址等。

1. 以下给出的地址中，属于子网 172.112.15.19/28 的主机地址是____(1)____。

(1) A. 172.112.15.17　B. 172.112.15.14　C. 172.112.15.16　D. 172.112.15.31

■ 试题分析　解答这种类型的 IP 地址的计算问题，通常是计算出该子网对应的 IP 地址范围。本题中由/28 可以知道，主机为 32-28=4bit，也就是每个子网有 2^4 个地址。因此第一个地址段是 172.112.15.0～172.112.15.15，第 2 个地址段是 172.112.15.16～172.112.15.31，因此与 172.112.15.19 所在的地址段是第 2 段的只有 A。

■ 参考答案　（1）A

2．一个网络的地址为 172.16.7.128/26，则该网络的广播地址是＿＿（2）＿＿。

（2）A．172.16.7.255　　B．172.16.7.129　　C．172.16.7.191　　D．172.16.7.252

■ **试题分析**　给定 IP 地址和掩码，求广播地址。

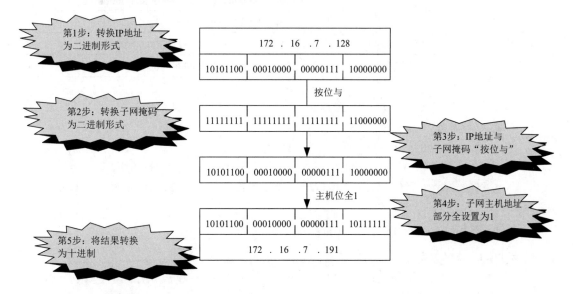

■ **参考答案**　（2）C

3．设 IP 地址为 18.250.31.14，子网掩码为 255.240.0.0，则子网地址是＿＿（3）＿＿。

（3）A．18.0.0.14　　B．18.31.0.14　　C．18.240.0.0　　D．18.9.0.14

■ **试题分析**　本题解题过程见表 5-2。

表 5-2　解题过程

	十进制	二进制
子网地址	18.250.31.14	**00010010.**11111010.00011111.00001110
子网掩码	255.240.0.0	**11111111.**11110000.00000000.00000000
合并后超网地址	18.240.0.0/12	**00010010.**11110000.00000000.00000000

■ **参考答案**　（3）C

【考核方式 2】　计算 IP 地址的个数。

4．某用户分配的网络地址为 192.24.0.0～192.24.7.0，这个地址块可以用＿＿（4）＿＿表示，其中可以分配＿＿（5）＿＿个主机地址。

（4）A．192.24.0.0/20　B．192.24.0.0/21　C．192.24.0.0/16　D．192.24.0.0/24

（5）A．2032　　　　　B．2048　　　　　C．2000　　　　　D．2056

■ **试题分析**　本题解答过程如表 5-3 所示。

表 5-3　解题过程

	十进制	二进制
子网地址	192.24.0.0	**11000000.00011000.**00000000.00000000
	192.24.7.0	**11000000.00011000.00000**111.00000000
子网掩码	255.255.248.0	**11111111.11111111.11111**000.00000000
合并后超网地址	192.24.0.0/21	**11000000.00011000.00000**000.00000000

可以分配的主机数=8×(2^8-2)=2032。

　■ **参考答案**　（4）B　（5）A

5. 网络 200.105.140.0/20 中可分配的主机地址数是＿＿（6）＿＿。

　（6）A. 1022　　　B. 2046　　　　C. 4094　　　　D. 8192

　■ **试题分析**　网络 200.105.140.0/20 得到子网掩码 20 位，主机位有 32-20=12 位。则可分配的主机地址数=2^{12}-2=4094

　■ **参考答案**　（6）C

【**考核方式3**】　计算子网掩码。

6. 给定一个 C 类网络 192.168.1.0/24，要在其中划分出 3 个 60 台主机的网段和 2 个 30 台主机的网段，则采用的子网掩码应该分别为＿＿（7）＿＿。

　（7）A. 255.255.255.128 和 255.255.255.224　　B. 255.255.255.128 和 255.255.255.240
　　　　C. 255.255.255.192 和 255.255.255.224　　D. 255.255.255.192 和 255.255.255.240

　■ **试题分析**　255.255.255.192（11111111.11111111.11111111.11000000）主机位为 6 位，可以容纳 62 台主机。

　255.255.255.224（11111111.11111111.11111111.11100000）主机位为 5 位，可以容纳 30 台主机。

　■ **参考答案**　（7）C

7. 如果一个公司有 2000 台主机，则必须给它分配＿＿（8）＿＿个 C 类网络。为了使该公司网络在路由表中只占一行，指定给它的子网掩码应该是＿＿（9）＿＿。

　（8）A. 2　　　　B. 8　　　　　C. 16　　　　　D. 24

　（9）A. 255.192.0.0　B. 255.240.0.0　C. 255.255.240.0　D. 255.255.248.0

　■ **试题分析**　一个 C 类网络可以有 254 台主机，因此 2000 台主机需要 2000/254 ≈ 8 个。在路由表中只占一行，表示要进行 8 个 C 类网络的路由汇聚。即需要向 24 位网络位借 3 位作为子网位。指定给它的子网掩码应该是/21，即 255.255.248.0。

　■ **参考答案**　（8）B　（9）D

【**考核方式4**】　计算路由聚合地址。

8. 对下面一条路由：202.115.129.0/24、202.115.130.0/24、202.115.132.0/24 和 202.115.133.0/24 进行路由汇聚，能覆盖这 4 条路由的地址是＿＿（10）＿＿。

（10）A．202.115.128.0/21　　　　　　　B．202.115.128.0/22

　　　C．202.115.130.0/22　　　　　　　D．202.115.132.0/23

■ **试题分析**　地址聚合的计算可以按照以下步骤计算。

第 1 步：将所有十进制的子网转换成二进制。

本题转换结果如表 5-4 所示。

表 5-4　转换结果

	十进制	二进制
子网地址	202.115.129.0/24	**11001010. 01110011.10000** 001.00000000
	202.115.130.0/24	**11001010. 01110011.10000** 010.00000000
	202.115.132.0/24	**11001010. 01110011.10000** 100.00000000
	202.115.133.0/24	**11001010. 01110011.10000** 101.00000000
合并后超网地址	202.115.128.0/21	**11001010. 01110011.10000** 000.00000000

第 2 步：从左到右，找连续的相同位及相同位数。

从表 5-4 可以发现，相同位为 21 位，即 **11001010. 01110011.10000**000.00000000 为新网络地址，将其转换为点分十进制，得到的汇聚网络为 202.115.128.0/21。

■ **参考答案**　（10）A

9. 无类别域间路由（CIDR）技术有效地解决了路由缩放问题。使用 CIDR 技术把 4 个网络

　　C1：192.24.0.0/21

　　C2：192.24.16.0/20

　　C3：192.24.8.0/22

　　C4：192.24.34.0/23

　　汇聚成一条路由信息，得到的网络地址是　　（11）　　。

（11）A．192.24.0.0/13　　　　　　　B．192.24.0.0/24

　　　C．192.24.0.0/18　　　　　　　D．192.24.8.0/20

■ **试题分析**　本题的解答过程与第 8 题完全一样，这种题型每年都会考到，因此一定要掌握这个方法。

■ **参考答案**　（11）C

【考核方式 5】　子网划分。

10. 某公司网络的地址是 133.10.128.0/17，被划分成 16 个子网，下列选项中不属于这 16 个子网的地址是　　（12）　　。

（12）A．133.10.136.0/21　　　　　　B．133.10.162.0/21

　　　C．133.10.208.0/21　　　　　　D．133.10.224.0/21

■ **试题分析**　地址 133.10.128.0/17 转化为点分二进制形式 **10000101.00001010.1**0000000. 00000000，其中前 17 位是网络位，后面则是主机位。按要求划分 16 个子网，则需要在主机位

划出 4 位作为子网位。

将其划分为 16 个子网，则各个子网的地址为：

10000101.00001010.10000000.00000000 转换为点分十进制为 133.10.128.0/21
10000101.00001010.10001 000.00000000 转换为点分十进制为 133.10.136.0/21
10000101.00001010.10010 000.00000000 转换为点分十进制为 133.10.144.0/21
10000101.00001010.10011 000.00000000 转换为点分十进制为 133.10.152.0/21
10000101.00001010.10100000.00000000 转换为点分十进制为 133.10.160.0/21
10000101.00001010.10101000.00000000 转换为点分十进制为 133.10.168.0/21
10000101.00001010.10110000.00000000 转换为点分十进制为 133.10.176.0/21
10000101.00001010.10111000.00000000 转换为点分十进制为 133.10.184.0/21
10000101.00001010.11000000.00000000 转换为点分十进制为 133.10.192.0/21
10000101.00001010.11001000.00000000 转换为点分十进制为 133.10.200.0/21
10000101.00001010.11010000.00000000 转换为点分十进制为 133.10.208.0/21
10000101.00001010.11011000.00000000 转换为点分十进制为 133.10.216.0/21
10000101.00001010.11100000.00000000 转换为点分十进制为 133.10.224.0/21
10000101.00001010.11101000.00000000 转换为点分十进制为 133.10.232.0/21
10000101.00001010.11110000.00000000 转换为点分十进制为 133.10.240.0/21
10000101.00001010.11111000.00000000 转换为点分十进制为 133.10.248.0/21

这里只有 B 选项不是子网的子网地址。这种方式计算量稍大，使用《网络工程师 5 天修炼》中的 IP 地址快速计算法，可以简化计算过程。

■ 参考答案　（12）B

知识点：网络层其他协议

知识点综述

本知识点主要考查 IP 伪装和 NAT 的基本概念，以及其他常用网络层协议的工作原理和应用。其中 ICMP 协议是考试的一个重要内容。本知识点的体系图谱如图 5-5 所示。

图 5-5　网络层其他协议知识体系图谱

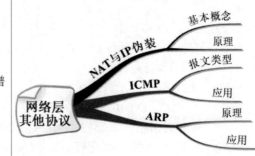

参考题型

考核 NAT 与 IP 伪装的概念。

1. 有一种 NAT 技术叫做"地址伪装"（Masquerading），下面关于地址伪装的描述中正确的是__(1)__。

　　（1）A．把多个内部地址翻译成一个外部地址和多个端口号

　　　　　B．把多个外部地址翻译成一个内部地址和一个端口号

　　　　　C．把一个内部地址翻译成多个外部地址和多个端口号

　　　　　D．把一个外部地址翻译成多个内部地址和一个端口号

　　■ **试题分析**　Masquerading 伪装地址方式是通过改写数据包的源 IP 地址为自身接口的 IP 地址，可以指定 port 对应的范围。这个功能与 SNAT 不同的是，当进行 IP 伪装时，不需要指定伪装成哪个 IP 地址，这个 IP 地址会自动从网卡读取，尤其是当使用 DHCP 方式获得地址时，Masquerading 特别有用。

　　■ **参考答案**　（1）A

考核 ICMP 协议的相关概念。

2. 以下关于 ICMP 协议的说法中，正确的是__(2)__。

　　（2）A．由 MAC 地址求对应的 IP 地址

　　　　　B．在公网 IP 地址与私网 IP 地址之间进行转换

　　　　　C．向源主机发送传输错误警告

　　　　　D．向主机分配动态 IP 地址

　　■ **试题分析**　Internet 控制报文协议（Internet Control Message Protocol，ICMP）是 TCP/IP 协议簇的一个子协议，是网络层协议，用于在 IP 主机、路由器之间传递控制消息。控制消息是指网络通不通、主机是否可达、路由是否可用等网络本身的消息。这些控制消息虽然并不传输用户数据，但是对于用户数据的传递起着重要的作用。

　　CMP 报文分为 **ICMP 差错报告报文**和 **ICMP 询问报文**。具体如表 5-5 所示。

表 5-5　常考的 ICMP 报文

报文种类	类型值	报文类型	报文定义	报文内容
差错报告报文	3	目的不可达	路由器与主机不能交付数据时，就向源点发送目的不可达报文	包括网络不可达、主机不可达、协议不可达、端口不可达、需要进行分片但是设置了部分片、源路由失败、目的网络未知、目的主机未知、目的网络被禁止、目的主机被禁止、由于服务类型 TOS 网络不可达、由于服务类型 TOS 主机不可达、主机越权、优先权中止生效

报文种类	类型值	报文类型	报文定义	报文内容
	4	源点抑制	由于拥塞而丢弃数据报时，就向源点发送抑制报文，降低发送速率	
	5	重定向（改变路由）	路由器将重定向报文发送给主机，优化或改变主机路由	包括网络重定向、主机重定向、对服务类型和网络重定向、对服务类型和主机重定向
	11	时间超时	丢弃 TTL 为 0 的数据，向源点发送时间超时报文	
	12	参数问题	发现数据报首部有不正确字段时，丢弃报文，并向源点发送参数问题报文	
询问报文	0	回送应答	收到回送请求报文的主机必须回应源主机回送应答报文	
	8	回送请求		
	13	时间戳请求	请求对方回答当前日期、时间	
	14	时间戳应答	回答当前日期、时间	

由此可知，正确答案是 C。

■ **参考答案** （2）C

【考核方式3】 考核 ARP、RARP 协议的相关概念。

3. 以下关于 RARP 协议的说法中，正确的是___(3)___。

（3）A. RARP 协议根据主机 IP 地址查询对应的 MAC 地址

B. RARP 协议用于对 IP 协议进行差错控制

C. RARP 协议根据 MAC 地址求主机对应的 IP 地址

D. RARP 协议根据交换的路由信息动态改变路由表

■ **试题分析** 反向地址解析（Reverse Address Resolution Protocol，RARP）是将 48 位的以太网地址解析成为 32 位的 IP 地址。

■ **参考答案** （3）C

4. ARP 协议的作用是___(4)___，它的协议数据单元封装在___(5)___中传送。ARP 请求是采用___(6)___方式发送的。

（4）A. 由 MAC 地址求 IP 地址　　　　B. 由 IP 地址求 MAC 地址

C. 由 IP 地址查域名　　　　　　　D. 由域名查 IP 地址

（5）A. IP 分组　　B. 以太帧　　C. TCP 段　　D. UDP 报文

（6）A. 单播　　B. 组播　　C. 广播　　D. 点播

■ **试题分析** ARP 协议是在网络层的协议，主要用于解析 IP 地址对应的 MAC 地址。

数据封装在以太帧里面，因为要对所有的机器发出请求，因此其目的地址是广播地址，所以是以广播形式发送。

■ **参考答案**　（4）B　（5）B　（6）C

知识点：IPv6

知识点综述

IPv6 在近年来的考试中出现越来越频繁，分值也越来越高，因此对于 IPv6 的基本概念、地址类型及 IPv4 与 IPv6 兼容的方式等知识要重点了解。本知识点的体系图谱如图 5-6 所示。

图 5-6　IPv6 知识点体系图谱

参考题型

【**考核方式 1**】　考核 IPv6 协议的相关概念。

1. 下面关于 IPv6 的描述中，最准确的是　__(1)__。

　　（1）A．IPv6 可以允许全局地址重复使用

　　　　　B．IPv6 解决了全局 IP 地址不足的问题

　　　　　C．IPv6 的出现使得卫星联网得以实现

　　　　　D．IPv6 的设计目标之一是支持光纤通信

■ **试题分析**　IPv6（Internet Protocol Version 6）是 IETF 设计的用于替代现行 IPv4 的下一代 IP 协议。IPv6 地址为 128 位长，但通常写作 8 组，每组为 4 个十六进制数的形式。设计的主要目的就是要解决 IPv4 地址不足的问题。

■ **参考答案**　（1）B

【**考核方式 2**】　考核 IPv6 协议的地址类型。

2. IPv6 地址分为三种类型，它们是　__(2)__。

　　（2）A．A 类地址、B 类地址、C 类地址

　　　　　B．单播地址、组播地址、任意播地址

　　　　　C．单播地址、组播地址、广播地址

　　　　　D．公共地址、站点地址、接口地址

■ **试题分析**　单播地址用于表示单台设备的地址。发送到此地址的数据包被传递给标识

的设备。单播地址和多播的区别在于高八位不同。多播的高八位总是十六进制的 FF。

单播地址有以下几类：

①全球单播地址。

全球单播地址是指这个单播地址是全球唯一的，其地址结构如图 5-7 所示。

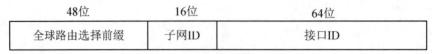

48位	16位	64位
全球路由选择前缀	子网ID	接口ID

图 5-7　全球单播地址格式

当前分配的全球单播地址最高位为 001（二进制）。

● 链路本地单播地址。链路本地单播地址在邻居发现协议等功能中很有用，该地址主要用于启动时及系统尚未获取较大范围的地址时，链路节点自动地址配置。该地址起始 10 位固定为 1111111010（FE80::/10）。

● 地区本地单播地址。这个地址是仅仅在一个给定区域内是唯一的，其他区域内可以使用相同的地址。但这类方式争议较大，地区本地单播地址起始 10 位固定为 1111111011（FEC0::/10）。

②任意播地址。

任意播地址更像一种服务，而不是一台设备，并且相同的地址可以驻留在提供相同服务的一台或多台设备中。任意广播地址取自单播地址空间，而且在语法上不能与其他地址区别开来。寻址的接口依据其配置确定单播和任意广播地址之间的差别。使用任意播地址的好处是，路由器总是选择到达"最近的"或者"代价最低的"服务器路由。因此，提供一些通用服务的服务器能够通过一个大型的网络进行传播，并且流量可以由本地传送到最近的服务器，这样可以使得流量模型变得更加有效。

③组播地址。

多播地址标识不是一台设备，而是多台设备组成一个多播组。发送给一个多播组的数据包可以由单台设备发起。一个多播数据包通常包括一个单播地址作为其源地址，一个多播地址作为其目的地址。一个数据包中，多播地址从来不会作为源地址出现。IPv6 中的组播在功能上与 IPv4 中的组播类似：表现为一组接口可以同时接受某一类的数据流量。

■ **参考答案** （2）B

3. 在 IPv6 的单播地址中有两种特殊地址，其中地址 0:0:0:0:0:0:0:0 表示___（3）___，地址 0:0:0:0:0:0:0:1 表示___（4）___。

（3）A. 不确定地址，不能分配给任何节点

B. 回环地址，节点用这种地址向自身发送 IM 分组

C. 不确定地址，可以分配给任何节点

D. 回环地址，用于测试远程节点的连通性

（4）A. 不确定地址，不能分配给任何节点

B. 回环地址，节点用这种地址向自身发送 IPv6 分组

C. 不确定地址，可以分配给任何节点

D. 回环地址，用于测试远程节点的连通性

■ **试题分析**　在 IPv6 的单播地址中有两种特殊地址，其中地址 0:0:0:0:0:0:0:0 表示不确定地址，不能分配给任何节点，地址 0:0:0:0:0:0:0:1 表示回环地址，节点用这种地址向自身发送 IPv6 分组。

■ **参考答案**　（3）A　（4）B

【考核方式3】　考核 IPv6 地址的表示形式。

4.　IPv6 地址 33AB:0000:0000:CD30:0000:0000:0000:0000/60 可以表示成各种简写形式，以下写法中正确的是＿＿（5）＿＿。

（5）A. 33AB:0:0:CD30::/60　　　　B. 33AB:0:0:CD3/60

　　　C. 33AB::CD30/60　　　　　　D. 33AB::CD3/60

■ **试题分析**　IPv6 简写法。

①字段前面的 0 可以省去，后面 0 不可以省。

例如：00351 可以简写为 351，35100 不可以简写为 351。

②一个或者多个字段 0 可以用 "::" 代替，但是只能替代一次。

例如：

7000:0000:0000:0000:0351:4167:79AA:DACF 可以简写为 7::351:4167:79AA:DACF。

12AB:0000:0000:CD30:0000:0000:0000:0000/60 可以简写为 12AB:0:0:CD30::/60

33AB:**0000:0000**:CD30:**0000:0000:0000:0000**/60，标黑的地方均可以简写，正确的形式是 33AB:**0:0**:CD30::/60。

■ **参考答案**　（5）A

【考核方式4】　考核 IPv4-IPv6 过渡机制。

5.　阅读以下说明，回答问题 1 至问题 4，将解答填入答题纸对应的解答栏内。

　　【说明】某单位的两个分支机构各有 1 台采用 IM 的主机，计划采用 IPv6-over-IPv4 GRE 隧道技术实现两个分支机构的 IM 主机通信，其网络拓扑结构如图 5-8 所示。

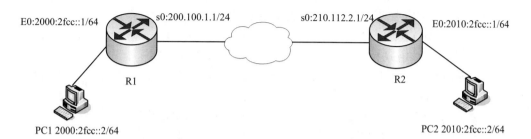

E0:2000:2fcc::1/64　　　s0:200.100.1.1/24　　　s0:210.112.2.1/24　　　E0:2010:2fcc::1/64

R1　　　　　　　　　　　　　　　　　　　R2

PC1 2000:2fcc::2/64　　　　　　　　　　　　　　PC2 2010:2fcc::2/64

图 5-8　网络拓扑结构

【问题1】（2分）

使用IPv6-over-IPv4 GRE隧道技术，可在IPv4的GRE隧道上承载IM数据报文。此时___(1)___作为乘客协议，___(2)___作为承载协议。

【问题2】（1分）

IPv6主机PC1的IP地址为2000:2fcc::2/64，在这种配置环境下，其网关地址应为___(3)___。

■ **试题分析**

【问题1】（2分，各1分）

使用IPv6-over-IPv4 GRE隧道技术，可在IPv4的GRE隧道上承载IM数据报文。此时**IPv6**作为乘客协议，**IPv4 GRE**作为承载协议。

【问题2】（1分）

题目给出PC1的IPv6地址为2000:2fcc::2/64，该PC1的网关地址即为路由器R1的E0口地址，即**2000:2fcc::1/64**。

■ **参考答案**

【问题1】（2分，各1分）

（1）IPv6

（2）IPv4 GRE

【问题2】（1分）

（3）2000:2fcc::1/64

课堂练习

1. IP地址分为公网地址和私网地址，以下地址中属于私有网络地址的是___(1)___。

    （1）A．10.216.33.124   B．127.0.0.1

    C．172.34.21.15   D．192.32.146.23

2. 地址192.168.37.192/25是___(2)___，地址172.17.17.255/23是___(3)___。

    （2）A．网络地址   B．组播地址   C．主机地址   D．定向广播地址

    （3）A．网络地址   B．组播地址   C．主机地址   D．定向广播地址

3. 以下地址中不属于网络100.10.96.0/20的主机地址是___(4)___。

    （4）A．100.10.111.17   B．100.10.104.16

         C．100.10.101.15   D．100.10.112.18

4. 某公司网络的地址是200.16.192.0/18，划分成16个子网，下面的选项中，不属于这16个子网地址的是___(5)___。

    （5）A．200.16.236.0/22   B．200.16.224.0/22

        C．200.16.208.0/22   D．200.16.254.0/22

5. 下列地址中，属于154.100.80.128/26的可用主机地址是___(6)___。

    （6）A．154.100.80.128   B．154.100.80.190

        C．154.100.80.192   D．154.100.80.254

6. SP 分配给某公可的地址块为 199.34.76.64/28，则该公司得到的地址数是　（7）　。

（7）A. 8　　　　　B. 16　　　　　C. 32　　　　　D. 64

7. 如果子网 172.6.32.0/20 被划分为子网 172.6.32.0/26，则下面的结论中正确的是　（8）　。

（8）A. 被划分为 62 个子网　　　　B. 每个子网有 64 个主机地址

C. 被划分为 64 个子网　　　　D. 每个子网有 62 个主机地址

8. 可以用于表示地址块 220.17.0.0～220.17.7.0 的网络地址是　（9）　，这个地址中可以分配
　（10）　个主机地址。

（9）A. 220.17.0.0/20　B. 220.17.0.0/21　C. 220.17.0.0/16　D. 220.17.0.0/24

（10）A. 2032　　　　B. 2048　　　　C. 2000　　　　D. 2056

9. 使用 CIDR 技术把 4 个 C 类网络 192.24.12.0/24、192.24.13.0/24、192.24.14.0/24 和
192.24.15.0/24 汇聚成一个超网，得到的地址是　（11）　。

（11）A. 192.24.8.0/22　　　　　B. 192.24.12.0/22

C. 192.24.8.0/21　　　　　D. 192.24.12.0/21

10. 某公司有 2000 台主机，则必须给它分配　（12）　个 C 类网络。为了使该公司的网络址
在路由表中只占一行，给它指定的子网掩码必须是　（13）　。

（12）A. 2　　　　　B. 8　　　　　C. 16　　　　　D. 24

（13）A. 255.192.0.0　B. 255.240.0.0　C. 255.255.240.0　D. 255.255.248.0

11. 所谓"代理 ARP"是指由　（14）　假装目标主机回答源主机的 ARP 请求。

（14）A. 离源主机最近的交换机　　B. 离源主机最近的路由器

C. 离目标主机最近的交换机　　D. 离目标主机最近的路由器

12. 为了确定一个网络是否可以连通，主机应该发送 ICMP　（15）　报文。

（15）A. 回声请求　　　　　B. 路由重定向

C. 时间戳请求　　　　D. 地址掩码请求

13. ARP 表用于缓存设备的 IP 地址与 MAC 地址的对应关系，采用 ARP 表的好处是　（16）　。

（16）A. 便于测试网络连接数　　B. 减少网络维护工作量

C. 限制网络广播数量　　　D. 解决网络地址冲突

14. IPv6 的"链路本地地址"是将主机的　（17）　附加在地址前缀 1111 1110 10 之后产生的。

（17）A. IPv4 地址　　　　　B. MAC 地址

C. 主机名　　　　　D. 任意字符串

15. IPv6 地址 12AB:0000:0000:CD30:0000:0000:0000:0000/60 可以表示成各种简写形式，下列
选项中，写法正确的是　（18）　。

（18）A. 12AB:0:0:CD30::/60　　　B. 12AB:0:0:CD3/60

C. 12AB::CD30/60　　　　D. 12AB::CD3/60

16. 假设分配给用户 U1 的网络号为 192.25.16.0～192.25.31.0，则 U1 的地址掩码应该为
　（19）　；假设分配给用户 U2 的网络号为 192.25.64.0/20，如果路由器收到一个目标地址为
11000000.00011001.01000011.00100001 的数据报，则该数据报应传送给用户　（20）　。

（19）A. 255.255.255.0　　　　B. 255.255.250.0

      C．255.255.248.0   D．255.255.240.0

（20）A．U1   B．U2   C．U1 或 U2   D．不可到达

17．阅读以下说明，回答问题 1 至问题 4，将解答填入答题纸对应的解答栏内。

【说明】某单位网络内部部署有 IPv4 主机和 IPv6 主机，该单位计划采用 ISATAP 隧道技术实现两类主机的通信，其网络拓扑结构如图 5-9 所示，路由器 R1、R2、R3 通过串口经 IPv4 网络连接，路由器 R1 连接 IPA 网络，路由器 R3 连接 IPv6 网段。通过 ISATAP 隧道将 IPv6 的数据包封装到 IPv4 的数据包中，实现 PC1 和 PC2 的数据传输。

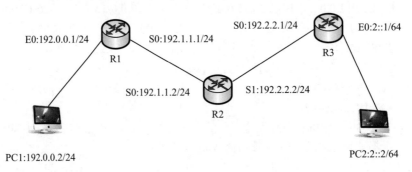

图 5-9　网络拓扑结构

【问题 1】（2 分）

双栈主机使用 ISATAP 隧道时，IPv6 报文的目的地址和隧道接口的 IPv6 地址都要采用特殊的 ISATAP 地址。在 ISATAP 地址中，前 64 位是向 ISATAP 路由器发送请求得到的，后 64 位由两部分构成，其中前 32 位是＿＿（1）＿＿，后 32 位是＿＿（2）＿＿。

（1）A．0:5EFE   B．5EFE:0   C．FFFF:FFFF   D．0:0

（2）A．IPv4 广播地址   B．IPv4 组播地址   C．IPv4 单播地址

【问题 2】（1 分）

实现 ISATAP 需要在 PC1 进行配置，请完成下面的命令。

C:\＞netsh interface ipv6 isatap set router＿＿（3）＿＿

18．阅读以下说明，回答问题 1 至问题 3，将解答填入答题纸对应的解答栏内。

【说明】某单位在实验室部署了 IPv6 主机，在对现有网络不升级的情况下，计划采用 NAT-PT 方式进行过渡，实现 IPv4 主机与 IPv6 主机之间的通信，其网络结构如图 5-10 所示。其中，IPv6 网络使用的 NAT-PT 前缀是 2001:aaaa:0:0:0:1::/96，IPv6 网络中的任意节点动态映射到地址池 16.23.31.10～16.23.31.20 中的 IPv4 地址。

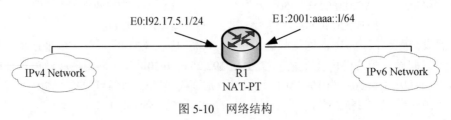

图 5-10　网络结构

【问题 1】（4 分）

使用 NAT-PT 方式完成 IPv4 主机与 IPv6 主机通信需要路由器支持，在路由器上需要配置 DNS-ALG 和 FTP-ALG 这两种常用的应用网关。

没有 DNS-ALG 和 FTP-ALG 的支持，无法实现___(1)___节点发起的与___(2)___节点之间的通信。

【问题 2】（3 分）

NAT-PT 机制定义了三种不同类型的操作，其中，___(3)___提供一对一的 IPv6 地址和 IPv4 地址的映射；___(4)___也提供一对一的映射，但是使用一个 IPv4 地址池；___(5)___提供多个有 NAT-PT 前缀的 IPv6 地址和一个源 IPv4 地址间的多对一动态映射。

19. IP 数据报首部中 IHL（Internet 首部长度）字段的最小值为___(6)___。

    (6) A. 5   B. 20   C. 32   D. 128

试题分析

试题 1 分析：IP 地址的范围如下：

- A 类地址范围：1.0.0.0～126.255.255.255。
- 10.X.X.X 是私有地址。
- 127.X.X.X 是保留地址，叫做环回（Loopback）地址。
- B 类地址范围：128.0.0.0～191.255.255.255。
- 172.16.0.0～172.31.255.255 是私有地址。
- 169.254.X.X 是保留地址，叫做（APIPA）地址，PC 无法获得动态地址时，作为临时的主机地址。
- C 类地址范围：192.0.0.0～223.255.255.255。
- 192.168.X.X 是私有地址。地址范围：192.168.0.0～192.168.255.255。
- D 类地址范围：224.0.0.0～239.255.255.255，组播地址。
- E 类地址范围：240.0.0.0-247.255.255.255，保留用作实验。

对于常用的地址范围必须要记住，属于识记类型。

参考答案：（1）A

试题 2 分析：典型的子网掩码计算题型，通过子网掩码计算地址的类型。这里的/25 表明子网掩码是 255.255.255.128。也就是说 192.168.37.192 属于地址段 192.168.37.128～192.168.37.255 之间的一个地址，所以属于一个普通的主机地址。172.17.17.255/23 化为二进制，可以得知 172.17.000010001.255/23（此处只需要将第 3 字节化为二进制就可以）的后面连续 9bit 都是 1，因此是一个定向广播地址。

参考答案：（2）C　　（3）D

试题 3 分析：将各地址转换为点分二进制。

点分十进制	点分二进制	
	网络位	主机位
100.10.96.0/20	01100100.00001010.0110	0000.00000000
100.10.111.17	01100100.00001010.0110	1111.00010001
100.10.104.16	01100100.00001010.0110	1000.00001111
100.10.101.15	01100100.00001010.0110	0101.00001111
100.10.112.18	01100100.00001010.0111	0000.00010010

D 选项的网络位不匹配。

参考答案：（4）D

试题 4 分析：某公司网络的地址是 200.16.192.0/18，网络位有 18 位，主机位有 16 位。而题目要求公司网络划分为 16 个子网，因此需要从主机位划分 4 位作为子网。

具体划分如表 5-6 所示。

表 5-6　子网具体划分

	十进制	二进制
子网地址	200.16.192.0/22	**11001000.00010000.11000000.00000000**
	200.16.196.0/22	**11001000.00010000.11000100.00000000**
	200.16.200.0/22	**11001000.00010000.11001000.00000000**
	200.16.204.0/22	**11001000.00010000.11001100.00000000**
	200.16.208.0/22	**11001000.00010000.11010000.00000000**
	200.16.212.0/22	**11001000.00010000.11010100.00000000**
	200.16.216.0/22	**11001000.00010000.11011000.00000000**
	200.16.220.0/22	**11001000.00010000.11011100.00000000**
	200.16.224.0/22	**11001000.00010000.11100000.00000000**
	200.16.228.0/22	**11001000.00010000.11100100.00000000**
	200.16.232.0/22	**11001000.00010000.11101000.00000000**
	200.16.236.0/22	**11001000.00010000.11101100.00000000**
	200.16.240.0/22	**11001000.00010000.11110000.00000000**
	200.16.244.0/22	**11001000.00010000.11110100.00000000**
	200.16.248.0/22	**11001000.00010000.11111000.00000000**
	200.16.252.0/22	**11001000.00010000.11111100.00000000**
超网地址	200.16.192.0/18	**11001000.00010000.11000000.00000000**

参考答案：（5）B

试题 5 分析：先转换为二进制。

表 5-7　地址转换

	十进制	二进制
子网地址	154.100.80.128/26	**10011010. 1100100. 1010000. 10**000000
广播地址	154.100.80.191	**10011010. 1100100. 1010000. 10**111111
可用地址范围	154.100.80.129～154.100.80.190	

所以只有 154.100.80.190 在其范围内。

参考答案：（6）B

试题 6 分析：199.34.76.64/28 中，主机位=32-28=4 位。因此获得地址数=2^4=16。

参考答案：（7）B

试题 7 分析：典型的子网划分问题。从题目可以知道，原来的掩码是/20，划分子网后变为/26，也就是借用了 26-20=6bit 作为子网部分。因此可以知道一共有 2^6=64 个子网，每个子网的主机位数是 32-26=6 位，因此每个子网可包含的主机数为 2^6=64 个，但是由于主机位全 0 或全 1 的地址分别作为网络地址和广播地址使用，因此可用主机地址仅为 64-2=62 个。

参考答案：（8）D

试题 8 分析：此题的解题思路与上一题完全一样，可以得出表示地址块 220.17.0.0～220.17.7.255 的网络地址是 220.17.0.0/21，选 B。

这个地址段中实际上是 8 个 C 类地址，每个 C 类地址可以分配给主机使用的地址数是 254，因此全部可以分配给主机地址数为 254×8=2032 个，另一种计算主机地址数的方式是 $8×2^8$-2=2048-2=2046 个，这两种方式在考试都有可能出现，具体需要根据选项中的答案确定。

参考答案：（9）B　（10）A

试题 9 分析：第 1 步：将所有十进制的子网转换成二进制。

本题转换结果如表 5-8 所示。

表 5-8　转换结果

	十进制	二进制
子网地址	192.24.12.0/24	**11000000. 00011000. 00001100. 0**0000000
	192.24.12.0/24	**11000000. 00011000. 00001101. 0**0000000
	192.24.14.0/24	**11000000. 00011000. 00001110. 0**0000000
	192.24.15.0/24	**11000000. 00011000. 00001111. 0**0000000
合并后超网地址	192.24.12.0/22	**11000000. 00011000. 00001100. 0**0000000

第2步：从左到右，找连续的相同位及相同位数。

从表5-8可以发现，相同位为22位。即**11000000.00011000.00001100.00000000**为新网络地址，将其转换为点分十进制，得到的汇聚网络为192.24.12.0/22。

参考答案：（11）B

试题10分析：本题是一道简单计算题，每个C类网络最多可以拥有254个主机，而公司有2000台计算机，因此至少需要2000/254=7.8个网络，也就是说，只要分配8个C类网络即可。为了使该公司的网络地址在路由表中只占一行，也就是要将这8个C类地址聚合到一起，变成一个超网，那么只要计算出超网的掩码即可。从分析可以看出，要聚合8个网络，至少需要$\log_2 8=3$个bit，因此子网掩码应该是24-3=21bit，换算过来就是255.255.248.0，因此选D。

参考答案：（12）B　（13）D

试题11分析：所谓"代理ARP"，实际上是离源主机最近的一个三层设备（通常是路由器或者服务器）暂时充当目标机器，对ARP请求给予回应，将自己的MAC地址作为目标主机的MAC地址发给请求方。

参考答案：（14）B

试题12分析：回应请求/应答ICMP报文对用于测试目的主机或路由器的可达性。

参考答案：（15）A

试题13分析：主机ARP缓存表用于动态存储IP地址与MAC地址的对应关系。主机要做ARP请求时，首先查询ARP缓存表，如果没有，再向网络内发送ARP广播请求。采用ARP表的好处是限制网络广播数量。

参考答案：（16）C

试题14分析：链路本地单播地址在邻居发现协议等功能中很有用，该地址主要用于启动时以及系统尚未获取较大范围的地址时，链路节点自动地址配置。该地址起始10位固定为1111111010（FE80::/10）。链路本地单播地址是将主机的MAC地址附加在地址前缀1111 1110 10之后产生的。

参考答案：（17）B

试题15分析：IPv6简写法如下：

①字段前面的0可以省去，后面0不可以省。

例如：00351可以简写为351，35100不可以简写为351。

②一个或者多个字段0可以用"::"代替，但是只能替代一次。

例如：

7000:0000:0000:0000:0351:4167:79AA:DACF可以简写为7::351:4167:79AA:DACF。

12AB:0000:0000:CD30:0000:0000:0000:0000/60可以简写为12AB:0:0:CD30: : /60。

参考答案：（18）A

试题16分析：

第19空是典型的子网计算题型。这里是计算子网掩码，只需要将IP的首地址和末地址化为2进制数，从左到右找出相同的Bit数即可。这里有个相对比较简单的方法，就是只要计算首地址和末地址不同的部分即可。从题干中可知192.25.16.0～192.25.31.0这个地址段中，第3字节不同，所以只要将第 3 字节化为二进制。16 对应 00010000，31 对应 00011111，因此第 3 字节相同的 bit 数就是前面 4 个 bit。因此掩码的长度就是前 2 个字节的 16bit 加上第 3 字节的 4bit 等于 20bit。因此子网掩码就是 255.255.240.0。第 20 空是将目标地址的二进制表示形式化为十进制，再和 U2 所在的 IP 地址对比即可知道。

目标地址 11000000.00011001.01000011.00100001 化为十进制就是 192.25.67.33 。而 U2 的地址是 192.25.64.0/20，对应的地址范围是 192.25.64.0～192.25.79.255。因此是发给 U2 的数据包。

参考答案：（19）D　　（20）B

试题 17 分析：

【问题 1】（2 分）

站内自动隧道寻址协议（Intra-Site Automatic Tunnel Addressing Protocol，ISATAP）是一种站点内部的 IPv6 网络将 IPv4 网络视为一个非广播型多路访问（NBMA）链路层的 IPv6 隧道技术，即将 IPv4 网络当作 IPv6 的虚拟链路层。

双栈主机使用 ISATAP 隧道时，IPv6 报文的目的地址和隧道接口的 IPv6 地址都要采用特殊的 ISATAP 地址。在 ISATAP 地址中，**前 64 位是向 ISATAP 路由器发送请求得到的**；后 64 位中由两部分构成，其中后 64 位中的前 32 位是 **0:5EFE**；后 32 位是 **IPv4 单播地址**。即 ISATAP 接口 ID 必须为:**::0:5EFE:IPv4 地址**的形式。具备该地址形式的双栈主机可以和同一子网内的其他 ISATAP 主机进行 IPv6 通信；如果要跨网段，ISATAP 路由器还需要使用全球单播地址（2001:、2002:）开头。

ISATAP 隧道技术不要求隧道节点拥有公网 IPv4 地址，只要求双栈主机具有 IPv4 地址。

【问题 2】（1 分）

PC1 要使用 ISATAP 传输数据，就要知道该 ISATAP 隧道的出口地址。对 PC1 来说，隧道出口地址为 192.2.2.1。所以，PC1 完整命令为 C:\＞netsh interface ipv6 isatap set router 192.2.2.1。

参考答案：

【问题 1】（每空 1 分，共 2 分）

（1）A

（2）C

【问题 2】（1 分）

（3）192.2.2.1

试题 18 分析：

【问题 1】（4 分，每空 2 分）

网络地址转换器（Network Address Translation-Protocol，NAT-PT）是一种纯 IPv6 节点和 IPv4 节点间的互通方式，所有包括地址、协议在内的转换工作都由网络设备来完成。支持 NAT-PT 的网关路由器应具有 IPv4 地址池，在从 IPv6 向 IPv4 域中转发包时使用，地址池中的地址是用来转换 IPv6 报文中的源地址的。此外，网关路由器需要 DNS-ALG 和 FTP-ALG 这两种常用的应用层网关的支持，在 IPv6 节点访问 IPv4 节点时发挥作用。如果没有 DNS-ALG 的支持，只能实现由 IPv6 节点发起的与 IPv4 节点之间的通信，反之则不行。如果没有 FTP-ALG 的支持，IPv4 网络中的主机将不能用 FTP 软件从 IPv6 网络中的服务器上下载文件或者上传文件，反之亦然。

【问题 2】（3 分，每空 1 分）

NAT-PT 机制定义了三种不同类型的操作，其中，**静态模式**提供一对一的 IPv6 地址和 IPv4 地址的映射；**动态模式**也提供一对一的映射，但是使用一个 IPv4 地址池；**NAPT-PT（网络地址端口转换协议转换）**提供多个有 NAT-PT 前缀的 IPv6 地址和一个源 IPv4 地址间的多对一动态映射。

参考答案：

【问题 1】（4 分，每空 2 分）

（1）IPv4

（2）IPv6

【问题 2】（3 分，每空 1 分）

（3）静态模式

（4）动态模式

（5）NAPT-PT（网络地址端口转换协议转换）

试题 19 分析：

头部长度（Internet Header Length，IHL）长度为 4 位。该字段表示数的单位是 32 位，即 4 字节。常用的值是 5，也是可取的最小值，表示报头为 20 字节；可取的最大值是 15，表示报头为 60 字节。

参考答案：（6）A

6

传输层

知识点图谱与考点分析

传输层的两个主要协议就是 TCP 和 UDP 协议，考试中对 TCP 协议的考查相对比较多。本章主要掌握这两个协议的一些基本概念。其知识体系图谱如图 6-1 所示。

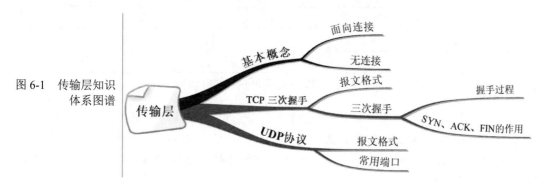

图 6-1　传输层知识体系图谱

知识点：基本概念

知识点综述

传输层的基本协议主要是 TCP 和 UDP 协议，因此本知识点主要考查 TCP 与 UDP 协议中的基本概念，如 TCP 报文格式、UDP 报文格式、两者之间的区别等。本知识点的体系图谱如图 6-2 所示。

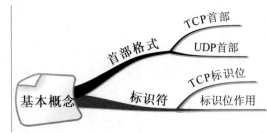

图 6-2　基本概念知识体系图谱

参考题型

【考核方式】 考核传输层协议的基本概念。

当 TCP 实体要建立连接时，其段头中的___(1)___标志置 1。

（1）A. SYN　　　　　B. FIN　　　　　C. RST　　　　　D. URG

■ **试题分析**　TCP 报文首部格式具体参见图 6-3。

源端口（16）							目的端口（16）
序列号（32）							
确认号（32）							
报头长度（4）	保留(6)	U R G	A C K	P S H	R S T	Y S N	F I N	窗口（16）
校验和（16）							紧急指针（16）
选项（长度可变）						填充	
TCP 报文的数据部分（可变）							

图 6-3　TCP 报文结构

该字段包含字段有：紧急（URG）——紧急有效，需要尽快传送；确认（ACK）——建立连接后的报文回应，ACK 设置为 1；推送（PSH）——接收方应该尽快将这个报文段交给上层协议，不需要等缓存满；复位（RST）——重新连接；同步（SYN）——发起连接；终止（FIN）——释放连接。

更详细的三次握手内容参见朱小平老师编著的《网络工程师的 5 天修炼》一书中的第 5 章。

■ **参考答案**　（1）A

知识点：TCP 三次握手

知识点综述

TCP 协议中的三次握手是网络工程师考试中的考查重点，对于握手的过程必须要详细了解。

本知识点体系图谱如图 6-4 所示。

图 6-4　TCP 三次握手知识体系图谱

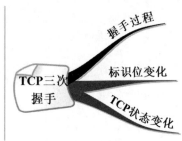

参考题型

1. 当一个 TCP 连接处于　　(1)　　状态时等待应用程序关闭端口。

　　(1) A．CLOSED　　　　　　　　　　B．ESTABLISHED

　　　　C．CLOSE-WAIT　　　　　　　　D．LAST-ACK

■ 试题分析

● TCP 会话通过**三次握手**来建立连接。三次握手的目标是使数据段的发送和接收同步。同时也向其他主机表明其一次可接收的数据量（窗口大小），并建立逻辑连接。这三次握手的过程可以简述如下：

双方通信之前均处于 **CLOSED** 状态。

第一次握手

源主机发送一个同步标志位 SYN=1 的 TCP 数据段。此段中同时标明初始序号（Initial Sequence Number，ISN）。ISN 是一个随时间变化的随机值，即 **SYN=1，SEQ=x**。源主机进入 **SYN-SENT** 状态。

第二次握手

目标主机接收到 SYN 包后，发回确认数据报文。该数据报文 ACK=1，同时确认序号字段，表明目标主机期待收到源主机下一个数据段的序号，即 ACK=x+1（表明前一个数据段已收到并且没有错误）。

此外，此段中设置 SYN=1，并包含目标主机的段初始序号 y，即 ACK=1，确认序号 ACK=x+1，SYN=1，自身序号 SEQ=y。此时目标主机进入 SYN-RCVD 状态，源主机进入 ESTABLISHED 状态。

第三次握手

源主机再回送一个确认数据段，同样带有递增的发送序号和确认序号（**ACK=1，确认序号 ACK=y+1，自身序号 SEQ**，TCP 会话的三次握手完成。接下来，源主机和目标主机可以互相收发数据。三次握手的过程见图 6-5。

图 6-5 表示当 TCP 处于 SYN_SEND 状态时，协议实体已主动发出连接建立请求。

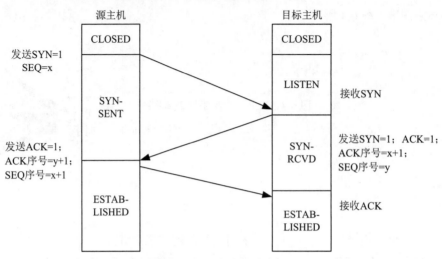

图 6-5   TCP 三次握手过程

● TCP 释放连接

TCP 释放连接分为四步，如图 6-6 所示。具体过程如下：

双方通信之前均处于 **ESTABLISHED** 状态。

第一步

源主机发送一个释放报文（FIN=1，自身序号 SEQ =x），源主机进入 FIN-WAIT 状态。

第二步

目标主机接收报文后，发出确认报文（**ACK=1，确认序号为 ACK=x+1，序号 SEQ =y**），目标主机进入 **CLOSE-WAIT** 状态。这个时候，源主机停止发送数据，但是目标主机仍然可以发送数据，此时 TCP 连接为半关闭状态（**HALF-CLOSE**）。

源主机接收到 ACK 报文后，等待目标主机发出 FIN 报文，这可能会持续一段时间。

第三步

目标主机确定没有数据，向源主机发送后，发出释放报文（FIN=1，ACK=1，确认序号 ACK =x+1，序号 SEQ =z）。目标主机进入 LAST-ACK 状态。

注意：这里由于处于半关闭状态（HALF-CLOSE），目标主机还会发送一些数据，其序号不一定为 y+1，因此设为 z。而且，目标主机必须重复发送一次确认序号 ACK=x+1。

第四步

源主机接收到释放报文后，对此发送确认报文（**ACK=1，确认序号 ACK=z+1，自身序号 SEQ=x+1**），在等待一段时间确定确认报文到达后，源主机进入 **CLOSED** 状态。

目标主机在接收到确认报文后，也进入 **CLOSED** 状态。

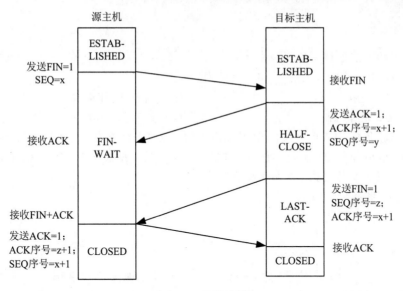

图 6-6   释放连接

■ **参考答案**   （1）C

2. TCP 协议在建立连接的过程中可能处于不同的状态，用 netstat 命令显示出 TCP 连接的状态为 SYN_SEND，则这个连接正处于___（2）___。

（2）A. 监听对方的建立连接请求　　　　B. 已主动发出连接建立请求

C. 等待对方的连接释放请求　　　　D. 收到对方的连接建立请求

■ **试题分析**   参见上题分析。

■ **参考答案**   （2）B

知识点：UDP 协议

知识点综述

UDP 协议是传输层中的无连接的协议。相对 TCP 协议而言，其本身要精简不少，执行效率相对较高。本知识点主要考核 UDP 协议的基本特性，其知识点体系图谱如图 6-7 所示。

图 6-7   UDP 协议知识体系图谱

参考题型

【考核方式】 考核 UDP 协议的基本特性。

UDP 协议在 IP 层之上提供了＿＿＿（1）＿＿能力。

（1）A. 连接管理　　　　　　　　　　B. 差错校验和重传

　　　C. 流量控制　　　　　　　　　　D. 端口寻址

■ **试题分析** UDP 协议在 IP 层之上提供了端口寻址能力。由于用户数据报协议（User Datagram Protocol，UDP）是一种不可靠的、无连接的数据报服务，所以 UDP 不具备连接管理、差错校验和重传、流量控制等功能。

■ **参考答案** （1）D

课堂练习

1. 下面＿＿＿（1）＿＿字段的信息出现在 TCP 头部，而不出现在 UDP 头部。

　　（1）A. 目标端口号　B. 顺序号　　　C. 源端口号　　　D. 校检和

2. TCP 协议使用＿＿＿（2）＿＿次握手机制建立连接，当请求方发出 SYN 连接请求后，等待对方回答＿＿＿（3）＿＿，这样可以防止建立错误的连接。

　　（2）A. 一　　　　　　B. 二　　　　　C. 三　　　　　　D. 四

　　（3）A. SYN，ACK　　　　　　　　　B. FIN，ACK

　　　　C. PSH，ACK　　　　　　　　　D. RST，ACK

试题分析

试题 1 分析：传输控制协议（Transmission Control Protocol，TCP）是一种可靠的、面向连接的字节流服务。源主机在传送数据前，需要先和目标主机建立连接。然后，在此连接上，被编号的数据段按序收发。同时，要求对每个数据段进行确认，保证了可靠性。

TCP 的三种机制：TCP 是建立在无连接的 IP 基础之上，因此使用了 3 种机制实现面向连接的服务。

● 使用序号对数据报进行标记。

这种方式便于 TCP 接收服务在向高层传递数据之前调整失序的数据包。

● TCP 使用确认、校验和定时器系统提供可靠性。

当接收者按照顺序识别出数据报未能到达或者发生错误时，接收者将通知发送者；或者接收者在特定时间没有发送确认信息，那么发送者就会认为发送的数据报并没有到达接收方。这时发送者就会考虑重传数据。

● TCP 使用窗口机制调整数据流量。

窗口机制可以减少因接收方缓冲区满而造成丢失数据报文的可能性。

而 UDP 是一种无连接的协议，不需要使用顺序号。

参考答案：（1）B

试题 2 分析： TCP 协议是一种可靠的、面向连接的协议，通信双方使用三次握手机制来建立连接。当一方收到对方的连接请求时，回答一个同意连接的报文，这两个报文中的 SYN=1，并且返回的保温当中还有一个 ACK=1 的信息，表示是一个确认报文。

参考答案：（2）C （3）A

7

应用层

知识点图谱与考点分析

　　应用层涉及的概念比较多,都是属于识记类型的。在考试中涉及到应用层的服务主要有 WWW、FTP、DNS、DHCP、E-mail 等。其中尤以 DNS 考查得最多。本章的知识体系图谱如图 7-1 所示。

图 7-1　应用层知识体系图谱

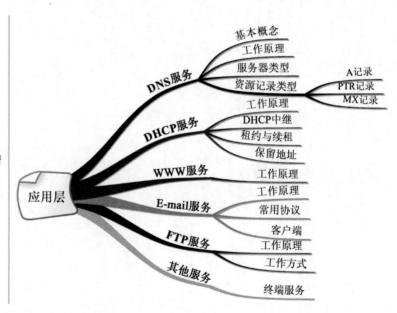

知识点：DNS 服务

知识点综述

DNS 服务是整个 Internet 服务的基础。所有基于域名服务的应用都需要有 DNS 服务的支持才能正常地工作，因此考试对 DNS 服务也给予了足够的重视。DNS 服务的知识体系图谱如图 7-2 所示。

图 7-2　DNS 服务知识体系图谱

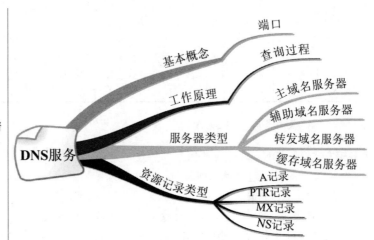

参考题型

【考核方式 1】 考核考生对 DNS 服务器的类型的了解。

1. 以下关于 DNS 服务器的叙述中，错误的是＿＿＿(1)＿＿＿。

（1）A. 用户只能使用本网段内 DNS 服务器进行域名解析

　　B. 主域名服务器负责维护这个区域的所有域名信息

　　C. 辅助域名服务器作为主域名服务器的备份服务器提供域名解析服务

　　D. 转发域名服务器负责非本地域名的查询

■ 试题分析　中继方式使得跨网段使用 DNS 服务器进行域名解析成为可能。

■ 参考答案　（1）A

2. 以下域名服务器中，没有域名数据库的是＿＿＿(2)＿＿＿。

（2）A. 缓存域名服务器　　　　　　　B. 主域名服务器

　　C. 辅域名服务器　　　　　　　　D. 转发域名服务器

■ 试题分析　按域名服务器的作用可以分为：主域名服务器、辅域名服务器、缓存域名服务器、转发域名服务器。具体功能如表 7-1 所示。

表 7-1　按作用划分的域名服务器

名称	定义	作用
主域名服务器	维护区所有域名信息，信息存于磁盘文件、数据库中	提供本区域名解析，区内域名信息的权威。**具有域名数据库**。一个域有且只有**一个主域名服务器**
辅域名服务器	主域名服务器的备份服务器提供域名解析服务，信息存于磁盘文件、数据库中	主域名服务器备份，可进行域名解析的负载均衡。**具有域名数据库**
缓存域名服务器	向其他域名服务器进行域名查询，将查询结果保存在缓存中的域名服务器	改善网络中 DNS 服务器的性能，减少反复查询相同域名的时间，提高解析速度，节约出口带宽。**获取的解析结果耗时最短，没有域名数据库**
转发域名服务器	负责**非本地和缓存中**无法查到的域名。接收域名查询请求，首先查询自身缓存，如果找不到对应的，则转发到指定的域名器查询	负责域名转发，由于转发域名服务器同样可以有缓存，因此可以减少流量和查询次数。**具有域名数据库**

■ 参考答案　（2）A

【考核方式2】 DNS 的查询过程。

3．DNS 服务器进行域名解析时，若采用递归方法，发送的域名请求为___（3）___。

（3）A．1 条　　　　　B．2 条　　　　　C．3 条　　　　　D．多条

■ 试题分析　递归查询为最主要的域名查询方式。主机有域名解析的需求时，首先查询本地域名服务器，成功则由本地域名服务器反馈结果；如果失败，则查询上一级的域名服务器，然后由上一级的域名服务器完成查询。图 7-3 是一个递归查询，表示主机 123.abc.com 要查询域名为 www.itct.com.cn 的 IP 地址。

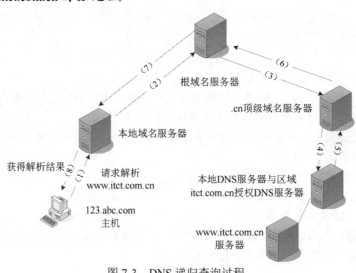

图 7-3　DNS 递归查询过程

递归域名查询过程中，如果查询不成功，交给上级 DNS 查询；如果成功，反馈结果。某DNS 服务器进行域名解析时，若采用递归方法，发送的域名请求为 1 条。

■ **参考答案**　（3）A

【考核方式3】　考核 DNS 的记录类型和域名的类别。

4．若 DNS 资源记录中的记录类型（record-type）为 A，则记录的值为___（4）___。

　　（4）A．名字服务器　　　　　　B．主机描述
　　　　 C．IP 地址　　　　　　　　D．别名

■ **试题分析**　DNS 中的记录类型多种多样，考试中常用到，因此需要特别留意。常见资源记录如表 7-2 所示。

表 7-2　常见资源记录

资源记录名称	作用	举例（Windows 系统下的 DNS 数据库）
A	将 DNS 域名映射到 IPv4 的 32 位地址中	host1.itct.com.cn. IN A 202.0.0.10
AAAA	将 DNS 域名映射到 IPv4 的 128 位地址中	ipv6_ host2.itct.com.cn. IN AAAA 2002:0:1:2:3:4:567:89ab
CNAME	规范名资源记录。允许将多个名称对应同一主机	aliasname.itct.com.cn. CNAME truename.itct.com.cn
MX	邮件交换器资源记录。其后数字首选参数值（0～65535），指明与其他邮件交换服务器有关的邮件交换服务器的优先级。较低的数值被授予较高的优先级	example.itct.com.cn. MX 10 mailserver1.itct.com.cn
NS	域名服务器记录，指明该域名由哪台服务器来解析	example.itct.com.cn. IN NS nameserver1.itct.com.cn.
PTR	指针，用于将一个 IP 地址映射为一个主机名	202.0.0.10.in-addr.arpa. PTR host.itct.com.cn

■ **参考答案**　（4）C

5．在域名系统中，根域下面是顶级域（TLD）。在下面的选项中，___（5）___属于全世界通用的顶级域。

　　（5）A．org　　　　　 B．cn　　　　　 C．Microsoft　　　 D．mil

■ **试题分析**　顶级域名（Top Level Domain，TLD）在根域名下，分为三大类：国家顶级域名、通用顶级域名、国际顶级域名。最常用的域名如表 7-3 所示。

表 7-3　常用域名

域名名称	作用
.com	商业机构
.edu	教育机构
.gov	政府部门

续表

域名名称	作用
.int	国际组织
.mil	美国军事部门
.net	网络组织，例如因特网服务商和维修商，现在任何人都可以注册
.org	非盈利组织
.biz	商业
.info	网络信息服务组织
.pro	用于会计、律师和医生
.name	用于个人
.museum	用于博物馆
.coop	用于商业合作团体
.aero	用于航空工业
国家代码	国家（如 cn 代表中国）

■ 参考答案 （5）A

知识点：FTP 服务

知识点综述

　　FTP 服务是 Internet 中的一种常用服务，其工作方式比较特别，服务分别通过命令端口传输命令和数据端口建立数据传输连接。本知识点体系图谱如图 7-4 所示。

图 7-4　FTP 服务知识体系图谱

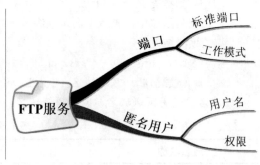

参考题型

【考核方式】考核对 FTP 的端口的掌握。

1. FTP 客户上传文件时，通过服务器 20 端口建立的连接是＿＿(1)＿＿，FTP 客户端应用进程的端口可以为＿＿(2)＿＿。

    (1) A. 建立在 TCP 之上的控制连接　　　B. 建立在 TCP 之上的数据连接

        C. 建立在 UDP 之上的控制连接　　　D. 建立在 UDP 之上的数据连接

    (2) A. 20　　　　　B. 21　　　　　C. 80　　　　　D. 4155

  ■ **试题分析**　FTP 客户上传文件时，通过服务器 **20 号端口**建立的连接是建立在 TCP 之上的**数据连接**，通过服务器 **21 号端口**建立的连接是建立在 TCP 之上的**控制连接**。

    客户端命令端口为 N，数据传输端口为 N+1（N≥1024）。

  ■ **参考答案**　(1) B　(2) D

2. 匿名 FTP 访问通常用＿＿(3)＿＿作为用户名。

    (3) A. guest　　　　　B. IP 地址　　　　　C. Administrator　　　D. Anonymous

  ■ **试题分析**　Anonymous 就是匿名账户，是使用非常广泛的一种登录形式。对于没有 FTP 账户的用户，可以用 Anonymous 为用户名，任意字符（通常是自己的电子邮件地址）为密码进行登录。当匿名用户登录 FTP 服务器后，其登录目录为匿名 FTP 服务器的根目录/var/ftp。在实际的服务器中，出于安全和负载压力的考虑，往往禁用匿名账号。

  ■ **参考答案**　(3) D

知识点：DHCP 服务

知识点综述

    DHCP 服务在网络中也是常用的服务之一，作用是为用户配置 IP 协议参数。因此在网络工程师考试中，DHCP 协议的工作过程、租约的管理等是考查比较多的内容。本知识点的体系图谱如图 7-5 所示。

图 7-5　DHCP 服务知识体系图谱

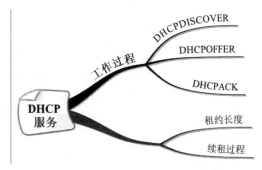

参考题型

【**考核方式**】　主要考查 DHCP 的工作过程和租约的问题。

1. 可以把所有使用 DHCP 协议获取 IP 地址的主机划分为不同的类别进行管理。下面的选项列出了划分类别的原则，其中合理的是 ___(1)___ 。

（1）A. 移动用户划分到租约期较长的类

　　　B. 固定用户划分到租约期较短的类

　　　C. 远程访问用户划分到默认路由类

　　　D. 服务器划分到租约期最短的类

■ **试题分析**　远程访问用户划分到默认路由类；服务器要使用固定 IP 地址。

■ **参考答案**　（1）C

2. 以下关于 DHCP 协议的描述中，错误的是___(2)___。

（2）A. DHCP 客户机可以从外网段获取 IP 地址

　　　B. DHCP 客户机只能收到一个 DHCPOFFER

　　　C. DHCP 不会同时租借相同的 IP 地址给两台主机

　　　D. DHCP 分配的 IP 地址默认租约期为 8 天

■ **试题分析**　DHCP 通过中继代理方式可以获取外网 IP 地址，DHCP 不会同时租借相同的 IP 地址给两台主机，DHCP 分配的 IP 地址默认租约期为 8 天。

　　客户机可能从不止一台 DHCP 服务器收到 DHCPOFFER 信息。客户机选择最先到达的 DHCPOFFER，并发送 DHCPREQUEST 消息包。

■ **参考答案**　（2）B

知识点：E-mail 服务

知识点综述

　　电子邮件服务中，最主要的两个协议是 SMTP 和 POP3，本章需要重点了解这两个协议的特点。本知识点体系图谱如图 7-6 所示。

图 7-6　E-mail 服务知识体系图谱

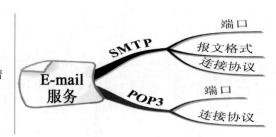

参考题型

1. POP3 协议采用___(1)___模式，当客户机需要服务时，客户端软件（Outlook Express 或 FoxMail）与 POP3 服务器建立 ___(2)___ 连接。

（1）A. Browser/Server　　　　　　B. Client/Server

　　　C. Peer to Peer　　　　　　　D. Peer to Server

（2）A．TCP　　　　　B．UDP　　　　　C．PHP　　　　　D．IP

■ **试题分析**　邮局协议（Post Office Protocol，POP）目前的版本为 POP3，POP3 是把邮件从邮件服务器中传输到本地计算机的协议。该协议工作在 TCP 协议的 110 号端口。由于使用了客户端软件，可以看作 C/S 模式。

■ **参考答案**　（1）B　（2）A

2．SMTP 服务器端使用的端口号默认为　___（3）___ 。

（3）A．21　　　　　B．25　　　　　C．53　　　　　D．80

■ **试题分析**　SMTP 服务器端使用的端口号默认为 25。

■ **参考答案**　（3）B

知识点：其他服务

知识点综述

　　网络服务非常多，除了常用的 Web、FTP 之外，还有很多其他的服务，如 Windows 系统中自带的远程桌面服务就是一个常用的服务。本知识点的体系图谱如图 7-7 所示。

图 7-7　其他服务知识体系图谱

参考题型

1．Telnet 采用客户端/服务器工作方式，采用　___（1）___ 格式实现客户端和服务器的数据传输。

（1）A．NTL　　　　　B．NVT　　　　　C．BASE-64　　　　D．RFC 822

■ **试题分析**　TCP/IP 终端仿真协议（TCP/IP Terminal Emulation Protocol，Telnet），一种基于 TCP 的虚拟终端通信协议，端口号为 23。Telnet 采用客户端/服务器工作方式，采用网络虚拟终端（Net Virtual Terminal，NVT）实现客户端和服务器的数据传输，可以实现远程登录、远程管理交换机、路由器。NVT 代码包含了标准 ASCII 字符集和 Telnet 命令集，是本地终端和远程主机之间的网络接口。

■ **参考答案**　（1）B

2．HTTP 协议中，用于读取一个网页的操作方法为　___（2）___ 。

（2）A．READ　　　　　B．GET　　　　　C．HEAD　　　　　D．POST

■ **试题分析**　HTTP 协议中的基本操作有以下几种：

● GET：读网页。

● HEAD：读网页头。

- POST：推送网页信息。

■ **参考答案**　（2）B

课堂练习

1．在进行域名解析过程中，由____（1）____获取的解析结果耗时最短。

（1）A．主域名服务器　　　　　　　B．辅域名服务器

　　　C．缓存域名服务器　　　　　　D．转发域名服务器

2．DNS 服务器在名称解析过程中正确的查询顺序为____（2）____。

（2）A．本地缓存记录→区域记录→转发域名服务器→根域名服务器

　　　B．区域记录→本地缓存记录→转发域名服务器→根域名服务器

　　　C．本地缓存记录→区域记录→根域名服务器→转发域名服务器

　　　D．区域记录→本地缓存记录→根域名服务器→转发域名服务器

3．DNS 服务器中提供了多种资源记录，其中____（3）____定义了区域的邮件服务器及其优先级。

（3）A．SOA　　　　B．NS　　　　C．PTR　　　　D．MX

4．DNS 服务器中提供了多种资源记录，其中____（4）____定义了区域的授权服务器。

（4）A．SOA　　　　B．NS　　　　C．PTR　　　　D．MX

5．FTP 默认的控制连接端口是____（5）____。

（5）A．20　　　　B．21　　　　C．23　　　　D．25

6．DHCP 客户端启动时会向网络发出一个 DHCPDISCOVER 包来请求 IP 地址，其源 IP 地址为____（6）____。

（6）A．192.168.0.1　　　　　　　B．0.0.0.0

　　　C．255.255.255.0　　　　　D．255.255.255.255

7．当使用时间到达租约期的____（7）____时，DHCP 客户端和 DHCP 服务器将更新租约。

（7）A．50%　　　　B．75%　　　　C．87.5%　　　　D．100%

8．采用 DHCP 分配 IP 地址无法做到____（8）____，当客户机发送 DHCPDISCOVER 报文时，采用____（9）____方式发送。

（8）A．合理分配 IP 地址资源　　　　B．减少网管员的工作量

　　　C．减少 IP 地址分配出错可能　　D．提高域名解析速度

（9）A．广播　　　　B．任意播　　　　C．组播　　　　D．单播

9．下列不属于电子邮件协议的是____（10）____。

（10）A．POP3　　　　B．SMTP　　　　C．SNMP　　　　D．IMAP4

10．DNS 反向查询功能的作用是____（11）____，资源记录 MX 的作用是____（12）____，DNS 资源记录____（13）____定义了区域的反向搜索。

（11）A．定义域名服务器的别名　　　　B．将 IP 地址解析为域名

　　　　C．定义域邮件服务器地址和优先级　D．定义区域的授权服务器

（12）A．定义域名服务器的别名　　　　B．将 IP 地址解析为域名

7 Chapter

C．定义域邮件服务器地址和优先级　　D．定义区域的授权服务器
（13）A．SOA　　　　　B．NS　　　　　　C．PTR　　　　　D．MX

试题分析

试题 1 分析：按域名服务器的作用可以分为：主域名服务器、辅域名服务器、缓存域名服务器、转发域名服务器。缓存域名服务器特殊，有高速缓存，因此获取的解析结果耗时最短。

参考答案：（1）C

试题 2 分析：DNS 服务器在名称解析过程中正确的查询顺序为：本地缓存记录→区域记录→转发域名服务器→根域名服务器。

参考答案：（2）A

试题 3 分析：DNS 服务器中常用的记录类型有以下几种：

NS 记录：表明是域名服务器的记录。通常情况下不需要设置 NS 记录，因为此时的域名解析是通过 ISP 提供的域名服务器解析的，若用户需要自己用 DNS 服务器来解析自己的域名，则要创建 NS 记录，并且将域名服务器的 IP 地址告诉 ISP 登记即可。

A 记录：用于指明一个域名对应的 IP 地址。

CNAME 记录：也就是别名记录，可以将多个不同名称指向同一个服务器。在创建别名记录之前，必须要先创建 A 记录。

MX 记录：用于指明邮件服务器的 IP 地址。

参考答案：（3）D

试题 4 分析：DNS 记录包括以下几种：

- 资源记录：DNS 数据库包括 DNS 服务器所使用的一个或多个区域文件。每个区域都拥有一组结构化的资源记录。资源记录的格式是：[Domain] [TTL] [class] record-typerecord-specific-data。
- Domain：资源记录引用的域对象名。它可以是单台主机，也可以是整个域。Domain 字串用 "." 分隔，只要没有用一个 "." 标识结束，就与当前域有关系。
- TTL：生存时间记录字段。它以秒为单位定义该资源记录中的信息存放在高速缓存中的时间长度。通常该字段为空，表示生存周期在授权资源记录开始中指定。
- class：指定网络的地址类。对于 TCP/IP 网络使用 IN。
- record-type：记录类型。标识这是哪一类资源记录。
- record-specific-data：指定与这个资源记录有关的数据。这个值是必要的。数据字段的格式取决于类型字段的内容。

参考答案：（4）B

试题 5 分析：FTP 的默认的控制端口是 21，数据端口是 20。

参考答案：（5）B

试题 6 分析：DHCP 客户机启动后，发出一个 DHCPDISCOVER 消息，其封包的源地址为 0.0.0.0，目标地址为 255.255.255.255。

参考答案：（6）B

试题 7 分析：DHCP 服务器向 DHCP 客户机出租的 IP 地址一般都有一个租借期限，期满后，DHCP 服务器便会收回出租的 IP 地址。如果 DHCP 客户机要延长其 IP 租约，则必须更新其 IP 租约。DHCP 客户机启动或 IP 租约期限过一半时，DHCP 客户机都会自动向 DHCP 服务器发送更新其 IP 租约的信息。

参考答案：（7）A

试题 8 分析：DHCP 协议是一个自动给客户机配置 IP 参数的协议，由于客户端自动获取服务器提供的配置参数，因此可以大大减少管理员的工作量。超过租约或者用户释放的 IP 地址又可以由服务器收回，重新分配给其他主机使用，因此可以更加合理地分配地址资源。同时由于服务器对地址池的管理，可以减少分配地址时出错概率。图 7-8 为 DHCP 工作过程。

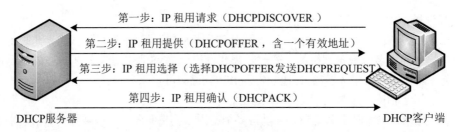

图 7-8　DHCP 工作过程

第一步：DHCP 客户端发送 IP 租用请求。

DHCP 客户机启动后，发出一个 DHCPDISCOVER 消息，其封包的源地址为 0.0.0.0，目标地址为 255.255.255.255。

第二步：DHCP 服务器提供 IP 租用服务。

当 DHCP 服务器收到 DHCPDISCOVER 数据包后，通过 UDP 端口 68 给客户机回应一个 DHCPOFFER 信息，其中包含一个还没有被分配的有效 IP 地址。

第三步：DHCP 客户端 IP 租用选择。

客户机可能从不止一台 DHCP 服务器收到 DHCPOFFER 信息。客户机选择最先到达的 DHCPOFFER，并发送 DHCPREQUEST 消息包。

第四步：DHCP 客户端 IP 租用确认。

DHCP 服务器收到 DHCPREQUEST 消息包后，向客户机发送一个确认（DHCPACK）信息，信息中包括 IP 地址、子网掩码、默认网关、DNS 服务器地址以及 IP 地址的租约（Windows 中默认为 8 天）。

第五步：DHCP 客户端重新登录。

获取 IP 地址后的 DHCP 客户端每次重新联网时，不再发送 DHCPDISCOVER，直接发送包含前次分配地址信息的 DHCPREQUEST 请求。DHCP 服务器收到请求后，如果该地址可用，则返回 DHCPACK 确认；否则，发送 DHCPNACK 信息否认。收到 DHCPNACK 的客户端需要从第一步开始重新申请 IP 地址。

第六步：更新租约。

DHCP 服务器向 DHCP 客户机出租的 IP 地址一般都有一个租借期限，期满后，DHCP 服务器便会收回出租的 IP 地址。如果 DHCP 客户机要延长其 IP 租约，则必须更新其 IP 租约。DHCP 客户机启动时及 IP 租约期限超过 50% 时，DHCP 客户机都会自动向 DHCP 服务器发送更新其 IP 租约的信息。若没有得到响应，则在整个租约的 87.5% 时，再次请求。再次请求使用广播的形式发送。

这里需要注意几个特别的情况：

（1）当用户不再需要使用此分配的 IP 地址时，就会主动向 DHCP 服务器发送 DHCPRelease 报文，告诉服务器用户不再需要分配 IP 地址，DHCP 服务器会释放被绑定的租约。

（2）DHCP 客户端收到 DHCP 服务器回应的 ACK 报文后，通过地址冲突检测发现服务器分配的地址冲突或者由于其他原因导致不可用时，则向服务器发送 DHCPDecline 报文，通知服务器所分配的 IP 地址不可用。

（3）还有一种极少用到的情况，DHCP 客户端如果需要从 DHCP 服务器端获取更为详细的配置信息，则发送 DHCPInform 报文向服务器进行请求，服务器收到该报文后，将根据租约进行查找，找到相应的配置信息后，发送 ACK 报文回应 DHCP 客户端。

（4）Client 在开机的时候会主动发送 4 次请求信息，第一次等待时间为 1 秒，其余 3 次的等待时间分别是 9、13、16 秒。如果还是没有 DHCP 服务器的响应，则在 5 分钟之后，继续重复这一动作。

参考答案：（8）D　　（9）A

试题 9 分析：常见的电子邮件协议有：

（1）简单邮件传输协议（Simple Mail Transfer Protocol，SMTP）。

SMTP 主要负责底层的邮件系统如何将邮件从一台机器传至另外一台机器。该协议工作在 TCP 协议的 25 号端口。

（2）邮局协议（Post Office Protocol，POP）。

目前的版本为 POP3，POP3 是把邮件从邮件服务器中传输到本地计算机的协议。该协议工作在 TCP 协议的 110 号端口。

（3）Internet 邮件访问协议（Internet Message Access Protocol，IMAP）。

目前的版本为 IMAP4，是 POP3 的一种替代协议，提供了邮件检索和邮件处理的新功能。用户可以完全不必下载邮件正文，就可以看到邮件的标题、摘要；使用邮件客户端软件就可以对服务器上的邮件和文件夹目录等进行操作。IMAP 协议增强了电子邮件的灵活性，同时也减少了垃圾邮件对本地系统的直接危害，同时相对节省了用户查看电子邮件的时间。除此之外，IMAP 协议可以记忆用户在脱机状态下对邮件的操作（如移动邮件、删除邮件等），在下一次打开网络连接的时候会自动执行。该协议工作在 TCP 协议的 143 号端口。

参考答案：（10）C

试题 10 分析：反向域名解析就是从 IP 地址解析成域名，所以（11）选 B，MX 邮件交换记录，定义域邮件服务器地址和优先级，因此（12）选 C，（13）选 C。

参考答案：（11）B　　（12）C　　（13）C

8
交换技术原理

知识点图谱与考点分析

　　交换技术是目前使用最为广泛的局域网技术之一，因此网络工程师考试中对交换技术的原理考查得比较多。主要考点包括交换机基本工作原理、交换机交换方式、VLAN 与 TRUNK、STP 等技术原理与配置。本章的知识体系图谱如图 8-1 所示。

图 8-1　交换技术原理知识体系图谱

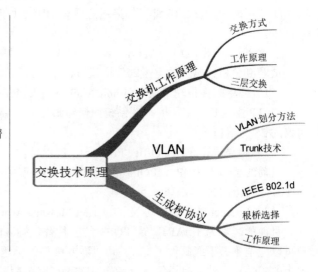

知识点：交换机工作原理

知识点综述

　　交换机基本工作原理主要包括交换过程、交换方式及不同交换方式的特点。本知识点的体系图谱如图 8-2 所示。

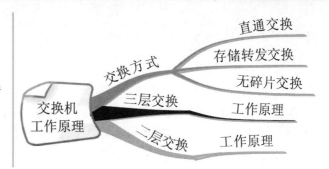

图 8-2　交换机工作原理知识体系图谱

参考题型

【考核方式 1】　考核交换机工作方式及每种方式的特点。

1. 以太网交换机的交换方式有三种，这三种交换方式不包括＿＿＿(1)＿＿＿。

（1）A. 存储转发交换　　　　　　　　B. IP 交换

　　　C. 直通交换　　　　　　　　　　D. 无碎片转发交换

■ **试题分析**　以太网交换机的交换方式有三种：存储转发式交换、直通式交换、无碎片转发交换。

■ **参考答案**　（1）B

2. 一个以太网交换机读取整个数据帧，对数据帧进行差错校验后再转发出去，这种交换方式称为＿＿＿(2)＿＿＿。

（2）A. 存储转发交换　　　　　　　　B. 直通交换

　　　C. 无碎片转发交换　　　　　　　D. 无差错交换

■ **试题分析**　以太网交换机的交换方式有三种：存储转发式交换、直通式交换、无碎片转发交换。

● 直通交换（Cut-Through）：只要信息有目标地址，就可以开始转发。这种方式没有中间错误检查的能力，但转发速度快。

● 存储转发交换（Store-and-Forward）：接收到的信息先缓存，检测正确性。确定正确后才开始转发。这种方式中间节点需要存储数据，时延较大。

● 无碎片转发交换（Fragment Free）：接收到 64 字节之后才开始转发。

■ **参考答案**　（2）A

【考核方式 2】　考核三层交换机的工作原理。

3. 第三层交换根据＿＿＿(3)＿＿＿对数据包进行转发。

（3）A. MAC 地址　　　B. IP 地址　　　　C. 端口号　　　　　D. 应用协议

■ **试题分析**　第三层属于网络层，第三层交换根据 IP 地址对数据包进行转发。

■ **参考答案**　（3）B

知识点：VLAN

知识点综述

VLAN 技术是整个交换网络中最重要的一个技术，因此 VLAN 的工作原理、TRUNK 技术原理与配置是每年必考的考点。主要掌握 VLAN 的基本划分方法和 IEEE 802.1Q 协议的封装。

参考题型

【**考核方式**】 考核 IEEE 802.1q 的基本格式。

IEEE 802.1q 协议的作用是 ____(1)____ 。

（1）A．生成树协议   B．以太网流量控制

       C．生成 VLAN 标记   D．基于端口的认证

■ **试题分析** IEEE 802.1q：俗称 dot1q，由 IEEE 创建。它是一个通用协议，在思科和非思科设备之间不能使用 ISL，必须使用 IEEE 802.1q。IEEE 802.1q 所附加的 VLAN 识别信息位于数据帧中的源 MAC 地址与类型字段之间。基于 IEEE 802.1q 附加的 VLAN 信息，就像在传递物品时附加的标签。IEEE 802.1q VLAN 最多可支持 4096 个 VLAN 组，并可跨交换机实现。

IEEE 802.1q 协议在原来的以太帧中增加了 4 个字节的标记（Tag）字段，如图 8-3 所示。增加了 4 个字节后，交换机默认最大 MTU 应由 1500 字节改为至少 1504 个字节。因此普通的接口接收到这种数据帧，会被认为是超大数据帧（giant），被直接丢弃。

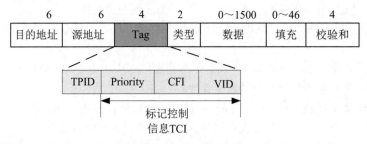

图 8-3 IEEE 802.1q 格式

■ **参考答案** （1）C

知识点：生成树协议

知识点综述

生成树协议是交换网络中为了确保可靠性、避免环路的重要协议，有标准生成树协议、快速生成树协议和多生成树协议三种，考试中往往对这三种协议的基本特点进行考查。另外，在生成树协

议中，交换机各个端口的状态变化及持续时间也是考试中的一个重要考点。本知识点的体系图谱如图 8-4 所示。

图 8-4 生成树协议知识体系图谱

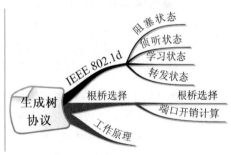

参考题型

【考核方式 1】 考核生成树中端口的各种状态。

1. 按照 IEEE 802.1d 协议，当交换机端口处于 ___(1)___ 状态时，既可以学习 MAC 帧中的源地址，又可以把接收到的 MAC 帧转发到适当的端口。

  （1）A. 阻塞（Blocking）　　　　　　　B. 学习（Learning）
  　　　C. 转发（Forwarding）　　　　　　D. 侦听（Listening）

■ 试题分析 启动了 STP 的交换机，其接口状态和作用如表 8-1 所示。

表 8-1 接口状态及其作用

状态	用途
阻塞（Blocking）	只接收 BPDU、不转发帧
侦听（Listening）	接收 BPDU、不转发帧、接收网管消息
学习（Learning）	接收 BPDU、不转发帧、接收网管消息、把终端站点位置信息添加到地址数据库（构建网桥表）
转发（Forwarding）	发送和接收用户数据、接收 BPDU、接收网管消息、把终端站点位置信息添加到地址数据库
禁用（Disable）	端口处于 shutdown 状态，不转发 BPDU、不转发数据帧

其中，阻塞状态到侦听状态需要 20 秒，侦听状态到学习状态需要 15 秒，学习状态到转发状态需要 15 秒。这个表中涉及到的 5 种不同的状态及在不同的状态之间改变的时间参数是考试中的重要命题点，因此必须要记住。

■ 参考答案 （1）C

【考核方式 2】 考核根桥的选择过程和标准。

2. 在生成树协议（STP）IEEE 802.1d 中，根据 ___(2)___ 来选择根交换机。

（2）A．最小的 MAC 地址　　　　B．最大的 MAC 地址
　　　　C．最小的交换机 ID　　　　　D．最大的交换机 ID

■ **试题分析**　每台交换机都有一个唯一的网桥 ID（BID），**最小 BID 值**的交换机为根交换机。其中 BID 是由 2 字节的网桥优先级字段和 6 字节的 MAC 地址字段组成，在选根交换机时，通常先比较优先级，相等的情况下，再比较 MAC 地址。BID 也可以看作交换机 ID。

■ **参考答案**　（2）C

【考核方式3】　考核生成树协议中路径开销的计算。

3．图 8-5 表示一个局域网的互连拓扑，方框中的数字是网桥 ID，用字母来区分不同的网段。按照 IEEE 802.1d 协议，ID 为___（3）___的网桥被选为根网桥，如果所有网段传输费用为 1，则 ID 为 92 的网桥连接网段___（4）___的端口为根端口。

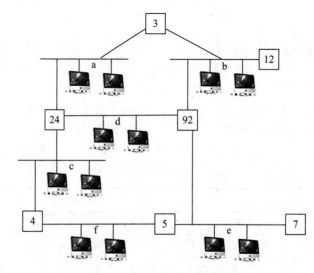

图 8-5　某局域网的互连拓扑

（3）A．3　　　　　B．7　　　　　C．92　　　　　D．12
（4）A．a　　　　　B．b　　　　　C．d　　　　　D．e

■ **试题分析**

　　按照 IEEE 802.1d 协议，ID 最小的网桥被选为根网桥。从图 8-6 看出，3 的 ID 最小，因此选 A。其他网桥连接根网桥的费用最小的端口成为根端口。

　　根网桥确定了，ID 为 92 的网桥到根网桥的路有：

　　·92→b→根，花费 2

　　·92→d→24→a→根，花费 3

　　根据到根的费用大小比较可知，92→b→根的费用最小，所以连接 b 的端口就是根端口。这个 STP 的根桥选举的过程，涉及到的相关参数等是考试中的一个重要知识点，应该给予足够的重视。

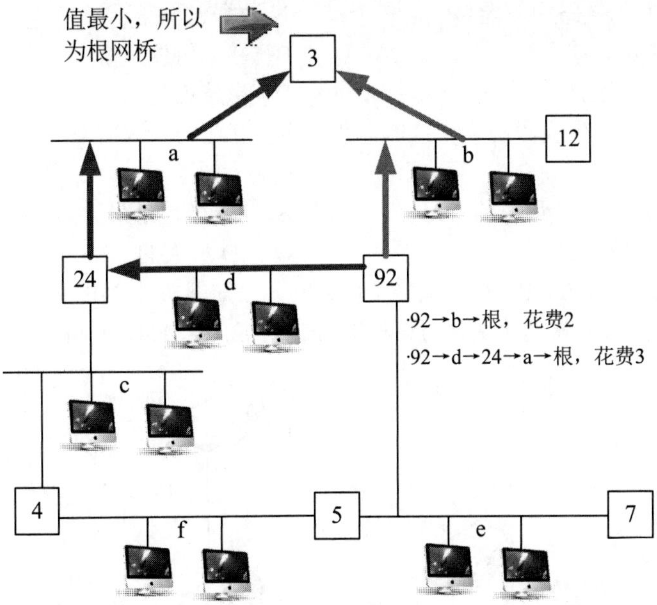

值最小，所以
为根网桥

3

a　　　　　　　b　　12

24　　　　d　　92

·92→b→根，花费2

·92→d→24→a→根，花费3

c

4　　　　　　　5　　　　　7

f　　　　　　　e

图 8-6　计算过程

■ **参考答案** （3）A　　（4）B

课堂练习

1．通过以太网交换机连接的一组工作站___（1）___。

　　（1）A．组成一个冲突域，但不是一个广播域

　　　　　B．组成一个广播域，但不是一个冲突域

　　　　　C．既是一个冲突域，又是一个广播域

　　　　　D．既不是冲突域，也不是广播域

2．下面关于交换机的说法中，正确的是___（2）___。

　　（2）A．以太网交换机可以连接运行不同网络层协议的网络

　　　　　B．从工作原理上讲，以太网交换机是一种多端口网桥

　　　　　C．集线器是一种特殊的交换机

　　　　　D．通过交换机连接的一组工作站形成一个冲突域

3．网络中存在各种交换设备，下面的说法中错误的是___（3）___。

　　（3）A．以太网交换机根据 MAC 地址进行交换

　　　　　B．帧中继交换机只能根据虚电路号 DLCI 进行交换

　　　　　C．三层交换机只能根据第三层协议进行交换

　　　　　D．ATM 交换机根据虚电路标识进行信元交换

8

Chapter

4. 在交换机之间的链路中，能够传送多个 VLAN 数据包的是___（4）___。

    （4）A．中继连接   B．接入链路

          C．控制连接   D．分支链路

5. 按照 IEEE 802.1d 生成树协议（STP），在交换机互连的局域网中，___（5）___的交换机被选为根交换机。

    （5）A．MAC 地址最小的   B．MAC 地址最大的

          C．ID 最小的   D．ID 最大的

6. 如下图所示，网桥 A、B、C 连接多个以太网，已知网桥 A 为根网桥，各个网桥的 a、b、f 端口为指定端口。那么按照快速生成树协议标准 IEEE 802.1d-2004，网桥 B 的 c 端口为___（6）___。

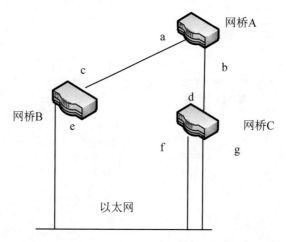

    （6）A．根端口（Root Port）   B．指定端口（Designated Port）

          C．备份端口（Backup Port）   D．替代端口（Alternate Port）

试题分析

试题 1 分析：以太网交换机连接的所有端口是同一个广播域，每个端口是一个单独冲突域。

参考答案：（1）B

试题 2 分析：以太网交换机又称为多端口网桥，可连接多个以太局域网，实现这些局域网之间的数据交换。交换机连接的所有设备同处一个冲突域，而交换机每个端口都是一个单独冲突域。

参考答案：（2）B

试题 3 分析：以太网交换机工作在数据链路层，根据 MAC 地址进行交换，三层交换机在工作时既用第三层协议，也用第二层协议。

参考答案：（3）C

试题 4 分析：中继（TRUNK）能传输多个 VLAN 的数据。

参考答案：（4）A

试题 5 分析：STP 选择根网桥：每台交换机都有一个唯一的网桥 ID（BID），**最小 BID 值**的交换机为根交换机。其中 BID 是由 2 字节的网桥优先级字段和 6 字节的 MAC 地址字段组成。

试题 6 描述了根网桥的选择过程。

参考答案：（5）C

试题 6 分析：

STP 工作原理：STP 首先选举根网桥（Root Bridge），然后选择根端口（Root Ports），最后选择指定端口（Designated Ports）。

下面讲述具体的 STP 选择过程。

（1）选择根网桥。

每台交换机都有一个唯一的网桥 ID（BID），**最小 BID 值**的交换机为根交换机。其中 BID 是由 2 字节网桥优先级字段和 6 字节的 MAC 地址字段组成。**最小 BID 值**的交换机被选为根交换机。其中 BID 是由 2 字节的网桥优先级字段和 6 字节的 MAC 地址字段组成，比较 BID 值大小时，先比较优先级，再比较 MAC 地址。图 8-7 描述了根网桥的选择过程。

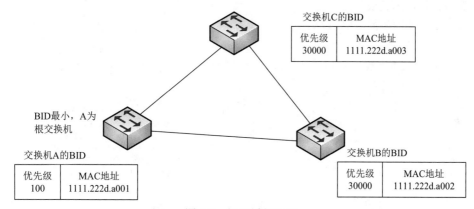

图 8-7　根网桥的选择

（2）选择根端口。

选择根网桥后，其他的非根桥选择一个距离根桥最近的端口为根端口。

选择根端口的依据如下：

1）交换机中到根桥**总路径成本**最低的端口。**路径成本**根据带宽计算得到，如 10Mb/s 的路径成本为 100，100Mb/s 的路径成本为 19，1000Mb/s 的路径成本为 4。

2）直连的网桥 ID 最小的端口。

3）直连的邻居端口 ID 最小的端口。端口 ID 由端口优先级（8 位）和端口编号（8 位）组成。如图 8-8 所示描述了根端口的选择过程。

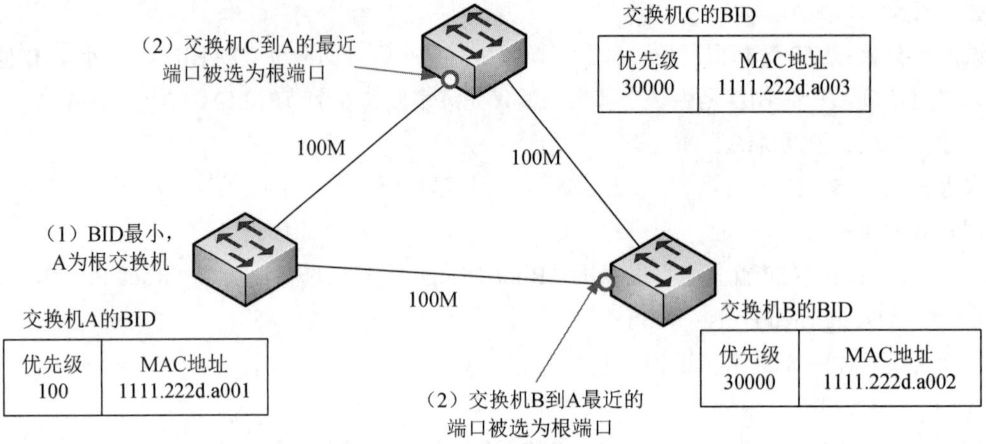

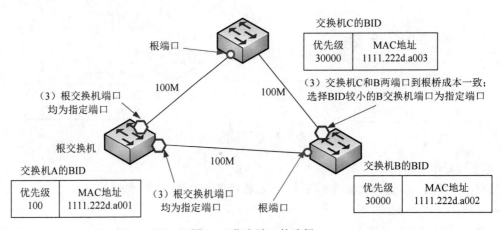

图 8-8　根端口的选择

（3）选择指定端口。

每个网段选择一个指定端口，根桥端口均为指定端口。

选定非根桥的指定端口的依据如下：

1）到根路径成本最低。

2）端口所在的网桥的 ID 值较小。

3）端口 ID 值较小。

如图 8-9 所示描述了指定端口的选择过程。

图 8-9　指定端口的选择

交换机中所有的根端口和指定端口之外的端口，称为非指定端口。此时非指定端口被 STP 协议设置为阻塞状态，这时没有环的网络就生成了。

更详细的内容，请参见《网络工程师的 5 天修炼》P261。

参考答案：（6）A

9

交换机配置

知识点图谱与考点分析

交换机是目前使用最广泛的局域网设备，因此考试中对交换技术的配置考查的内容比较多，如交换机的配置连接方式、交换机操作系统中各种配置模式的切换、用户密码的配置、VLAN 配置等，都是考试中考查频率比较高的内容。本章的知识点体系图谱如图 9-1 所示。

图 9-1 交换机配置
知识体系图谱

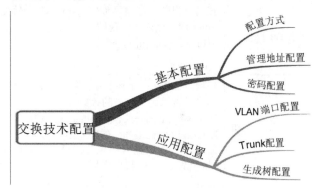

知识点：基本配置

知识点综述

交换机基本配置是考试中常考的知识点，主要包括配置方式、配置视图的切换命令及用户名和用户密码的配置。

参考题型

【考核方式 1】 考核交换机密码设置。

1. 在交换机上要配置 console 接口的口令，则要使用命令____(1)____先进入 console 接口。

（1）A. interface console   B. user-interface console 0

    C. interface console 0   D. user-interface console

■ **试题分析** 要配置交换的 console 接口，必须使用 user-interface console 0 命令进入 console 接口，然后再对该接口进行进一步的配置。

■ **参考答案** （1）B

【考核方式 2】 考核交换机配置模式的切换。

2．交换机命令<Switch >system 的作用是＿＿（2）＿＿。

    （2）A. 配置访问口令   B. 进入系统视图

         C. 更改主机名   D. 显示当前系统信息

■ **试题分析** 交换机的命令状态如表 9-1 所示。

表 9-1 交换机的命令状态

常用视图名称	进入视图	视图功能
用户视图	用户从终端成功登录至设备即进入用户视图，在屏幕上显示<Huawei>	用户可以完成查看运行状态和统计信息等功能。在其他视图下，都可使用 return 直接返回用户视图
系统视图	在用户视图下，输入命令 system-view 后按 Enter 键，进入系统视图。 <Huawei>system-view [Huawei]	在系统视图下，用户可以配置系统参数以及通过该视图进入其他的功能配置视图
接口视图	使用 interface 命令并指定接口类型及接口编号，可以进入相应的接口视图。 [Huawei] interface gigabitethernetX/Y/Z [Huawei-GigabitEthernetX/Y/Z] X/Y/Z 为需要配置的接口编号，分别对应"槽位号/子卡号/接口序号"	配置接口参数的视图称为接口视图。在该视图下可以配置接口相关的物理属性、链路层特性及 IP 地址等重要参数
路由协议视图	在系统视图下，使用路由协议进程运行命令可以进入到相应的路由协议视图。 [Huawei] isis [Huawei-isis-1]	路由协议的大部分参数是在相应的路由协议视图下进行配置的。如 IS-IS 协议视图、OSPF 协议视图、RIP 协议视图，要退回到上一层命令，可以使用 quit 命令

■ **参考答案** （2）B

【考核方式 3】 考核交换机基本配置命令。

3．查看 ospf 接口的开销、状态、类型、优先级等的命令是＿＿（3）＿＿；查看 OSPF 在接收报文时出错记录的命令是＿＿（4）＿＿。

    （3）A. display ospf   B. display ospf error

         C. display ospf interface   D. display ospf neighbor

    （4）A. display ospf   B. display ospf error

C．display ospf interface   D．display ospf neighbor

■ **试题分析** 这是华为设备的基本命令。display ospf 是干扰项，目前的系统不支持该命令，从题干意思来看，需要获取接口的开销，状态等信息，自然是查看 ospf interface。

■ **参考答案** （3）C   （4）B

4．如图所示，Switch A 通过 Switch B 和 NMS 跨网段相连并正常通信。SwitchA 与 Switch B 配置相似，从给出的 Switch A 的配置文件可知该配置实现的是___（5）___，验证配置结果的命令是___（6）___。

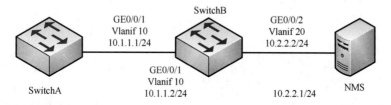

SwitchA 的配置

```
Sysname SwitchA
Vlan batch 10
BFD
Interface vlanif   10
IP address10.1.1.1 255.255.255.0
Interface GigabitEthernet 0/0/1
Port link-type trunk
Port trunk allow-pass vlan 10
BFD aa bind peer-ip 10.1.1.2
Discriminator local 10
Discriminator remote 20
Commit
Ip route-static 10.2.2.0 255.255.255.0 10.1.1.2 track bfd-session aa
Return
```

（5）A．实现毫秒级链路故障感知并刷新路由表

B．能够感知链路故障并进行链路切换

C．将感知到的链路故障通知 NMS

D．自动关闭故障链路接口并刷新路由表

（6）A．display nqa results   B．display bfd session all

C．display efm session all   D．display current-configuration|include nqa

■ **试题分析** 会话建立后会周期性地快速发送 BFD 报文，如果在检测时间内没有收到 BFD 报文则认为该双向转发路径发生了故障，通知被服务的上层应用进行相应的处理。

检查结果使用 display bfd session all 比较合适。

■ **参考答案** （5）A   （6）B

知识点：应用配置

知识点综述

VLAN 技术在二层交换网络中有无可替代的位置，因此考查交换机配置的环节中，对这个技术的考查是必不可少的。VLAN 的配置主要包括如何创建 VLAN、如何将指定端口划入指定 VLAN、如何设置 TRUNK 模式等。

参考题型

【考核方式】 考核 VLAN 的基本配置。

能进入 VLAN 配置状态的交换机命令是____（1）____。

（1）A．<huawei> vlan 10　　　　　　　　B．<huawei> interface vlan

　　　C．[huawei] vlan 10　　　　　　　　　D．[huawei]interface ge0/0/1

■ 试题分析 VLAN 配置方式为系统视图下输入 Vlan vlannumber 命令。

■ 参考答案 （1）C

课堂练习 1

阅读以下说明，回答问题 1 至问题 4，将解答填入答题纸对应的解答栏内。

【说明】某公司有 1 个总部和 2 个分部，各个部门都有自己的局域网。该公司申请了 4 个 C 类 IP 地址块 202.114.10.0/24～202.114.13.0/24。公司各部门通过帧中继网络进行互连，网络拓扑结构如图 9-2 所示。

【问题 1】（4 分）

请根据图 9-2 完成 R0 路由器的配置：

```
[R0]interface s0/0                          （进入串口配置模式）
[R0-Serial0/0] ip address 202.114.13.1    ____（1）____（设置 IP 地址和掩码）
[R0-Serial0/0] link-protocol    ____（2）____（设置串口工作模式）
```

【问题 2】（5 分）

Switch0、Switch1、Switch2 和 Switch3 均为二层交换机。总部拥有的 IP 地址块为 202.114.12.0/24。Switch0 的端口 E0/24 与路由器 R2 的端口 E0/0 相连，请根据图 9-2 完成路由器 R2 和 Switch0 的配置。

```
[R2]interface Ethernet 0/0.1
[R2-Ethernet0/0.1]dot1q    termination vid    ____（3）____
[R2-Ethernet0/0.1]ip address 202.114.12.1 255.255.255.192
[R2-Ethernet0/0.1]undo shutdown
[R2-Ethernet0/0.1]quit
[R2]interface Ethernet0/0.2
[R2-Ethernet0/0.2]dot1q    termination vid    ____（4）____
[R2-Ethernet0/0.2]ip address 202.114.12.65 255.255.255.192
```

```
[R2-Ethernet0/0.2]undo shutdown
[R2-Ethernet0/0.2]quit
[R2]interface Ethernet 0/0.3
[R2-Ethernet0/0.3]dot1q    termination vid     (5)
[R2-Ethernet0/0.3]ip address 202.114.12.129   255.255.255.192
[R2-Ethernet0/0.3]undo shutdown
[R2-Ethernet0/0.3]quit

[Switch0] interface Ethernet 0/24
[Switch0- Ethernet 0/24]port    link-type    (6)

[switch0-Ethernet0/24]port trunk allow-pass    (7)
```

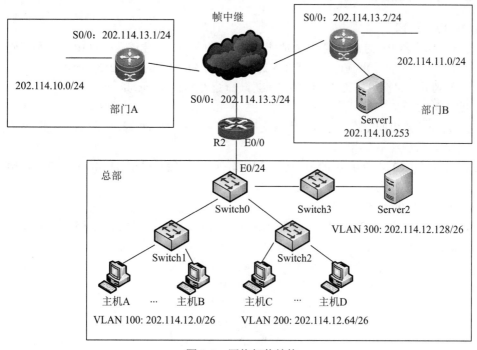

图 9-2　网络拓扑结构

【问题 3】（3 分）

若主机 A 与 Switch1 的 E0/2 端口相连，请完成 Switch1 相应端口设置。

```
[switch0]interface    Ethernet 0/2
[switch0-Ethernet0/2]    (8)    （设置端口为接入链路模式）
[switch0-Ethernet0/2]    (9)    （把 E0/2 分配给 VLAN 100）
```

若主机 A 与主机 D 通信，请填写主机 A 与 D 之间的数据转发顺序。

主机 A→___(10)___→主机 D。

（10）

    A．Switch1→Switch0→R2（s0/0）→Switch0→Switch2

    B．Switch1→Switch0→R2（e0/0）→Switch0→Switch2

    C．Switch1→Switch0→R2（e0/0）→R2（s0/0）→R2（e0/0）→Switch0→Switch2

    D．Switch1→Switch0→Switch2

【问题 4】（3 分）

为了部门 A 中用户能够访问服务器 Server1，请在 R0 上配置一条特定主机路由。

[R0]ip route-static 202.114.10.253   （11）   （12）

课堂练习 1 试题分析

【问题 1】（4 分）

（1）设置路由器 R0 的 s0/0 端口 IP 地址的掩码，而图 9-2 标注该端口的 IP 地址和掩码形式为 202.114.13.1/24，所以其子网掩码为 255.255.255.0。因此为（1）为 255.255.255.0。

（2）在 s0/0 端口接口封装帧中继协议，封装命令为 link-protocol**fr**。

【问题 2】（5 分）

本题涉及单臂路由的配置。通过路由器交换不同 VLAN 间的数据，这类路由器就称为单臂路由，这种方式目前已经不常用了。

VLAN 100：202.114.12.0/26 的 IP 地址范围是 202.114.12.0～202.114.12.63，该接口地址属于 VLAN 100。因此（3）为 100。

同理，（4）为 200，（5）为 300。

由图 9-3 可知，Switch0 的 E0/24 口要与不同的 VLAN 通信，因此需要配置为 trunk 口，因此（6）为 trunk。

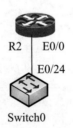

R2 E0/0

E0/24

Switch0

图 9-3 部分拓扑结构

配置所有 VLAN 均可以通过，使用[switch0-Ethernet0/24]port trunk allow-pass vlan all 因此（7）为 vlan all。

【问题 3】（3 分）

设置端口为接入链路模式命令，在对应端口配置模式下输入 port link-type access 命令。

使用 port default vlan *<vlan-id>* 命令，指定端口默认的 VLAN。本题为 port default vlan 100。

由图 9-4 可以看出，主机 A 与 D 之间的数据转发顺序为：Switch1→Switch0→R2（e0/0）

→Switch0→Switch2。

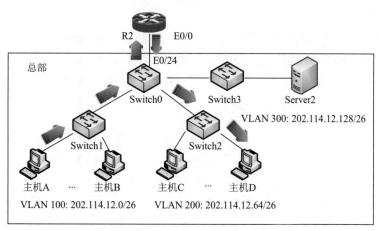

S0/0: 202.114.13.3/24

图 9-4　数据转发顺序

【问题 4】（3 分）

静态路由命令格式：

[Router] **ip route-static** ip-address 掩码网关地址

为了部门 A 中用户能够访问服务器 Server1，在 R0 上配置命令为：

[Router]**ip route-static** 202.114.10.253 255.255.255.255 202.114.13.2。

参考答案：

【问题 1】（4 分）

（1）255.255.255.0　（2 分）

（2）fr　　（2 分）

【问题 2】（5 分，各 1 分）

（3）100

（4）200

（5）300

（6）trunk

（7）vlan all

【问题 3】（3 分，各 1 分）

（8）port link-type　access

（9）port default vlan 100

（10）B

【问题 4】（3 分）

（11）255.255.255.255（2 分）

（12）202.114.13.2　　（1分）

课堂练习2

阅读以下说明，回答问题1至问题3，将解答填入答题纸对应的解答栏内。

【说明】某企业的网络结构如图9-5所示。Router作为企业出口网关。该企业有两个部门A和B，为部门A和B分配的网段地址是：10.10.1.0/25和10.10.1.128/25。

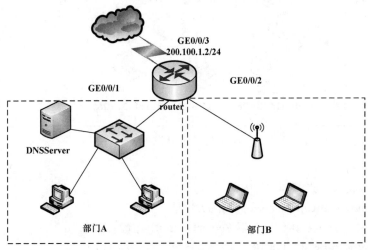

GE0/0/3
200.100.1.2/24

GE0/0/1　　router　　GE0/0/2

DNSServer

部门A　　部门B

图9-5　习题用图

【问题1】（2分）

在公司地址规划中，计划使用网段中第一个可用IP地址作为该网段的网关地址，部门A的网关地址是＿＿＿（1）＿＿＿，部门B的网关地址是＿＿＿（2）＿＿＿。

【问题2】（10分）公司在路由器上配置DHCP服务，为两个部门域名分配IP地址，名为abc.com，其中部门ADNS服务器的地址租用期限为30天，部门B的地址和使用期限为2天，地址为10.10.1.2.，请根据描述，将以下配置代码补充完整。

部门A的DHCP配置：

```
<Route>____（3）____
[Router]____（4）____GigabitEthernet0/0/1
[Router-GigabitEthernet0/0/1]ip address 10.10.1.1 255.255.255.128
[Router-GigabitEthernet0/0/1]dhcp select____（5）____//接口工作在全局地址池模式
[Router-GigabitEthernet0/0/1]____（6）____
[Router] ip pool pool1
[Router-ip-pool-pool1] network 10.10.1.0 mask____（7）____
[Router-ip-pool-pool1] excluded-ip-address____（8）____
[Router-ip-pool-pool1]____（9）____10.10.1.2　//设置DNS
[Router-ip-pool-pool1]____（10）____10.10.1.1　//设置默认网关
```

```
[Router-ip-pool-pool1]___(11)___day 30 hour 0 minute 0
[Router-ip-pool-pool1]___(12)___abc.com
[Roter-ip-pool-pool1] quit
```

部门 B 的 DHCP 配置略。

【问题3】（3分）

企业内网地址规划为私网地址，且需要访问 Internet 公网，因此，需要通过配置 NAT 实现私网地址到公网地址的转换，公网地址范围为 200.100.1.3-200.100.1.6。连接 Router 出接口 GE0/0/3 的对端 IP 地址为 200.100.1.1/24，请根据描述，将下面的配置代码补充完整。

```
[Router]nat address-group 0 200.100.1.3 200.100.1.6
[Router]acl number 2000
[Router-acl-basic-2000]rule 5___(13)___source 10.10.1.0 0.0.0.255
[Router]interface GigabitEthernet0/0/3
[Router-GigabitEthernet0/0/3]nat___(14)___2000 address-group 0 no-pat
[Router-GigabitEthernet0/0/3]quit
[Router]ip route-static 0.0.0.0 0.0.0.0___(15)___
```

问题 1 分析：这个题目实际上就是考察大家的 IP 地址计算的问题，要求计算出 IP 地址段内的第一个可用 IP 地址即可。因此掌握好 IP 地址计算的问题，不仅仅上午题可以拿分，下午同样可以得分。根据题干"部门 A 和 B 分配的网段地址是:10.10.1.0/25 和 10.10.1.128/25。"可以计算出部门 A 的地址范围是:10.10.1.0/25—10.10.1.127/25 之间。第一个可用 IP 地址就是 10.10.1.1/25；部门 B 网段地址是：10.10.1.128/25--10.10.1.255/25。第一个地址就是 10.10.1.129/25.但是题目问的是地址，直接填写 IP 地址即可，无需掩码。

课堂练习 2 试题分析

【问题1】（1）10.10.1.1　　（2）10.10.1.129

【问题2】分析：华为命令配置填空或者解释，这是每年必考的题。考试中必须注意上下文，才能确定命令用的是什么。第（3）空中，可以看下一行的提示，用的是[router]，这是系统视图的提示符，因此使用 system-view。

第（4）空结合上下文"[Router]（4）GigabitEthernet0/0/1

[Router-GigabitEthernet0/0/1]ip address 10.10.1.1 255.255.255.128"，可知这是进入一个接口下面进行配置，因此是 interface 命令。

第（5）空从后面的解释"//接口工作在全局地址池模式"可知，是用的 dhcp select global。

第（6）空，从"[Router-GigabitEthernet0/0/1]（6）

[Router]"这个上下文可以知道该命令是 quit。

第（7）空从 mask 可知是一个掩码，计算可知（7）是 255.255.255.128。

第（8）空从"excluded-ip-address（8）"知道是排除地址，这里要从上下文看，还有哪些地址被固定使用，不能分配，通常就是 DNS 服务器地址，默认网关地址在华为设备中，会自动排除。强行添加会出现"Error:Only idle or expired IP address can be disabled."。但是本题中，gateway-list 在这个配置之后，因此可以添加，但是当我们添加 gateway-list 的时候也会报错。"Error:The IP address's status is error."。因此答案是 dns 服务器地址，10.10.1.2。

第（9）和（10）比较简单，后面的解释很清楚，直接使用 dns-list 和 gateway-list 即可。

第（11）空就是一个租约期限，使用的 lease。

第（12）空设置的域名，domain-name。

【问题3】分析：

配置 nat，这是我们要求掌握的基本配置。先设定一个基本 ACL，定义需要转换的数据的源地址，因此（13）是 permit。（14）空是在接口使用 nat，基本命令格式 nat outbound ACLnumber address-group groupnumber [no-pat]。因此是 outbound。

第（15）空就是默认网关地址，对应的地址就是公网接口对端设备的地址，题干给出"连接 Router 出接口 GE0/0/3 的对端 IP 地址为 200.100.1.1/24"，因此就是 200.100.1.1

参考答案：

【问题1】（1）10.10.1.1   （2）10.10.1.129

【问题2】

（3）system-view   （4）interface

（5）global   （6）quit

（7）255.255.255.128   （8）10.10.1.2

（9）dns-list   （10）gateway-list

（11）lease   （12）domain-name

【问题3】（13）permit   （14）outbound   （15）200.100.1.1

路由原理与路由协议

知识点图谱与考点分析

路由原理主要包括各种基本的路由概念、路由算法和常见的路由协议的类型等，在考试中常见的协议如 RIP、OSPF、BGP 等都是主要考查协议。对于协议主要是掌握协议的基本特点和参数，如更新时间、路由代价计算等。本章的知识体系图谱如图 10-1 所示。

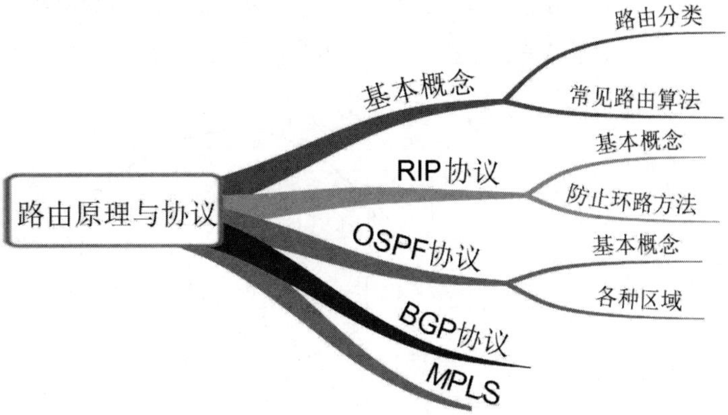

图 10-1　路由原理与路由协议知识体系图谱

- 路由原理与协议
  - 基本概念
    - 路由分类
    - 常见路由算法
  - RIP 协议
    - 基本概念
    - 防止环路方法
  - OSPF 协议
    - 基本概念
    - 各种区域
  - BGP 协议
  - MPLS

知识点：基本概念

知识点综述

路由的基本概念在考试中考查比较多，主要是考路由算法特点和原理及一些基本参数。本知识点的体系图谱如图 10-2 所示。

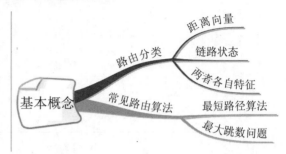

图 10-2 路由基本概念知识体系图谱

参考题型

【考核方式 1】 考核路由的基本概念。

1. 在互联网中可以采用不同的路由选择算法，所谓松散源路由，是指 IP 分组___（1）___。

（1）A. 必须经过源站指定的路由器　　B. 只能经过源站指定的路由器
　　　C. 必须经过目标站指定的路由器　　D. 只能经过目标站指定的路由器

　■ 试题分析　松散源路由（Loose Source Route）：只给出 IP 数据报**必须经过源站指定的路由器**，并不给出一条完备的路径，没有直连的路由器之间的路由需要有寻址功能的软件支撑。

　■ 参考答案　（1）A

【考核方式 2】 考核最短路径算法计算。

2. 网络由 6 个路由器互连而成，路由器之间的链路费用如下图所示。从 PC 机到服务器的最短路径是___（2）___，通路费用是___（3）___。

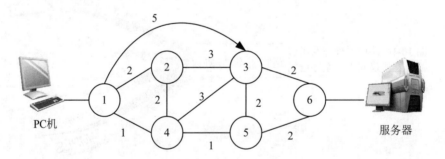

（2）A. 1→3→6　　　　B. 1→4→5→6　　　　C. 1→4→3→6　　　　D. 1→2→4→5→6
（3）A. 4　　　　　　　B. 5　　　　　　　　C. 2　　　　　　　　D. 6

　■ 试题分析　题目给出的四个选项中：
- 路径 1→3→6，通路费用=5+2=7
- 路径 1→4→5→6，通路费用=1+1+2=4
- 路径 1→4→3→6，通路费用=1+3+2=6
- 路径 1→2→4→5→6，通路费用=2+2+1+2=7

所以路径 1→4→5→6 为最短路径。

　■ **参考答案**　（2）B　（3）A

【考核方式3】　考核考生对基本的路由类型的了解。

　3．在距离矢量路由协议中，每一个路由器接收的路由信息来源于＿＿（4）＿＿。

　　（4）A．网络中的每一个路由器　　　　B．它的邻居路由器

　　　　　C．主机中储存的一个路由总表　　D．距离不超过两个跳步的其他路由器

　■ **试题分析**　距离矢量名称的由来是因为路由是以矢量（距离、方向）的方式被通告出去的，这里的距离是根据度量来决定的。**距离矢量路由算法是动态路由算法。**它的工作流程是：每个路由器维护一张矢量表，表中列出了当前已知的到每个目标的最佳距离及所使用的线路。通过在邻居之间相互交换信息，路由器不断地更新它们内部的表。

　■ **参考答案**　（4）B

知识点：RIP 协议

知识点综述

　　RIP 协议是一种最常见的动态路由协议，属于距离向量类型的典型代表，其路由代价是用跳数（Hop Count）来衡量的，最大跳数不能超过 15，否则视为不可达。考试中对 RIP 协议的基本特性和基本时间参数考查比较多。本知识点的体系图谱如图 10-3 所示。

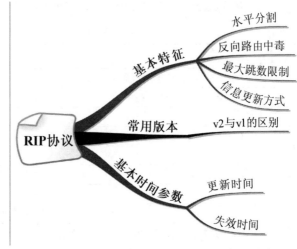

图 10-3　RIP 协议知识体系图谱

参考题型

【考核方式1】　考核 RIP 协议的基本特性。

　1．RIPv2 是增强的 RIP 协议，下面关于 RIPv2 的描述中，错误的是＿＿（1）＿＿。

（1）A．使用广播方式来传播路由更新报文

B．采用了触发更新机制来加速路由收敛

C．支持可变长子网掩码和无类别域间路由

D．使用经过散列的口令字来限制路由信息的传播

■ **试题分析** RIPv2 使用组播方式更新报文。RIPv2 采用了触发更新机制来加速路由收敛，即路由变化立即发送更新报文，而无须等待更新周期时间到达。

RIPv2 属于无类别协议，而 RIPv1 是有类别协议。

RIPv2 支持认证，使用经过散列的口令字来限制更新信息的传播。

RIPv1 和 RIPv2 的其他特性均相同，如以跳步计数来度量路由费用、允许的最大跳步数为 15 等。

■ **参考答案** （1）A

2．RIPv2 对 RIPv1 协议有三方面的改进。下面的选项中，RIPv2 的特点不包括___（2）___。在 RIPv2 中，可以采用水平分割法来消除路由循环，这种方法是指___（3）___。

（2）A．使用组播而不是广播来传播路由更新报文

B．采用了触发更新机制来加速路由收敛

C．使用经过散列的口令来限制路由信息的传播

D．支持动态网络地址变换来使用私网地址

（3）A．不能向自己的邻居发送路由信息

B．不要把一条路由信息发送给该信息的来源

C．路由信息只能发送给左右两边的路由器

D．路由信息必须用组播而不是广播方式发送

■ **试题分析** RIPv1 与 RIPv2 的对比如表 10-1 所示。

表 10-1　RIPv1 与 RIPv2 的对比

	RIPv1	RIPv2
是否支持 VLSM（可变长子网掩码）	否	是
是否支持 CIDR（无类别域间路由）	否	是
更新报文方式	广播	组播
是否属于 Classful（有类别）路由协议	是	否
有无认证	无	MD5 认证限制更新信息
路由更新	固定更新周期	触发更新结合更新周期
最大跳步	15	15
算法	距离矢量	距离矢量

RIP 协议采用水平分割（Split Horizon）技术解决路由环路（Routing Loops）问题。水平分割是指路由器某一接口学习到的路由信息不再反方向传回。

毒性逆转的水平分割（Split Horizon with Poisoned Reverse）是"邻居学习到的路由费用设置为无穷大，并发送给邻居"。这种方式能立刻中断环路，而水平分割要等待一个更新周期。

■ **参考答案** （2）D　（3）B

[辅导专家提示] RIP 协议有几种不同的版本，特性也各不相同，尤其是 v2 新增的特性与 v1 有较大区别。考试中对这两个版本的区别考查较多，因此应理解清楚。

【考核方式 2】 考核 RIP 协议的基本时间参数。

3. RIP 协议默认的路由更新周期是___(4)___秒。

　（4）A. 30　　　　　　B. 60　　　　　　C. 90　　　　　　D. 100

■ **试题分析**　RIP 路由更新周期为 **30 秒**，路由器 **180 秒**没有回应则标志路由不可达，**240 秒**内没有回应则删除路由表信息。

■ **参考答案**　（4）A

知识点：OSPF 协议

知识点综述

OSPF 协议是链路状态类型路由协议的典型代表，也是目前网络中使用最为广泛的 IGP 类型的路由协议，OSPF 的基本特征和时间参数是考核的重点。本知识点的体系图谱如图 10-4 所示。

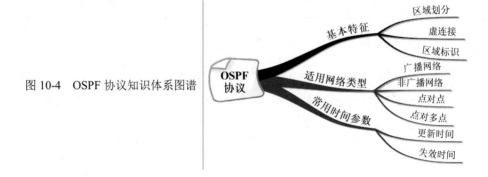

图 10-4　OSPF 协议知识体系图谱

参考题型

【考核方式 1】 考核 OSPF 的基本特征。

1. 在 OSPF 协议中，链路状态算法用于___(1)___。

　（1）A. 生成链路状态数据库　　　　　B. 计算路由表

　　　　C. 产生链路状态公告　　　　　　D. 计算发送路由信息的组播树

■ **试题分析**　开放式最短路径优先（Open Shortest Path First，OSPF）是一个**内部网关协议**（Interior Gateway Protocol，IGP），用于在**单一自治系统**（Autonomous System，AS）内决策路由。各个 OSPF 路由器维护一张全网的链路状态数据库，采用 Dijkstra 的**最短路径优先算法**（Shortest Path First，SPF）计算生成路由表。

■ **参考答案**　（1）B

2. 以下两种路由协议中，错误的是___（2）___。

    （2）A. 链路状态协议在网络拓扑发生变化时发布路由信息

        B. 距离矢量协议是周期性发布路由信息

        C. 链路状态协议的所有路由器都发布路由信息

        D. 距离矢量协议是广播路由信息

■ **试题分析** 运行距离矢量路由协议的路由器，会将它知道的所有**路由信息与邻居共享**，当然只是与直连邻居共享。运行链路状态路由协议的路由器，只将它所**直连的链路状态与邻居共享**。

链路状态路由协议和距离矢量路由协议的对比如表 10-2 所示。

表 10-2　两种类型路由协议的比较

	距离矢量路由协议	链路状态路由协议
发布路由触发条件	周期性发布路由信息	网络拓扑变化发布路由信息
发布路由信息的路由器	所有路由器	指定路由器（Designated Router，DR）
发布方式	广播	组播
应答方式	不要求应答	要求应答
支持协议	RIP、IGRP、BGP（增强型距离矢量路由协议）	OSPF、IS-IS

■ **参考答案** （2）C

【**考核方式 2**】 考核 OSPF 网络的类型。

3. OSPF 协议适用于 4 种网络。下面的选项中，属于广播多址网络的是___（3）___，属于非广播多址网络的是___（4）___。

    （3）A. Ethernet   B. PPP   C. Frame Relay   D. RARP

    （4）A. Ethernet   B. PPP   C. Frame Relay   D. RARP

■ **试题分析** OSPF 网络类型如表 10-3 所示。

表 10-3　OSPF 网络类型

OSPF 网络类型	特点	数据传输方式
点到点网络（Point-to-Point）	有效邻居总是可以形成邻居关系	组播地址 224.0.0.5，该地址称为 AllSPFRouters
点到多点网络（Point-to-Multicast）	不选举 DR/BDR，可看作多个 Point-to-Point 链路的集合	单播（Unicast）
广播型网络（Broadcast）	选举 DR/BDR，所有路由器和 BR/BDR 交换信息。DR/BDR 不能被抢占。广播型网络有：以太网、Token Ring 和 FDDI	DR、BDR 组播到 224.0.0.5；DR/BDR 侦听 224.0.0.6，该地址称为 AllDRRouters

续表

OSPF 网络类型	特点	数据传输方式
非广播型 （NBMA）	没有广播，需手动指定邻居，Hello 消息单播。 NBMA 网络有 X.25、Frame Relay、ATM	单播
虚链接 （Virtual Link）	虚链路一旦建立，就不再发送 Hello 消息。应用： 通过一个非 Area 0 连接到 Area 0；一个非 Area 0 连接 Area 0 的两个分段骨干区域	单播

■ **参考答案**　（3）A　（4）C

【考核方式 3】　考核 OSPF 网络的区域类型。

4.　为了限制路由信息传播的范围，OSPF 协议把网络划分成 4 种区域（Area），其中＿＿(5)＿＿的作用是连接各个区域的传输网络，＿＿(6)＿＿不接受本地自治系统以外的路由信息。

　　（5）A．不完全存根区域　　B．标准区域　　C．主干区域　　D．存根区域

　　（6）A．不完全存根区域　　B．标准区域　　C．主干区域　　D．存根区域

■ **试题分析**　为了限制路由信息传播的范围，OSPF 协议把网络划分成 4 种区域（Area），其中主干区域的作用是连接各个区域的传输网络，存根区域不接受本地自治系统以外的路由信息。

■ **参考答案**　（5）C　（6）D

知识点：BGP 协议

知识点综述

　　BGP 协议是 EGP 类型的路由协议的典型代表，因此考试中对 BGP 协议相关的基本概念和 BGP 的报文类型考得比较多，尤其是 BGP 协议的报文类型是考试的重点。本知识点的体系图谱如图 10-5 所示。

图 10-5　BGP 协议知识体系图谱

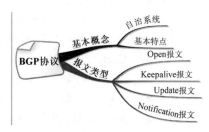

参考题型

【考核方式 1】　考核自治系统的概念。

1. 下面关于边界网关协议 BGP4 的描述中，不正确的是＿＿(1)＿＿。

    （1）A．BGP4 网关向对等实体（Peer）发布可以到达的 AS 列表

         B．BGP4 网关采用逐跳路由（Hop-by-Hop）模式发布路由信息

         C．BGP4 可以通过路由汇聚功能形成超级网络（Supernet）

         D．BGP4 报文直接封装在 IP 数据报中传送

    ■ **试题分析**　BGP（Border Gateway Protocol）是边界网关协议，目前版本为 BGP4，是一种增强的距离矢量路由协议。该协议运行在不同 AS 的路由器之间，用于选择 AS 之间花费最小的协议。BGP 协议基于 TCP 协议，端口 179。使用面向连接的 TCP 可以进行身份认证，可靠地交换路由信息。BGP4+支持 IPv6。

    BGP 的特点：

- 不用周期性发送路由信息。
- 路由变化，发送增量路由（变化了的路由信息）。
- 周期性发送 Keepalive 报文校验 TCP 的连通性。

    ■ **参考答案**　（1）D

【**考核方式 2**】　考核 BGP 协议的几种基本报文及其作用。

2. 边界网关协议 BGP 的报文＿＿(2)＿＿传送。一个外部路由器通过发送＿＿(3)＿＿报文与另一个外部路由器建立邻居关系，如果得到应答，才能周期性地交换路由信息。

    （2）A．通过 TCP 连接　　　　　　B．封装在 UDP 数据报中

         C．通过局域网　　　　　　　　D．封装在 ICMP 包中

    （3）A．Update　　B．Keepalive　　C．Open　　D．通告

    ■ **试题分析**　BGP（Border Gateway Protocol）是边界网关协议，目前版本为 BGP4，是一种增强的距离矢量路由协议。该协议运行在不同 AS 的路由器之间，用于选择 AS 之间花费最小的协议。BGP 协议基于 TCP 协议，端口 179。使用面向连接的 TCP 可以进行身份认证，可靠地交换路由信息。BGP4+支持 IPv6。

BGP 的特点：

- 不用周期性发送路由信息。
- 路由变化，发送增量路由（变化了的路由信息）。
- 周期性发送 Keepalive 报文效验 TCP 的连通性。

BGP 常见四种报文，分别是 Open 报文、Keepalive 报文、Update 报文、Notification 报文。

- Open 报文：建立邻居关系。
- Keepalive 报文：保持活动状态，周期性确认邻居关系，对 Open 报文回应。
- Update 报文：发送新的路由信息。
- Notification 报文：报告检测到的错误。

更详细的 BGP 内容参见朱小平老师编著的《网络工程师的 5 天修炼》一书。

    ■ **参考答案**　（2）A　（3）C

3. 在 BGP4 协议中，＿＿(4)＿＿报文建立两个路由器之间的邻居关系，＿＿(5)＿＿报文给出了

新的路由信息。

（4）A．打开　　　　B．更新　　　　C．保持活动　　　D．通告

（5）A．打开　　　　B．更新　　　　C．保持活动　　　D．通告

■ **试题分析**　BGP 常见四种报文，分别是 Open 报文、Keepalive 报文、Update 报文、Notification 报文。

- Open 报文：建立邻居关系；
- Keepalive 报文：保持活动状态，周期性确认邻居关系，对 Open 报文回应；
- Update 报文：发送新的路由信息；
- Notification 报文：报告检测到的错误。

发送过程如图 10-6 所示。

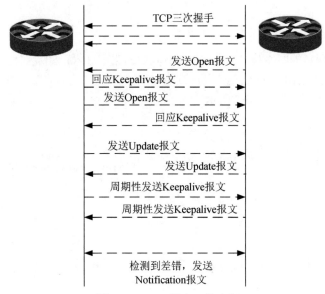

图 10-6　BGP 报文工作流程

BGP 工作流程：

①BGP 路由器直接进行 TCP 三次握手，建立 TCP 会话连接；

②交换 Open 信息，确定版本等参数，建立邻居关系；

③路由器交换所有 BGP 路由，直到平衡。之后，只交换变化了的路由信息；

④路由更新由 Update 完成；

⑤通过 Keepalive 验证路由器是否可用；

⑥出现问题，发送 Notification 消息通知错误。

■ **参考答案**　（4）A　（5）B

4. 在 BGP4 协议中，路由器通过发送＿＿＿（6）＿＿＿报文将正常工作信息告知邻居。当出现路由信息的新增或删除时，采用＿＿＿（7）＿＿＿报文告知对方。

（6）A．hello　　　　B．update　　　　C．keepalive　　　　D．notification

（7）A．hello　　　　B．update　　　　C．keepalive　　　　D．notification

■ **试题分析**

（1）OPEN 报文：建立邻居关系。

（2）KEEPALIVE 报文：保持活动状态，周期性确认邻居关系，对 OPEN 报文回应。

（3）UPDATE 报文：发送新的路由信息。

（4）NOTIFICATION 报文：报告检测到的错误。

■ **参考答案**　　（6）C　　（7）B

知识点：MPLS 技术

知识点综述

　　MPLS 技术是一种新的网络技术，虽然本书将其归为路由技术，实际上 MPLS 的标签交换技术是基于交换技术和路由技术的结合，在目前网络中应用越来越广泛，考试中主要考查 MPLS 的基本概念。本知识点体系图谱如图 10-7 所示。

图 10-7　MPLS 技术知识体系图谱

参考题型

【**考核方式**】考核 MPLS 技术的基本概念。

　　MPLS 根据标记对分组进行交换，其标记中包含____（1）____。

（1）A．MAC 地址　　B．IP 地址　　　　C．VLAN 编号　　D．分组长度

　　■ **试题分析**　多协议标记交换（Multi-Protocol Label Switching，MPLS）是核心路由器利用含有边缘路由器在 IP 分组内提供的前向信息的标签（Label）或标记（Tag），实现网络层交换的一种交换方式。

　　MPLS 技术主要是为了提高路由器转发速率而提出的，其核心思想是利用标签交换取代复杂的路由运算和路由交换；该技术实现的核心就把 **IP 数据报**封装在 **MPLS 数据包**中。MPLS 将 IP 地址映射为简单、固定长度的标签，这和 IP 中的包转发、包交换不同。

　　MPLS 根据标记对分组进行交换。以以太网为例，MPLS 包头的位置应插入到以太帧头与 IP 头之间，是属于二层和三层之间的协议，也称为 2.5 层协议。其结构见图 10-8。

　　另外要注意 MPLS VPN 承载平台由 **PE 路由器**、**CE 路由器**和 **P 路由器**组成。

● 　P（Provider）路由器。

P 路由器是 MPLS 核心网中的路由器，在运营商网络内，这种路由器只负责**依据 MPLS 标签完成数据包的高速转发**，P 路由器只维护到 PE 路由器的路由信息，而不维护 VPN 相关的路由信息。P 路由器是不连接任何 CE 路由器的骨干网路由设备，它相当于标签交换路由器（LSR）。

● 　PE（Provider Edge）路由器。

PE 路由器是 MPLS 边缘路由器，负责待传送数据包的 **MPLS 标签的生成和去除**，还负责发起根据路由**建立交换标签的动作**。它相当于标签边缘路由器（LER）。PE 路由器连接 CE 路由器和 P 路由器，是最重要的网络节点。用户的流量通过 PE 路由器流入用户网络，或者通过 PE 路由器流到 MPLS 骨干网。

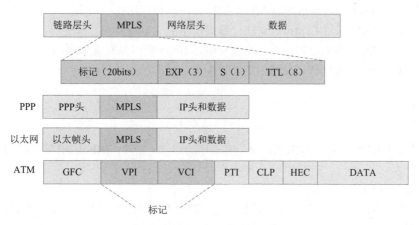

图 10-8　MPLS 标签结构与承载

● 　CE（Customer Edge）路由器。

CE 路由器是用户边缘设备，是直接与电信运营商相连的用户端路由器，该设备上不存在任何带有标签的数据包。CE 路由器通过连接一个或多个 PE 路由器，为用户提供服务接入。CE 路由器通常是一台 IP 路由器，它与连接的 PE 路由器建立邻接关系。

■ **参考答案**　　（1）B

课堂练习

1．RIPv1 不支持 CIDR，对于运行 RIPv1 协议的路由器，不能设置的网络地址是＿＿(1)＿＿。

（1）A．10.16.0.0/8　　B．172.16.0.0/16　　C．172.22.0.0/18　　D．192.168.1.0/24

2．RIPv2 相对 RIPv1 主要有三方面的改进，其中不包括＿＿(2)＿＿。

（2）A．使用组播来传播路由更新报文　　　　B．采用了分层的网络结构

　　　C．采用了触发更新机制来加速路由收敛　　D．支持可变长子网掩码和路由汇聚

3．RIP 协议中可以使用多种方法防止路由循环，以下不属于这些方法的是＿＿(3)＿＿。

（3）A．垂直翻转　　B．水平分割　　C．反向路由毒化　　D．设置最大度量值

4．两个自治系统（AS）之间的路由协议是＿＿(4)＿＿。

  （4）A. RIP   B. OSPF   C. BGP   D. IGRP

5. MPLS（多协议标记交换）根据标记对分组进行交换，MPLS 包头的位置应插入到 （5） 。

  （5）A. 以太帧头的前面   B. 以太帧头与 IP 头之间

     C. IP 头与 TCP 头之间   D. 应用数据与 TCP 头之间

6. OSPF 将路由器连接的物理网络划分为以下 4 种类型，以太网属于 （6） 。

  （6）A. 点对点网络   B. 广播多址网络

     C. 点到多点网络   D. 非广播多址网络

7. 下列关于 OSPF 协议的说法中，错误的是 （7） 。

  （7）A. OSPF 的每个区域（Area）运行路由选择算法的一个实例

     B. OSPF 采用 Dijkstra 算法计算最佳路由

     C. OSPF 路由器向各个活动端口组播 Hello 分组来发现邻居路由器

     D. OSPF 协议默认的路由更新周期为 30 秒

试题分析

  试题 1 分析：RIPv1 不支持 CIDR，属于有类别的协议。因此，RIPv1 的掩码仅仅有/24、/16、/8 三种形式。

  参考答案：（1）C

  试题 2 分析：RIPv2 使用组播方式更新报文。RIPv2 采用了触发更新机制来加速路由收敛，即路由变化立即发送更新报文，而无须等待更新周期时间是否到达。

  RIPv2 属于无类别协议，而 RIPv1 是有类别协议，即 RIPv2 下 255.255.0.0 掩码可以用于 A 类网络 1.0.0.0，而 RIPv1 则不行。

  RIPv2 支持认证，使用经过散列的口令字来限制更新信息的传播。

  RIPv1 和 RIPv2 的其他特性均相同，如以跳步计数来度量路由费用、允许的最大跳步数为 15 等。

  参考答案：（2）B

  试题 3 分析：距离矢量协议容易形成路由循环、传递好消息快、传递坏消息慢等问题。解决这些问题可以采取下面几个措施，这几个措施实际上就是软考中考查 RIP 协议的一个重要考点，因此必须非常熟悉。

  ①水平分割（Split Horizon）。

  路由器某一接口学习到的路由信息不再反方向传回。

  ②路由中毒（Router Poisoning）。

  路由中毒又称为反向抑制的水平分割，不立刻将不可达网络从路由表中删除该路由信息，而是将路由信息度量值置为无穷大（RIP 中设置跳数为 16），该中毒路由被发给邻居路由器以通知这条路径失效。

  ③反向中毒（Poison Reverse）。

  路由器从一个接口学习到一个度量值为无穷大的路由信息,则应该向同一接口返回一条路由不可达的信息。

④设置最大度量值（RIP 中设置最大有效跳数为 15）。

参考答案：（3）A

试题 4 分析：BGP（Border Gateway Protocol）是边界网关协议，目前版本为 BGP4，是一种增强的距离矢量路由协议。该协议运行在不同 AS 的路由器之间，用于选择 AS 之间花费最小的协议。BGP 协议基于 TCP 协议，端口 179。使用面向连接的 TCP 可以进行身份认证，可靠交换路由信息。BGP4+支持 IPv6。

参考答案：（4）C

试题 5 分析：MPLS 根据标记对分组进行交换。以以太网为例，MPLS 包头的位置应插入到以太帧头与 IP 头之间，是属于二层和三层之间的协议，也称为 2.5 层协议。

参考答案：（5）B

试题 6 分析：这是一个基本概念，必须要记住的。参见图 10-3 或者《网络工程师的 5 天修炼》P277。

参考答案：（6）B

试题 7 分析：OSPF 没有固定的路由更新周期，这个 30 秒是 rip 的更新周期。

参考答案：（7）D

11

路由器配置

知识点图谱与考点分析

　　路由技术是目前使用最广的一种局域网技术，因此考试中对路由器配置考查内容比较多。主要掌握路由器的基本模式、配置命令、ACL 配置、路由表相关配置等。本章的知识点体系图谱如图 11-1 所示。

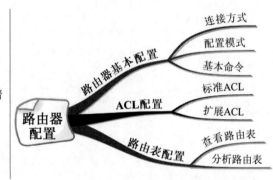

图 11-1　路由器配置知识体系图谱

知识点：路由器基本配置

知识点综述

　　路由器基本配置主要包括如何连接路由器、如何配置路由器、基本配置模式切换指令、基本配置命令等。

参考题型

【考核方式】 考核路由器的连接方式和参数。

1. 配置路由器时，PC 机的串行口与路由器的___(1)___相连，路由器与 PC 机串行口通信的默认数据速率为___(2)___。

   (1) A. 以太接口   B. 串行接口   C. RJ-45 端口   D. Console 接口

   (2) A. 2400b/s   B. 4800b/s   C. 9600b/s   D. 10Mb/s

   ■ **试题分析** Console 线连接 PC 机的串口和设备 Console 口，可以通过超级终端配置设备。图 11-2 给出了 Console 的外形。

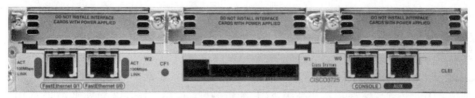

图 11-2   Console 口与 AUX 口

第一次初始配置必须是基于 Console 口的 CLI 配置方式。使用 Console 配置方式时，需要使用超级终端。超级终端连接路由器，需要配置如图 11-3 所示的参数。

图 11-3   超级终端配置参数

- 每秒位数：9600 波特。
- 数据位：8 位。
- 停止位：1 位。
- 奇偶校验：无。
- 数据流控制：无。

■ **参考答案** (1) D   (2) C

2. 路由器通过光纤连接广域网的是___（3）___。

（3）A. SFP 端口　　B. 同步串行口　　C. Console 端口　　D. AUX 端口

■ **试题分析**　SFP（Small Form-factor Pluggable）是 GBIC 的替代和升级版本，是小型的、新的千兆接口标准。路由器通过光纤连接广域网的是 SFP 端口。

更详细的端口介绍参见朱小平老师编著的《网络工程师的 5 天修炼》一书第 19 章。

■ **参考答案**　（3）A

知识点：ACL 配置

知识点综述

ACL 作为网络中对数据控制的一种基本手段，在路由器配置、网络管理、网络安全中有比较重要的地位，因此必须要掌握基本和高级 ACL 配置规则、应用方法，以及两种 ACL 应用场合的区别。其知识体系如图 11-4 所示。

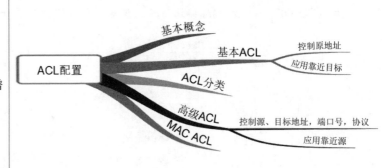

图 11-4　ACL 配置知识体系图谱

参考题型

【**考核方式 1**】　考核基本和高级 ACL 的基本概念。

1. 常用基于 IP 的访问控制列表（ACL）有基本和高级两种。下面关于 ACL 的描述中，错误的是___（1）___。

（1）A. 基本 ACL 可以根据分组中的 IP 源地址进行过滤

　　　B. 高级 ACL 可以根据分组中的 IP 目标地址进行过滤

　　　C. 基本 ACL 可以根据分组中的 IP 目标地址进行过滤

　　　D. 高级 ACL 可以根据不同的上层协议信息进行过滤

■ **试题分析**　基本 ACL 只能根据分组中的 IP 源地址进行过滤。

■ **参考答案**　（1）C

【考核方式 2】 考核 ACL 应用到接口的基本命令。

2．将 ACL 应用到路由器接口的命令是___（2）___。

（2）A．[R0-Serial2/0/0]traffic-filter inbound acl 2000

B．[R0-Serial2/0/0]traffic-filter acl 2000 inbound

C．[R0-Serial2/0/0]traffic-policy 2000 inbound

D．[R0-Serial2/0/0]traffic-policy　inbound 2000

■ **试题分析** 应用 ACL 接口需要使用 traffic-filter 命令。

进入需要应用的接口，使用 traffic-filter 命令启动访问控制表，基本命令格式是 traffic-filter inbound/outbound acl XXXX。

■ **参考答案** （2）A

【考核方式 3】 考核 ACL 的具体配置或者解释 ACL 的控制作用。

3．以下 ACL 语句中，含义为"允许 172.168.0.0/24 网段所有 PC 访问 10.1.0.10 中的 FTP 服务" 的是___（3）___。

（3）A．rule 5 deny tcp source172.168.0.0 0.0.0.255 destination 10.1.0.10 0 eq ftp

B．rule 5 permit tcp source172.168.0.0 0.0.0.255 destination 10.1.0.l0 0 eq ftp

C．rule 5 deny tcp　source 10.1.0.10 0 destination 172.168.0.0 0.0.0.255 eq ftp

D．rule 5 permit tcp source 10.1.0.10 0 destination 172.168.0.0 0.0.0.255 eq ftp

■ **试题分析** 针对 TCP 和 UDP 的高级访问控制列表配置：

"允许 172.168.0.0/24 网段所有 PC 访问 10.1.0.10 中的 FTP 服务"说明 rule 中需要使用 permit 参数，源网络地址为 172.168.0.0 0.0.0.255，目的地址为 10.1.0.10。表示主机时，反掩码可以用"0" 表示。在命令最后还应该添加 eq ftp，对允许协议进行限定。

■ **参考答案** （3）B

4．阅读以下说明，回答问题 1 至问题 5，将解答填入答题纸对应的解答栏内。

【说明】某公司网络结构如图 11-5 所示，通过在路由器上配置访问控制列表 ACL 来提高内部网络和 Web 服务器的安全。

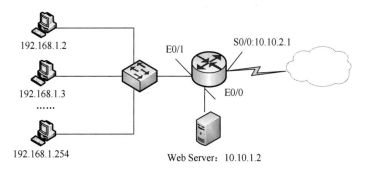

图 11-5　网络结构

【问题1】（2分）

访问控制列表（ACL）对流入/流出路由器各端口的数据包进行过滤。ACL 按照其功能分为四种，其中___(1)___只能根据 IP 数据包的源地址进行过滤，___(2)___可以根据 IP 数据包的源地址、目的地址及端口号进行过滤。

【问题2】（3分）

根据图 11-5 的配置，补充完成下面路由器的配置命令：

```
[Router]interface ___(3)___
[router-Ethernet0/0]ip address 10.10.1.1   255.255.255.0
[router-Ethernet0/0]undo shutdown
[router-Ethernet0/0]quit
[router] interface ___(4)___
[router-Ethernet0/1] ip address 192.168.1.1   255.255.255.0
...
[router]interface ___(5)___
[router-Serial0/0] ip address 10.10.2.1   255.255.255.0
...
```

【问题3】（4分）

补充完成下面的 ACL 语句，禁止内网用户 192.168.1.254 访问公司 Web 服务器和外网。

```
[router-acl-basic-2000] rule 5 deny source___(6)___ 0.0.0.255
[router]interface ethernet 0/1
[router-Ethernet0/1]traffic-filter___(7)___ acl 2000
[router]
```

【问题4】（3分）

■ **试题分析**

【问题1】（2分，每空1分）

基本访问列表控制表基于 IP 地址，列表取值 2000~2999，分析数据包的源地址决定允许还是拒绝数据报通过。

高级访问列表可以根据源地址、目的地址以及端口号进行过滤。

【问题2】（3分，每空1分）

通过配置语句 ip address 10.10.1.1   255.255.255.0 可知，该接口和服务器处于同一网段。推断 interface ___(3)___ 是配置 ethernet 0/0 口。

通过配置语句 ip address 192.168.1.1   255.255.255.0 可知，该接口和交换机连接 pc 处于同一网段。推断 interface ___(4)___ 是配置 ethernet 0/1 口。

通过配置语句 ip address 10.10.2.1   255.255.255.0 可知，该接口就是 serial 0/0 口。推断 interface ___(5)___ 是配置 serial 0/0 口。

【问题3】（4分，每空2分）

题目规定"禁止内网用户 192.168.1.254 访问公司 Web 服务器和外网"即禁止 192.168.1.254

访问局域网外任何地址。ACL 应配置为 rule 5 deny **192.168.1.254**。

部署 ACL 如图 11-6 所示，可知该流量对路由器 E0/1 来说是流入的，所以用 inbound。

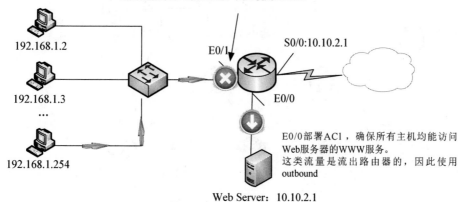

图 11-6　部署 ACL

■ **参考答案**

【问题 1】（2 分，每空 1 分）

（1）基本 ACL

（2）高级 ACL

【问题 2】（3 分，每空 1 分）

（3）Ethernet 0/0（E0/0）

（4）Ethernet 0/1（E0/1）

（5）Serial 0/0（S0/0）

【问题 3】（4 分，每空 2 分）

（6）192.168.1.254

（7）inbound

【考核方式 4】　考核华为交换机配置。

5．阅读以下说明，回答问题 1 至问题 4，将解答填入答题纸对应的解答栏内。

【说明】某企业网络拓扑如图 11-7 所示，A～E 是网络设备的编号。

【问题 1】（每空 1 分，共 4 分）

根据图 11-7，将设备清单表 1-1 所示内容补充完整。

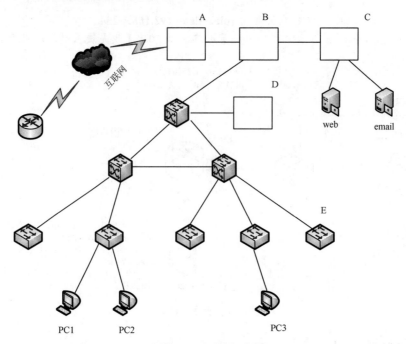

图 11-7　网络拓扑图

表 11-1　设备清单

设备名	在图中的编号
防火墙 USG3000	（1）
路由器 AR2220	（2）
交换机 QUIDWAY3300	（3）
服务器 IBM X3500M5	（4）

■ **试题分析**　这是一道相对比较简单的概念题，考查我们对企业园区网络的基本拓扑结构的了解。通常企业为了确保内部网络的安全，会在出口处设置防火墙。防火墙有 3 个区域：外网、内网和 DMZ 区。DMZ 通常用于存放各种对外网提供服务的服务器。因此首先可以选出 B 这个位置是防火墙；A 用于连接 Internet，是路由器。DMZ 区内部有多台服务器，需要使用交换机连接。在做本题时，要忽略给出的设备表中的型号，我们只需要知道在什么位置部署什么类型的设备即可。

■ **参考答案**　（1）B　（2）A　（3）C　（4）D

【问题 2】（每空 2 分，共 4 分）

以下是 AR2220 的部分配置。

```
[AR2220]acl 2000
[AR2220-acl-basic-2000]rule normal permit source 192.168.0.0 0.0.255.255
```

```
[AR2220-acl-basic-2000]rule normal deny source any
[AR2220-acl-basic-2000]quit
[AR2220]interface Ethernet0
[AR2220-Ethernet0]ip address 192.168.0.1 255.255.255.0
[AR2220-Ethernet0]quit
[AR2220]interface Ethernet1
[AR2220-Ethernet1]ip address 59.41.221.100 255.255.255.0
[AR2220-Ethernet1]nat outbound 2000 interface
[AR2220-Ethernet1]quit
[AR2220]ip route-static 0.0.0.0 0.0.0.0 59.74.221.254
```

设备 AR2220 应用＿＿＿（5）＿＿接口实现 NAT 功能，该接口地址的网关是＿＿（6）＿＿。

■ **试题分析** 我们根据华为设备配置命令上下文，这个题目就基本可以推导出来了。显然从[AR2220]interface Ethernet1 这条命令可以看到接下来的配置都是在 Ethernet1 接口下配置的。其中的 nat outbound 2000 interface 命令用来配置 NAT 地址池的转换策略，后面的 2000 是对应 ACL 的编号。因此 Ethernet1 接口就是实现 NAT 功能的。从[AR2220]ip route-static 0.0.0.0 0.0.0.0 59.74.221.254 这个命令可以看到，这是增加一条默认静态路由，而 59.74.221.254 这个地址就是默认网关的地址。

■ **参考答案** （5）ethernet 1　（6）59.74.221.254

【问题 3】（每空 2 分，共 6 分）

若只允许内网发起 ftp、http 连接，并且拒绝来自站点 2.2.2.11 的 Java Applets 报文。在 USG 3000 设备中有如下配置，请补充完整。

```
[USG3000]acl number 3000
[USG3000-acl-adv-3000] rule permit tcp destination-port eq www
[USG3000-acl-adv-3000] rule permit tcp destination-port eq ftp
[USG3000-acl-adv-3000] rule permit tcp destination-port eq ftp-data
[USG3000]acl number 2010
[USG3000-acl-basic-2010] rule ＿＿（7）＿＿ source 2.2.2.11.0.0.0.0
[USG3000-acl-basic-2010] rule permit source any
[USG3000]＿＿（8）＿＿ interzone trust untrust
[USG3000-interzone-trust-untrust] packet-filter 3000 ＿＿（9）＿＿
[USG3000-interzone-trust-untrust] detect ftp
[USG3000-interzone-trust-untrust] detect http
[USG3000-interzone-trust-untrust] detect java-blocking 2010
```

（7）～（9）备选答案：

A．Firewall　　　　B．trust　　　　C．deny

D．permit　　　　E．outbound　　　F．inbound

■ **试题分析** 这道题是网络工程师考试第一次考华为的设备配置，非常简单。考生只要对照配置上下文中的基本命令关键词，大致可以推测出来（7）这个位置应该是 permit 或者 deny 之类的语句，结合题目的意思，可以知道应该是 deny。（8）空相对难一点。从选项来看只有 A 或者 B 是比较合适的。而命令中已经有一个 TRUST 关键词了，因此最有可能是 A。实际上华为设备是也是用 firewall 指令的。（9）空是进行包过滤，在华为防火墙设备上，凡是从高安全级别（如 trust）区域去往低安全级别（如 untrust）区域的就是 outbound 方向。反之，从低安全级别（如 untrust）区域去往高安全级别如（如 trust）区域的就是 inbound。

■ 参考答案　（7）C　（8）A　（9）E

【问题 4】（每空 2 分，共 6 分）

PC-1、PC-2、PC-3 的网络设置如表 11-2 所示。

表 11-2　PC-1、PC-2、PC-3 的网络设置

设备名	网络地址	网关	VLAN
PC-1	192.1682.2/24	192.168.2.1	VLAN100
PC-2	192.168.3.2/24	192.168.3.1	VLAN200
PC-3	192.168.4.2/24	192.168.4.1	VLAN300

通过配置 RIP，使得 PC-1、PC-2、PC-3 能相互访问，请补充设备 E 上的配置，或解释相关命令。

```
// 配置 E 上 vlan 路由接口地址
interface vlanif 300
ip address　(10)　255.255.255.0
interface vlanif 1000 //互通 VLAN
ip address 192.168.100.1 255.255.255.0
//配置 E 上的 rip 协议
rip
network 192.168.4.0
network　(11)
int e0/1　//配置 E 上的 trunk //
Port link-type trunk //　(12)
port trunk permit vlan all
```

■ 试题分析　这道题也是基本的配置，可以通过配置文件的上下文准确作出判断。由于下面的 interface vlanif 1000 接口的配置命令与上面的命令是一致的，因此第（10）空只要从表中找到对应的设备接口和 IP 地址即可。此处是 192.168.4.1。

根据配置上下文，从上文的 network 命令中就可以推出第（11）空是一个网络地址。再从题目给出的示意图中找到 E 这个设备所在的位置和下面连接的 PC3，以及向上联接的互通 VLAN 的地址，可以知道设备 E 上还有一个网络就是 192.168.100.0。第（12）空从 Port link-type trunk 命令的字面意思即可知道是设置端口的链路类型为 trunk。

■ 参考答案　（10）192.168.4.1　（11）192.168.100.0　（12）设置接口的类型是 trunk

6. 如图 11-8 所示，用基本 ACL 限制 FTP 访问权限，从给出的 Switch 的配置文件判断可以实现的策略是　(13)　。

①PC1 在任何时间都可以访问 FTP

②PC2 在 2018 年的周一不能访问 FTP

③PC2 在 2018 年的周六下午 3 点可以访问 FTP

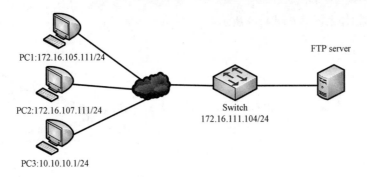

PC1:172.16.105.111/24

PC2:172.16.107.111/24

PC3:10.10.10.1/24

FTP server

Switch
172.16.111.104/24

图 11-8　习题用图

④PC3 在任何时间不能访问 FTP

SwitchA 的配置

```
Sysname Switch
FTP server enable
FTP ACL 2001
Time-range ftp-access 14:00 to 18:00 off-day
Time-range ftp-access from 00:00    2018/01/01    to    23:59 2018/12/31
ACL number 2001

Rule 5 permit source    172.16.105.0 0.0.0.255
Rule 5 permit source    172.16.107.0 0.0.0.255 time-range ftp-access
Rule 15 deny
Aaa
Local-user huawei password irreversible-cipher
Local-user huawei privilege level15
Local-user huawei ftp-directory Flash:
Local-user huawei service-type ftp
Return
```

（13）A. ①②③④　　B. ①②④　　　　C. ②③　　　　D. ①③④

■ 试题分析　时间范围的定义是取多个时间范围的交集，本题中，容易忽略③。实际上其中的②和③两种说法并不冲突，这一点要注意。

■ 参考答案　（13）A

【小结】下午的案例题型中，偶尔考到比较陌生的知识点，千万不要紧张，因为题目的考核形式不外乎命令填空和命令解释，相对比较固定，大部分情况下我们都可以通过配置上下文知道需要填空位置的命令格式。至于具体的参数则需要结合题目的意思，综合考虑。

知识点：路由表配置

知识点综述

路由器中路由表的相关配置主要包括如何查看路由表、添加新的静态路由信息、分析路由表相关参数等，其知识体系图谱如图 11-9 所示。

图 11-9　路由表配置知识体系图谱

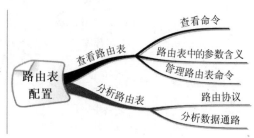

参考题型

【考核方式1】 考核查看路由器中的路由表的基本命令和相关参数。

1. 若路由器显示的路由信息如下，则目标网络为 172.16.0.0/16 的路由信息是怎样得到的？　　(1)　。

```
       127.0.0.0/8     Direct   0     0        D   127.0.0.1     InLoopBack0
       127.0.0.1/32    Direct   0     0        D   127.0.0.1     InLoopBack0
127.255.255.255/32     Direct   0     0        D   127.0.0.1     InLoopBack0
       172.16.0.0/16   RIP      100   1        D   192.168.1.2   Serial2/0/0
                       RIP      100   1        D   192.168.0.2   GigabitEthernet
0/0/0
       192.168.0.0/24  Direct   0     0        D   192.168.0.1   GigabitEthernet
0/0/0
       192.168.0.1/32  Direct   0     0        D   127.0.0.1     GigabitEthernet
0/0/0
       192.168.0.255/32 Direct  0     0        D   127.0.0.1     GigabitEthernet
0/0/0
       192.168.1.0/24  Direct   0     0        D   192.168.1.1   Serial2/0/0
       192.168.1.1/32  Direct   0     0        D   127.0.0.1     Serial2/0/0
       192.168.1.2/32  Direct   0     0        D   192.168.1.2   Serial2/0/0
       192.168.1.255/32 Direct  0     0        D   127.0.0.1     Serial2/0/0
255.255.255.255/32     Direct   0     0        D   127.0.0.1     InLoopBack0
```

（1）A．串行口直接连接的　　　　　　　B．由路由协议发现的

　　　C．操作员手工配置的　　　　　　　D．以太网端口直连的

■ 试题分析　路由表第 2 列指出路由是通过哪种协议得到的。direct 是直连，RIP 代表是 RIP 协议。

■ 参考答案　（1）B

【考核方式2】 考核路由表管理的基本命令。

2. 某网络拓扑如下图所示，在主机 Host1 上设置默认路由的命令为　　(2)　，在主机 Host1 上增加一条到服务器 Server1 主机路由的命令为　　(3)　。

　（2）A．route add 0.0.0.0 mask 0.0.0.0 220.110.100.1

　　　 B．add 220.110. 100.100.1 0.0.0.0 mask 0.0.0.0

　　　 C．add route 0.0.0.0 mask 0.0.0.0 220.110.100.1

　　　 D．add route 220.110.100.10.0.0.0 mask 0.0.0.0

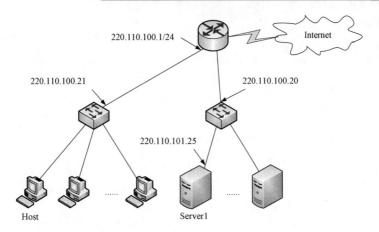

（3）A．add route 220.110.100.1 220.110.101.25 mask 255.255.255.0

　　B．route add 220.110.101.25 mask 255.255.255.0 220.110.100.1

　　C．route add 220.110.101.25 mask 255.255.255.255 220.110.100.1

　　D．add route 220.110.100.1 220.110.101.25 mask 255.255.255.255

■ **试题分析**　route add 用于向系统当前的路由表中添加一条新的路由表条目。

route add 应用示例：

> C:\ **route add** 210.43.230.33 **mask** 255.255.255.224 202.103.123.7 **metric** 5
>
> 设定一个到目的网络 210.43.230.33 的路由，中间要经过 5 个路由器网段。首先要经过本地网络上的一个路由器，其 IP 为 202.103.123.7，子网掩码为 255.255.255.224。

■ **参考答案**　（2）A　（3）C

【考核方式3】　考核路由表分析、推导的基本技能。

3．网络配置如下图所示。

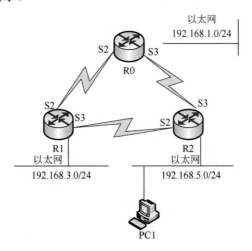

其中某设备路由表信息如下：

```
[router]disp ip routing-table
Route Flags: R - relay, D - download to fib
-----------------------------------------------------------------------------
Routing Tables: Public
        Destinations : 10        Routes : 10
```

Destination/Mask	Proto	Pre	Cost	Flags	NextHop	Interface
192.168.1.0/24	Direct	0	0	D	10.0.123.1	Ethernet0/0
192.168.3.0/24	RIP	0	1	D	192.168.65.2	Serial2/0
192.168.5.0/24	RIP	0	2	D	192.168.65.2	Serial2/0
192.168.65.0/24	Direct	0	0	D	127.0.0.1	Serial2/0
192.168.67.0/24	Direct	0	0	D	127.0.0.1	Serial3/0
192.168.69.0/24	RIP	0	1	D	192.168.65.2	Serial2/0

则该设备为___（4）___，从该设备到 PC1 经历的路径为___（5）___。路由器 R2 接口 S2 可能的 IP 地址为___（6）___。

（4）A．路由器 R0　　B．路由器 R1　　C．路由器 R2　　D．计算机 PC1

（5）A．R0→R2→PC1　　　　　　　B．R0→R1→R2→PC1

　　　C．R1→R0→PC1　　　　　　　D．R2→PC1

（6）A．192.168.69.2　B．192.168.65.2　C．192.168.67.2　D．192.168.5.2

■ **试题分析**　其中某设备路由表信息如下：

192.168.1.0/24	Direct	0	0	D	10.0.123.1	Ethernet0/0

表示 192.168.1.0/24 是 Ethernet0/0 直连网段。

192.168.3.0/24	RIP	0	1	D	192.168.65.2	Serial2/0

表示通过 Serial2/0 路由可达 192.168.3.0/24 网络。

注意前面的第 2 列的信息表示的意思即可。

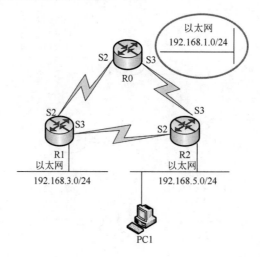

从图中可以知道，192.168.1.0/24 网段仅与 R0 直连，可以判定该路由信息是路由器 R0 的路由信息。

求路由器 R0 到 PC1 的路径：R0 的路由信息"192.168.5.0/24 RIP 0 2 D 192.168.65.2 Serial2/0"提示到达 192.168.5.0/24，要通过 Serial2/0 口。

所以 R0→PC1 的路径为 R0→R1→R2→PC1。

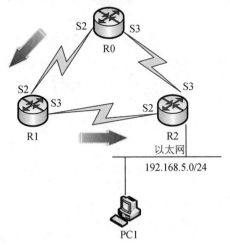

192.168.5.0/24 RIP 0 2 D 192.168.65.2 Serial2/0 可知
到192.168.5.0/24先经过Serial2/0口

从路由信息得到 R0 直连网段（direct 标志）有 192.168.1.0/24、192.168.65.0/24、192.168.67.0/24。

从拓扑图可以看出，R1 以太口直连网段：192.168.3.0/24；R2 以太口直连网段：192.168.5.0/24。所以，路由器 R2 接口 S2 可能的 IP 地址为 192.168.69.2。

■ 参考答案　　（4）A　　（5）B　　（6）A

课堂练习

1．路由器命令 disp ip routing-table 的作用是＿＿（1）＿＿。

　　（1）A．显示路由表信息　　　　　　　B．配置默认路由

　　　　　C．激活路由器端口　　　　　　　D．启动路由配置

2．阅读以下说明，回答问题 1 至问题 3，将解答填入答题纸对应的解答栏内。

【说明】某单位采用双出口网络，其网络拓扑结构如图 11-10 所示。

该单位根据实际需要配置网络出口，实现如下功能：

（1）单位网内用户访问 IP 地址 158.124.0.0/15 和 158.153.208.0/20 时，出口经 ISP2；

（2）单位网内用户访问其他 IP 地址时，出口经 ISP1；

（3）服务器通过 ISP2 线路为外部提供服务。

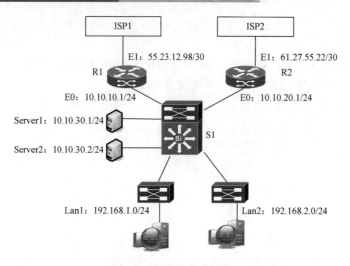

图 11-10　网络拓扑结构

【问题 1】（5 分）

在该单位的三层交换机 S1 上，根据上述要求完成静态路由配置。

```
ip route-static ____(1)____ （设置默认路由）
ip route-static 158.124.0.0 ____(2)____ ____(3)____ （设置静态路由）
ip route-static 158.153.208.0 ____(4)____ ____(5)____ （设置静态路由）
```

3.　阅读以下说明，回答问题 1 至问题 2，将解答填入答题纸的对应栏内。

【说明】某公司的网络拓扑结构如图 11-11 所示。

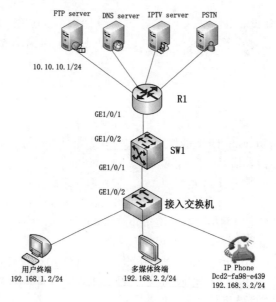

图 11-11

公司管理员对各业务使用的 VLAN 所作规划见表 11-3。

表 11-3

业务类型	Vlan	IP 地址段	网关地址	服务器地址段
Internet	100	192.168.1.0	192.168.1.1	192.168.1.250～192.168.1.254
IPTV	200	192.168.2.0	192.168.2.1	192.168.2.240～192.168.2.254
VoIP	300	192.168.3.0	192.168.3.1	192.168.3.250～192.168.3.254

为了便于统一管理，避免手工配置，管理员希望各种终端均能够自动获取 IP 地址。语音终端根据 MAC 地址为其分配固定的 IP 地址，同时还需要到 FTP 服务器 10.10.10.1 上动态获取启动配置文件 configuration.ini，公司 DNS 服务器地址为 10.10.10.2。所有地址段均路由可达。

【问题 1】（3 分）

公司拥有多种业务，例如 Internet、IPTV、VoIP 等，不同业务使用不同的 IP 地址段。为了便于管理，要根据业务类型对用户进行分类，以便路由器 R1 能通过不同的 VLAN 分流不同的业务。

VLAN 划分可基于　(1)　、子网、　(2)　、协议和策略等多种方法。

本例可采用基于　(3)　的方法划分 VLAN 子网。

【问题 2】（12 分）

下面是在 SW1 上创建 DHCP Option 模板，并在 DHCP Option 模板视图下，配置需要为语音客户端 IP Phone 分配的启动配置文件和获取启动配置文件的文件服务器地址，请将配置代码或注释补充完整。

```
<Huawei>　(4)
[Huawei]sysname SW1
[SW1]　(5)　option template template1
[SW1-dhcp-option-template-template1]gateway-list　(6)　　　//配置网关地址
[SW1-dhcp-option-template-template1] bootfile　(7)　　//获取配置文件
[SW1-dhcp-option-template-template1]next-server　(8)　//配置获取配置文件地址
[SW1-dhcp-option-template-template1]quit
```

下面创建地址池，同时为 IP Phone 分配固定 IP 地址以及配置信息。请将配置代码补充完整。

```
[SW1]ip pool pool3
[SW1-ip-pool-pool3] network　(9)　mask 255.255.255.0
[SW1-ip-pool-pool3]dns-list　(10)
[SW1-ip-pool-pool3]　(11)　192.168.3.1
[SW1-ip-pool-pool3]excluded-ip-address　(12)　192.168.3.254
[SW1-ip-pool-pool3]lease unlimited
[SW1-ip-pool-pool3]static-bind ip-address 192.168.3.2 mac-address　(13)　option-template template1
[SW1-ip-pool-pool3]quit
#在对应 VLAN 上使能 DHCP
[SW1]interface vlanif　(14)
[SW1-Vlanif300]　(15)　select global
[SW1-Vlanif300]quit
```

4. 阅读以下说明，回答问题 1 至问题 4，将解答填入答题纸的对应栏内。

【说明】图 11-12 为某大学的校园网络拓扑，其中出口路由器 R4 连接了三个 ISP 网络，分别是电信网络（网关地址 218.63.0.1/28）、联通网络（网关地址 221.137.0.1/28）以及教育网（网关地址 210.25.0.1/28）。路由器 R1、R2、R3、R4 在内网一侧运行 RIPv2 协议实现动态路由的生成。

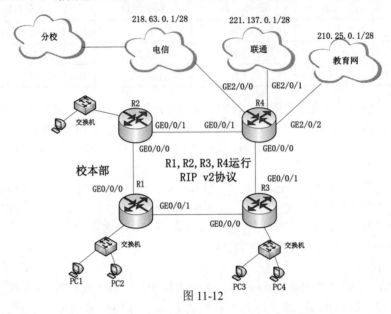

图 11-12

PC 机的地址信息见表 11-4，路由器部分接口地址信息见表 11-5。

表 11-4

主机	所属 Vlan	IP 地址	网关
PC1	Vlan10	10.10.0.2/24	10.10.0.1/24
PC2	Vlan8	10.8.0.2/24	10.8.0.1/24
PC3	Vlan3	10.3.0.2/24	10.3.0.1/24
PC4	Vlan4	10.4.0.2/24	10.4.0.1/24

表 11-5

路由器	接口	IP 地址
R1	Vlanif8	10.8.0.1/24
	Vlanif10	10.10.0.1/24
	GigabitEthernet0/0/0	10.21.0.1/30
	GigabitEthernet0/0/1	10.13.0.1/30
R2	GigabitEthernet0/0/0	10.21.0.2/30
	GigabitEthernet0/0/1	10.42.0.1/30

续表

路由器	接口	IP 地址
R3	Vlanif3	10.3.0.1/24
	Vlanif4	10.4.0.1/24
	GigabitEthernet0/0/0	10.13.0.2/30
	GigabitEthernet0/0/1	10.34.0.1/30
R4	GigabitEthernet0/0/0	10.34.0.2/30
	GigabitEthernet0/0/1	10.42.0.2/30
	GigabitEthernet2/0/0	218.63.0.4/28
	GigabitEthernet2/0/1	221.137.0.4/28
	GigabitEthernet2/0/2	210.25.0.4/28

【问题 1】（2 分）

如图 11-12 所示，校本部与分校之间搭建了 IPSec VPN。IPSec 的功能可以划分为认证头 AH、封装安全负荷 ESP 以及密钥交换 IKE。其中用于数据完整性认证和数据认证的是　（1）　。

【问题 2】（2 分）

为 R4 添加默认路由，实现校园网络接入 Internet 的默认出口为电信网络，请将下列命令补充完整：

[R4]ip route-static　　（2）

【问题 3】（5 分）

在路由器 R1 上配置 RIP 协议，请将下列命令补充完整：

[R1]　　（3）
[R1-rip-1]network　　（4）
[R1-rip-1]version 2
[R1-rip-1]undo summary

各路由器上均完成了 RIP 协议的配置，在路由器 R1 上执行 display ip routing-table，由 RIP 生成的路由信息如下所示：

Destination/Mask	Proto	pre	cost	Flags	NextHop	Interface
10.3.0.0/24	RIP	100	1	D	10.13.0.2	GigabitEthernet0/0/1
10.4.0.0/24	RIP	100	1	D	10.13.0.2	GigabitEthernet0/0/1
10.34.0.0/30	RIP	100	1	D	10.13.0.2	GigabitEthernet0/0/1
10.42.0.0/24	RIP	100	1	D	10.21.0.2	GigabitEthernet0/0/0

根据以上路由信息可知，下列 RIP 路由是由　（5）　路由器通告的：

10.3.0.0/24	RIP	100	1	D	10.13.0.2	GigabitEthernet0/0/1
10.4.0.0/24	RIP	100	1	D	10.13.0.2	GigabitEthernet0/0/1

请问 PC1 此时是否可以访问电信网络？为什么？

答：___(6)___。

【问题4】（11分）

图 11-12 中，要求 PC1 访问 Internet 时把其导向联通网络，禁止 PC3 在工作日 8:00 至 18:00 访问电信网络。请在下列配置步骤中补全相关命令：

第 1 步：在路由器 R4 上创建所需 ACL。

创建用于 PC1 策略的 ACL：

[R4] acl 2000
[R4-acl-basic-2000]rule 1 permit source ___(7)___
[R4-acl-basic-2000]quit

创建用于 PC3 策略的 ACL：

[R4]time-range satime ___(8)___ working-day
[R4]acl 3001
[R4-acl-adv-3001]rule deny source ___(9)___ destination 218.63.0.0 240.255.255.255 time-range satime

第 2 步：执行如下命令的作用是___(10)___。

[R4]traffic classifier 1
[R4-classifier-1]if-match acl 2000
[R4-classifier-1]quit
[R4]traffic classifier 3
[R4-classifier-3]if-match acl 3001
[R4-classifier-3]quit

第 3 步：在路由器 R4 上创建流行为并配置重定向。

[R4]traffic behavior 1
[R4-behavior-1]redirect ___(11)___ 221.137.0.1
[R4-behavior-1]quit
[R4]traffic behavior 3
[R4-behavior-3] ___(12)___
[R4-behavior-3]quit

第 4 步：创建流策略，并在接口上应用（仅列出了 R4 上 GigabitEthernet0/0/0 接口上的配置）。

[R4]traffic policy 1
[R4-trafficpolicy-1]classifier 1 ___(13)___
[R4-trafficpolicy-1]classifier 3 ___(14)___
[R4-trafficpolicy-1]quit
[R4]interface GigabitEthernet0/0/0
[R4-GigabitEthernet0/0/0]traffic-policy 1 ___(15)___
[R4-GigabitEthernet0/0/0]quit

试题分析

试题 1 分析：

这个一个基本命令，但是容易被忽略。disp 的作用就是显示。

参考答案：（1）A

试题 2 分析：

【问题 1】（5 分）

静态路由配置就是指定某一网络访问所需要经过的路径。其中最关键的配置语句是：

> [Switch]**ip route-static** ip-address subnet-mask gateway
> ip-address 为目标网络的网络地址，subnet-mask 为子网掩码，gateway 为网关。其中网关处的 IP 地址则说明了路由的下一站

默认路由是一种特殊的静态路由。

题干给出"（2）单位网内用户访问其他 IP 地址时，出口经 ISP1"，因此默认路由应该是去往 ISP1。而路由器 R1 的 E0 接口与交换机 S1 连接，而 E0 口地址为 10.10.10.1。所以默认地址应该设置为 **ip address 0.0.0.0 0.0.0.0 10.10.10.1**。

题干给出"1.单位网内用户访问 IP 地址 158.124.0.0/15（即 158.124.0.0255.254.0.0）和 158.153.208.0/20（即 158.153.208.0255.255.240.0）时，出口经 ISP2"，所以，应设置两条静态路由来保证。即

ip route-static 158.124.0.0 255.254.0.0　10.10.20.1（设置静态路由）

ip route-static 158.153.208.0 255.255.240.0　10.10.20.1（设置静态路由）

更详细的静态路由配置参见朱小平老师编著的《网络工程师的 5 天修炼》一书。

参考答案：

【问题 1】（5 分，各 1 分）

（1）0.0.0.0　0.0.0.0　10.10.10.1　　（2）255.254.0.0

（3）10.10.20.1　　　　　　　　　　　（4）255.255.240.0

（5）10.10.20.1

试题 3 分析：

【问题 1】第（1）、（2）空是基础概念，《网络工程师 5 天修炼（第三版）》（朱小平 施游编著，中国水利水电出版社出版）中的详细描述如下：

（1）根据端口划分。这种划分方式是依据交换机端口来划分 VLAN 的，是最常用的 VLAN 划分方式，属于静态划分。

（2）根据 MAC 地址划分。这种划分方法是根据每个主机的 MAC 地址来划分的，即对每个 MAC 地址的主机都配置其属于哪个组，属于动态划分 VLAN。这种方法的最大优点是当设备物理位置移动时，VLAN 不用重新配置；缺点是初始化时，所有的用户都必须进行配置，配置工作量大，如果网卡更换或设备更新，又需重新配置。

（3）根据网络层上层协议划分。这种划分方法是根据每个主机的网络层地址或协议类型（如果支持多协议）划分的，属于动态划分 VLAN。这种划分方法根据网络地址（如 IP 地址）划分，但与网络层的路由毫无关系。优点是用户的物理位置改变了，不需要重新配置所属的 VLAN，而且可以根据协议类型来划分，这对网络管理者来说很重要。

（4）根据 IP 组播划分 VLAN。IP 组播实际上也是一种 VLAN 的定义，即认为一个组播组就是一个 VLAN。这种划分方法将 VLAN 扩展到了广域网，因此这种方法具有更强的灵活性，而且

也很容易通过路由器进行扩展，当然这种方法不适合局域网，主要是因为效率不高。该方式属于动态划分 VLAN。

（5）基于策略的 VLAN。根据管理员事先制定的 VLAN 规则，自动将加入网络中的设备划分到正确的 VLAN。该方式属于动态划分 VLAN。

因此（1）空答案是端口，（2）空答案是 MAC 地址。

第（3）空根据题干"为了便于管理，要根据业务类型对用户进行管理，以便路由器 R1 能通过不同的 VLAN 分流不同的业务"可知，每个 VLAN 对应一个子网，因此基于子网划分最合适。

参考答案：（1）端口　　　　（2）MAC 地址　　　　（3）子网

【问题 2】第（4）空的命令考得比较多，结合上下文可知是 system-view。

第（5）空同样结合上下文的提示，由"[SW1-dhcp-option-template-template1]"可知是使用 dhcp。

第（6）空从命令的解释"配置网关地址"可知，只要输入网关地址 192.168.3.1 即可。

第（7）空从命令的解释"获取配置文件"可知，只要输入配置文件 configuration.ini 即可。

第（8）空从命令的解释"配置获取配置文件地址"可知，只要输入文件服务器地址 10.10.10.1 即可。

第（9）空是为 IP Phone 分配固定 IP 地址以及配置信息，结合配置中的上下文知道这个地址段是 192.168.3.0。

第（10）、（11）空分别指定 dns 和网关地址，结合题干信息可知分别是 10.10.10.2 和 gateway-list。

第（12）空是设置排除地址，显然是排除表中提供的服务器地址，因此是 192.168.3.250 开始到 192.168.3.254。这里的 192.168.3.250 是起始地址。

第（13）空对某个 MAC 地址进行绑定，给这个 MAC 地址分配固定的 IP 地址，结合题干可知 MAC 地址是 dcd2-fa98-e439。

第（14）空结合配置上下文"[SW1-Vlanif300]"可知是 vlanif 300，因此答案是 300。

第（15）空是基础命令，指定接口的 dhcp 地址方式是全局或者是接口，命令就是 dhcp select global/ interface。

参考答案：

（4）system-view　　　　　　（5）dhcp

（6）192.168.3.1　　　　　　（7）configuration.ini

（8）10.10.10.1　　　　　　（9）192.168.3.0

（10）10.10.10.2　　　　　　（11）gateway-list

（12）192.168.3.250　　　　（13）dcd2-fa98-e439

（14）300　　　　　　　　　（15）dhcp

试题 4 分析：

【问题 1】第（1）空是基本概念，《网络工程师 5 天修炼（第三版）》（朱小平 施游编著，中国水利水电出版社出版）中有详细讲解，具体如下：

（1）AH。认证头（Authentication Header，AH）是 IPSec 体系结构中的一种主要协议，它为 IP 数据报提供完整性检查与数据源认证，并防止重放攻击。AH 不支持数据加密。AH 常用摘要算法（单向 Hash 函数）MD5 和 SHA-1 实现摘要和认证，确保数据完整。

（2）ESP。封装安全载荷（Encapsulating Security Payload，ESP）可以同时提供数据完整性确认和数据加密等服务。ESP 通常使用 DES、3DES、AES 等加密算法实现数据加密，使用 MD5 或 SHA-1 来实现摘要和认证，确保数据完整。

显然，题目要求用于数据完整性认证和数据认证的自然就是认证头 AH。

参考答案：（1）认证头 AH

【问题 2】第（2）空考查的是考生对默认静态路由的了解，结合拓扑图，可以知道默认出口的是电信网络，对应的网关地址是 218.63.0.1，结合 ip route-static ip-address subnet-mask gateway 的基本命令模式可知，正确答案是 0.0.0.0　0.0.0.0　218.63.0.1。

参考答案：（2）0.0.0.0　0.0.0.0　218.63.0.1

【问题 3】第（3）空结合上下文的提示信息 "[R1-rip-1]" 可知，是启用 RIP 协议，对应的进程号是 1。华为路由器默认情况下，使用的路由进程号就是 1。因此此处可以是 rip 1 也可以是 rip。

第（4）空是在 RIP 协议中使用 network 命令发布网络，这里要注意的是，不管是 RIP 的第 1 版还是第 2 版，network 命令后面的网络都应该是一个主类网络的网络地址。因此答案是 10.0.0.0。

第（5）空依据以下路由信息：

| 10.3.0.0/24 | RIP | 100 | 1 | D | 10.13.0.2 | GigabitEthernet0/0/1 |
| 10.4.0.0/24 | RIP | 100 | 1 | D | 10.13.0.2 | GigabitEthernet0/0/1 |

可以知道，10.3.0.0/24 和 10.4.0.0/24 都是距离本路由 cost 为 1 的网络，结合表 3-1 的接口地址信息可知，10.3.0.0/24 和 10.4.0.0/24 所在的网络是 R3 下面交换机连接的 PC3 和 PC4 的网络。因此通告这些路由信息的一定是 R3。

第（6）空可以根据目前 R1 的路由表知道，此时 R1 只有 4 个目标网络分别是 10.3.0.0/24，10.4.0.0/24，10.34.0.0/30 和 10.42.0.0/24，并且没有默认静态路由，所以 PC1 无法访问电信网络。

参考答案：（3）rip 1 或者 rip　　　　（4）10.0.0.0　　　　（5）R3

（6）不能访问，因为此时 R1 上没有到达外网的路由

【问题 4】第（7）空根据题意可知，这条 ACL 是用于控制 PC1 的，因此对应的 source 部分应该是 PC1 对应的地址，注意这里需要用反掩码。由于对应的是单台主机，因此反掩码就要使用 0.0.0.0 或者 0，因此答案是 10.10.0.2　　0.0.0.0 或者 10.10.0.2　　0。

第（8）空根据题意 "禁止 PC3 在工作日 8:00 至 18:00 访问电信网络" 可知，这个时间段就是 8:00 to 18:00。另外注意华为对于其他周期性时间的简写，考试中常考到。具体如下：

<0-6>	Day of the week(0 is Sunday)
Fri	Friday
Mon	Monday
Sat	Saturday
Sun	Sunday
Thu	Thursday
Tue	Tuesday
Wed	Wednesday
daily	Every day of the week
off-day	Saturday and Sunday
working-day	Monday to Friday

Chapter 11

第（9）空的原理与第（7）空是一样的，这里是对 PC3 的控制，因此 source 部分只要指定 PC3 的主机地址即可。

第（10）空中对应的命令序列主要是创建了流分类，这是配置 ACL 的典型方式，属于基本概念。

第（11）空是创建流行为并配置重定向，redirect 就是指定重定向的下一跳地址，因此关键词是 ip-nexthop。

第（12）空是在流行为中指定对应的操作是 permit 还是 deny。本题中，behavior 3 对应的流分类是 classifier 3，因此最终是与 classifier 3 指定 acl 3001 相匹配。ACL 和流行为中的动作组合如下：

ACL	traffic-policy 中的 behavior	匹配报文的最终处理结果
permit	permit	permit
permit	deny	deny
deny	permit	deny
deny	deny	deny

依据 ACL 和流行为中的动作组合规则可知，在 acl 3001 中的动作是 deny，因此无论在 behavior 是 permit 还是 deny，最终结果都是 deny，都能达到禁止 PC3 的目的。

第（13）、（14）空都是基础概念，就是在 traffic policy 中将流分类与流行为关联起来，这里显然 classifier 1 关联的是 behavior 1，classifier 3 关联的是 behavior 3。

第（15）空是在接口应用流策略，大部分应用都可以是在 inbound 或者 outbound 方向，为了降低设备的 CPU 利用率，通常可以选用 inbound 方向。值得注意的是，基于 ACL 的重定向和基于 ACL 的流镜像通常是应用在 inbound 方向。此处 traffic-policy 1 是基于重定向的应用，因此使用 inbound 方向。

参考答案：

（7）10.10.0.2　0 或者 10.10.0.2　　0.0.0.0

（8）8:00 to 18:00

（9）10.3.0.2　0 或者 10.3.0.2　0.0.0.0

（10）创建流分类

（11）ip-nexthop

（12）permit 或者 deny

（13）behavior 1

（14）behavior 3

（15）inbound

12

网络安全

知识点图谱与考点分析

　　网络安全技术是网络应用中的一个非常重要的技术，涉及到的知识面也比较广，包括基本的安全算法、加密和解密的原理、数字签名技术和数字证书、病毒及网络安全协议等几个部分。上午部分主要考查一些基本概念，而下午部分的大题基本与 VPN 和一些常用的安全协议有关。本章的知识体系图谱如图 12-1 所示。

图 12-1　网络安全知识体系图谱

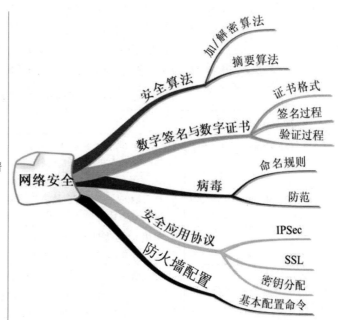

知识点：安全算法

知识点综述

安全算法是网络安全的基础，涉及到一些主要的加密和解密算法，如 DES、RSA。本知识点的体系图谱如图 12-2 所示。

图 12-2　安全算法知识体系图谱

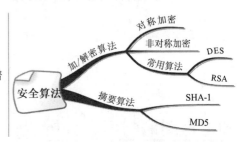

参考题型

【考核方式1】 考核常见安全算法的基本特点、常用参数。

1.　以下关于加密算法的叙述中，正确的是___(1)___。

（1）A. DES 算法采用 128 位的密钥进行加密

　　　 B. DES 算法采用 2 个不同的密钥进行加密

　　　 C. 三重 DES 算法采用 3 个不同的密钥进行加密

　　　 D. 三重 DES 算法采用 2 个不同的密钥进行加密

■ 试题分析　常见的对称加密算法有 DES、3DES、RC5、IDEA。具体特性如表 12-1 所示。

表 12-1　常见的对称加密算法

加密算法名称	特点
DES（Data Encryption Standard）	明文分为 64 位一组，密钥 64 位（实际位是 56 位的密钥和 8 位奇偶校验）。注意：考试中填写实际密钥位，即 56 位
3DES（Triple-DES）	3DES 是 DES 的扩展，是执行了三次的 DES。其中，第一和第三次加密使用同一密钥的方式，密钥长度扩展到 128 位（112 位有效）；三次加密使用不同密钥，密钥长度扩展到 192 位（168 位有效）
RC5	RC5 由 RSA 中的 Ronald L. Rivest 发明，是参数可变的分组密码算法，三个可变的参数是分组大小、密钥长度和加密轮数
IDEA	明文、密文均为 64 位，密钥长度 128 位
RC4	常用流密码，密钥长度可变，用于 SSL 协议。曾经用于 IEEE 802.11 WEP 协议中。这也是 Ronald L. Rivest 发明的

■ 参考答案　（1）D

2. 按照 RSA 算法，若选两奇数 p=5，q=3，公钥 e=7，则私钥 d 为＿＿（2）＿＿。

　　（2）A. 6　　　　　　B. 7　　　　　　C. 8　　　　　　D. 9

　　■ 试题分析　RSA 密钥生成过程如下所示：

选出两个大质数 p 和 q，使得 p≠q
p×q=n
(p-1)×(q-1)
选择 e 使得 1<e<z，并且和(p-1)×(q-1)互为质数
计算解密密钥，使得 ed=1mod (p-1)×(q-1)
公钥=(n,e)
私钥=d
消除原始质数 p 和 q
p=5，q=3
p×q=n=15
选择 e=7 和(p-1)×(q-1)=8 互为质数
计算解密密钥，使得 ed=1mod(p-1)×(q-1)，即(7×d)mod8=1
依据题目选项得到 d 为 7

　　■ 参考答案　（2）B

3. 两个公司希望通过 Internet 传输大量敏感数据，从信息源到目的地之间的传输数据以密文
形式出现，而且不希望由于在传输节点使用特殊的安全单元而增加开支。最合适的加密方
式是＿＿（3）＿＿，使用会话密钥算法效率最高的是＿＿（4）＿＿。

　　（3）A. 链路加密　　B. 节点加密　　C. 端－端加密　　D. 混合加密

　　（4）A. RSA　　　　B. RC-5　　　　C. MD5　　　　　D. ECC

　　■ 试题分析　Internet 传输大量敏感数据，经过的可选链路太多，链路加密方式实现代
价太大；Internet 传输通过节点太多，代价也很大；而混合加密方式代价更大。因此，端－端
加密最合适。

　　对称密钥方式效率较高，所以对称加密的 RC-5 比较合适。

　　■ 参考答案　（3）C　　（4）B

【考核方式2】　考核常见摘要算法的基本参数。

4. 报文摘要算法 MD5 的输出是＿＿（5）＿＿位，SHA-1 的输出是＿＿（6）＿＿位。

　　（5）A. 56　　　　　　B. 128　　　　　C. 160　　　　　D. 168

　　（6）A. 56　　　　　　B. 128　　　　　C. 160　　　　　D. 168

　　■ 试题分析　①MD5。消息摘要算法 5（MD5）把信息分为 512 比特的分组，并且创建
一个 128 比特的摘要。

　　②SHA-1。安全 hash 算法（SHA-1）也是基于 MD5 的，使用一个标准把信息分为 512 比
特的分组，并且创建一个 160 比特的摘要。

　　■ 参考答案　（5）B　　（6）C

12
Chapter

【考核方式3】 考核常见安全算法的分类。

5．3DES 是一种_____(7)_____算法。

（7）A．共享密钥　　B．公开密钥　　C．报文摘要　　D．访问控制

■ 试题分析 常见的对称加密算法有 DES、3DES、RC5、IDEA。

■ 参考答案 （7）A

知识点：数字签名与数字证书

知识点综述

数字证书和数字签名是网络安全技术中的两个重要技术。数字证书是数字签名的基础，因此需要掌握数字证书的基本格式、证书的内容、数字签名和验证的过程等。本知识点的知识体系图谱如图 12-3 所示。

图 12-3 数字签名与数字证书知识体系图谱

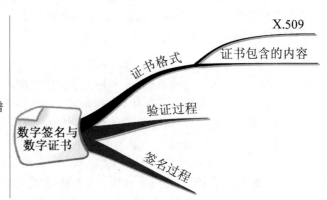

参考题型

【考核方式1】 考核数字证书的基本格式和包含的各个主要参数的作用。

1．在 X.509 标准中，不包含在数字证书中的数据域是_____(1)_____。

（1）A．序列号　　B．签名算法　　C．认证机构的签名　D．私钥

■ 试题分析 数字证书 X.509 标准格式中的主要数据域是常考的一个考点，要特别注意。在 X.509 标准中，包含在数字证书中的数据域有证书、版本号、序列号（唯一标识每一个 CA 下发的证书）、算法标识、颁发者、有效期、有效起始日期、有效终止日期、使用者、使用者公钥信息、公钥算法、公钥、颁发者唯一标识、使用者唯一标识、扩展、证书签名算法、证书签名（发证机构即 CA 对用户证书的签名）。

■ 参考答案 （1）D

【考核方式2】 考核数字签名和验证的过程及各参数作用。

2．公钥体系中，私钥用于_____(2)_____，公钥用于_____(3)_____。

（2）A．解密和签名　　B．加密和签名　　C．解密和认证　　D．加密和认证

（3）A．解密和签名　　B．加密和签名　　C．解密和认证　　D．加密和认证

■ **试题分析**　如图 12-4 所示，网站通信用户发送数据时使用网站的公钥（从数字证书中获得）加密，收到数据时使用网站的公钥验证网站的数字签名；网站利用自身的私钥对发送的消息签名和对收到的消息解密。

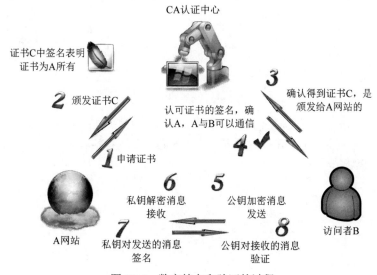

图 12-4　数字签名和验证的过程

■ **参考答案**　（2）A　　（3）D

3. 甲和乙要进行通信，甲对发送的消息附加了数字签名，乙收到该消息后，利用___(4)___验证该消息的真实性。

（4）A．甲的公钥　　B．甲的私钥　　C．乙的公钥　　D．乙的私钥

■ **试题分析**　数字签名的作用就是确保 A 发送给 B 的信息就是 A 本人发送的，并且没有改动。

数字签名和验证的过程参见图 12-5。

数字签名的基本过程：

①A 使用"摘要"算法（如 SHA-1、MD5 等）对发送信息进行摘要。

②使用 A 的私钥对消息摘要进行加密运算。加密摘要和原文一并发给 B。

验证签名的基本过程：

①B 接收到加密摘要和原文后，使用与 A 相同的"摘要"算法对原文再次摘要，生成新摘要。

②使用 A 公钥对加密摘要解密，还原成原摘要。

③两个摘要对比，一致则说明由 A 发出，并且没有经过任何篡改。

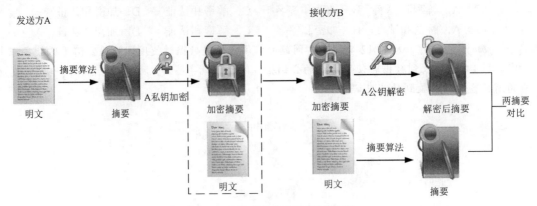

图 12-5　数字签名和验证的过程

由此可见，数字签名功能有信息身份认证、信息完整性检查、信息发送不可否认性，但不提供原文信息加密，不能保证对方可以收到消息，也不对接收方身份进行验证。

■ **参考答案**　（4）A

知识点：病毒

知识点综述

病毒是信息安全的一个重要威胁，因此需要掌握一些病毒的基本概念，如病毒的命名规则、病毒的类型等。本知识点体系图谱如图 12-6 所示。

图 12-6　病毒知识体系图谱

参考题型

【考核方式】　考核病毒的分类与各类型的特点。

杀毒软件报告发现病毒 Macro. Melissa，由该病毒名称可以推断出病毒类型是＿＿(1)＿＿，这类病毒的主要感染目标是＿＿(2)＿＿。

（1）A. 文件型　　　　　　　　　　　B. 引导型

　　　C. 目录型　　　　　　　　　　D. 宏病毒

（2）A．.exe 或.com 可执行文件　　　　　B．Word 或 Excel 文件

　　　C．DLL 系统文件　　　　　　　　　D．磁盘引导区

■ **试题分析**　恶意代码的一般命名格式为：恶意代码前缀.恶意代码名称.恶意代码后缀。

恶意代码前缀是根据恶意代码特征起的名字，具有相同前缀的恶意代码通常具有相同或相似的特征。常见的前缀名如表 12-2 所示。

表 12-2　病毒常见的前缀名

前缀	含义	解释	例子
Boot	引导区病毒	通过感染磁盘引导扇区进行传播的病毒	Boot.WYX
DOSCom	DOS 病毒	只通过 DOS 操作系统进行复制和传播的病毒	DosCom.Virus.Dir2.2048（DirII 病毒）
Worm	蠕虫病毒	通过网络或者漏洞进行自主传播，向外发送带毒邮件或通过即时通信工具（QQ、MSN）发送带毒文件	Worm.Sasser　（震荡波）
Trojan	木马	木马通常伪装成有用的程序诱骗用户主动激活，或利用系统漏洞侵入用户计算机。计算机感染特洛伊木马后的典型现象是有未知程序试图建立网络连接	Trojan.Win32.PGPCoder.a（文件加密机）、Trojan.QQPSW
Backdoor	后门	通过网络或者系统漏洞入侵计算机并隐藏起来，方便黑客远程控制	Backdoor.Huigezi.ik（灰鸽子变种 IK）、Backdoor.IRCBot
Win32、PE、Win95、W32、W95	文件型病毒或系统病毒	感染可执行文件（如.exe、.com、.dll）文件的病毒。若与其他前缀连用，则表示病毒的运行平台	Win32.CIH Backdoor.Win32.PcClient.al，表示运行在 32 位 Windows 平台上的后门
Macro	宏病毒	宏语言编写，感染办公软件（如 Word、Excel），并且能通过宏自我复制的程序	Macro. Melissa 、 Macro.Word 、 Macro.Word.Apr30
Script、VBS、JS	脚本病毒	使用脚本语言编写，通过网页传播、感染、破坏或者调用特殊指令下载，并运行病毒、木马文件	Script.RedLof（红色结束符）、Vbs.valentin（情人节）
Harm	恶意程序	直接对被攻击主机进行破坏	Harm.Delfile（删除文件）、Harm.formatC.f（格式化 C 盘）
Joke	恶作剧程序	不会对计算机、文件产生破坏，但可能会给用户带来恐慌和麻烦。例如做控制鼠标	Joke.CrayMourse（疯狂鼠标）

可以看出 Macro.Melissa 是一种宏病毒，主要感染 Office 文件。

■ **参考答案**　　（1）D　　（2）B

知识点：安全应用协议

知识点综述

网络安全应用协议是网络安全技术应用的具体表现，在网络工程师考试中主要考查的是几种常见的安全协议，如 HTTPS、SSL、IPSEC 及安全邮件等协议。本知识点的体系图谱如图 12-7 所示。

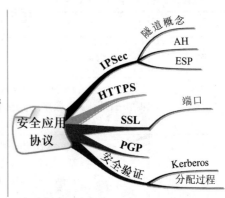

图 12-7　安全应用协议知识体系图谱

参考题型

【考核方式 1】 考核 IPsec 基本概念。

1．IPSec 的加密和认证过程中所使用的密钥由___（1）___机制来生成和分发。

（1）A．ESP　　　　　B．IKE　　　　　C．TGS　　　　　D．AH

■ **试题分析**　Internet 密钥交换协议（Internet Key Exchange Protocol，IKE）属于一种混合型协议，由 Internet 安全关联和密钥管理协议（Internet Security Association and Key Management Protocol，ISAKMP）及两种密钥交换协议 OAKLEY 与 SKEME 组成。即 IKE 由 ISAKMP 框架、OAKLEY 密钥交换模式及 SKEME 的共享和密钥更新技术组成。IKE 定义了自己的密钥交换方式（**手工密钥交换和自动 IKE**）。

IPSec 的加密和认证过程中所使用的密钥由 IKE 机制来生成和分发。

■ **参考答案**　（1）B

【考核方式 2】 考核 HTTPS 基本概念。

2．HTTPS 采用___（2）___协议实现安全网站访问。

（2）A．SSL　　　　　B．IPSec　　　　　C．PGP　　　　　D．SET

■ **试题分析**　安全套接层（Secure Sockets Layer，SSL）协议是一个安全传输、保证数据完整的安全协议。之后的传输层安全（Transport Layer Security，TLS）是 SSL 的非专有版本。SSL 处于应用层和传输层之间。

Internet 安全协议（Internet Protocol Security，IPSec）是通过对 IP 协议的分组进行加密和

认证，来保护 IP 协议的网络传输协议簇（一些相互关联的协议的集合）。IPSec 工作在 TCP/IP 协议栈的网络层，为 TCP/IP 通信提供访问控制机密性、数据源验证、抗重放、数据完整性等多种安全服务。

PGP（Pretty Good Privacy）是一款邮件加密软件。可以用它对邮件保密，以防止非授权者阅读，它还能为邮件加上数字签名，从而使收信人可以确认邮件的发送者，并能确信邮件没有被篡改。

由美国 Visa 和 MasterCard 两大信用卡组织联合国际上多家科技机构，共同制定了应用于 Internet 上的以信用卡为基础进行在线交易的安全标准，这就是安全电子交易（Secure Electronic Transaction，SET）。它采用公钥密码体制和 X.509 数字证书标准，主要应用于保障网上购物信息的安全性。

■ **参考答案** （2）A

【考核方式 3】 考核 SSL 基本概念。

3. SSL 协议使用的默认端口是___（3）___。

（3）A．80　　　　B．445　　　　C．8080　　　　D．443

■ **试题分析** Web 服务默认端口 80；局域网中的共享文件夹和打印机默认端口分别为 445 和 139；局域网内部 Web 服务默认端口 8080；SSL 协议（安全套接层）默认端口 443。

■ **参考答案** （3）D

4. 支持安全 WEB 服务的协议是___（4）___。

（4）A．HTTPS　　　B．WINS　　　C．SOAP　　　D．HTTP

■ **试题分析** HTTP 是一种普通的超文本传输协议，其信息是不加密的，因此安全性不高。HTTPS 则是一种加密的超文本传输协议，其传输的内容通过加密可以确保安全。而 WINS 是 Windows 中一种类似 DNS 的名字解析服务。

■ **参考答案** （4）A

【考核方式 4】 考核 PGP 基本概念。

5. 安全电子邮件使用___（5）___协议。

（5）A．PGP　　　B．HTTPS　　　C．MIME　　　D．DES

■ **试题分析** 标准的电子邮件协议使用的 SMTP、PoP3 或者 IMAP。这些协议都是不能加密的。而安全的电子邮件协议使用 PGP 加密。

■ **参考答案** （5）A

【考核方式 5】 考核安全验证协议的基本概念。

6. 在 Kerberos 系统中，使用一次性密钥和___（6）___来防止重放攻击。

（6）A．时间戳　　　B．数字签名　　　C．序列号　　　D．数字证书

■ **试题分析** 重放攻击（Replay Attacks）又称重播攻击、回放攻击或新鲜性攻击（Freshness Attacks），是指攻击者发送一个目的主机已接收过的包，来达到欺骗系统的目的，主要用于身份认证过程，破坏认证的正确性。应付重放攻击的有效手段有时间戳、序列号、一

次性密钥。而 Kerberos 系统使用一次性密钥和时间戳来防止重放攻击。

■ **参考答案**　（6）A

7. 在 Kerberos 认证系统中，用户首先向___（7）___申请初始票据，然后从___（8）___获得会话密钥。

  （7）A. 域名服务器 DNS   B. 认证服务器 AS

     C. 票据授予服务器 TGS   D. 认证中心 CA

  （8）A. 域名服务器 DNS   B. 认证服务器 AS

     C. 票据授予服务器 TGS   D. 认证中心 CA

■ **试题分析**　Kerberos 流程原理如图 12-8 所示。

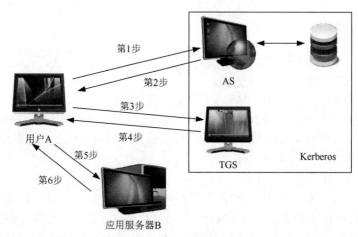

图 12-8　Kerberos 的工作原理

● 第 1 步，用户 A 使用明文，向 AS 验证身份。认证成功后，用户 A 和 TGS 联系。

● 第 2 步，AS 向 A 发送用 A 的对称密钥 K_A 加密的报文，该报文包含 A 和 TGS 通信的会话密钥 K_S 和 AS 发送到 TGS 的票据（该票据使用 TGS 的对称密钥 K_{TGS} 加密）。报文到达 A，输入口令得到数据。

注意：票据包含发送人身份和会话密钥。

● 第 3 步，转发 AS 获得的票据、要访问的应用服务器 B 名称，以及用会话密钥 K_S 加密的时间戳（防止重发攻击）发送给 TGS。

● 第 4 步，TGS 返回两个票据，第一个票据包含 B 名称和会话密钥 K_{AB}，使用 K_S 加密；第二个票据包含 A 和会话密钥 K_{AB}，使用 K_B 加密。

● 第 5 步，A 将 TGS 收到的第二个票据（包含 A 名称和会话密钥 K_{AB}，使用 K_B 加密），使用 K_{AB} 加密的时间戳（防止重发攻击）发送给应用服务器 B。

● 第 6 步，服务器 B 进行应答，完成认证过程。

之后，A 和 B 就使用 TGS 发的密钥 K_{AB} 加密。

■ **参考答案**　（7）B　（8）C

知识点：防火墙配置

知识点综述

网络防火墙 USG 系列的相关配置在网络工程师考试中是一个重要的考点，要求考生掌握 USG 系列防火墙的基本配置，包括接口命名、接口参数、地址池定义、地址映射和协议配置。

参考题型

1. 阅读以下说明，回答问题 1 至问题 4，将解答填入答题纸对应的解答栏内。

【说明】某公司通过防火墙接入 Internet，网络拓扑如图 12-9 所示。其中路由器 R1 与防火墙连接的接口 IP 地址为 61.144.51.45，在防火墙上启用 NAT，NAT 地址池中的地址仅仅只有 61.144.51.46。

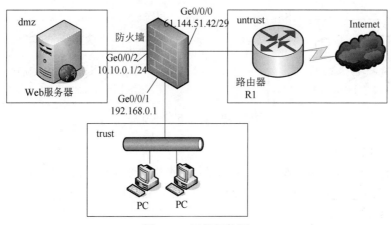

图 12-9　网络拓扑图

【问题 1】（6 分）
根据配置信息填写表 12-3。

【问题 2】（2 分）
根据所显示的配置信息，由 trust 域发往 Internet 的 IP 分组，在到达路由器 R1 时的源 IP 地址是＿＿＿（7）＿＿＿。

表 12-3　配置信息表

域名称	接口名称	IP 地址	IP 地址掩码
trust	Ge0/0/1	＿＿（3）＿＿	255.255.255.0
untrust	Ge0/0/0	61.144.51.42	＿＿（4）＿＿
dmz	＿＿（5）＿＿	＿＿（6）＿＿	255.255.255.0

■ 试题答案

【问题1】（6分）

（3）192.168.0.1 　　　　　　　　　　　　　（1.5分）

（4）255.255.255.248 　　　　　　　　　　（1.5分）

（5）Ge0/0/2 　　　　　　　　　　　　　　（1.5分）

（6）10.10.0.1 　　　　　　　　　　　　　　（1.5分）

【问题2】（2分）

（7）61.144.51.46

2．阅读以下说明，回答问题 1 至问题 4，将解答填入答题纸对应的解答栏内。

【说明】某企业在公司总部和分部之间采用两台 Windows Server 服务器部署企业 IPSecVPN，将总部和分部的两个子网通过 Internet 互连，如图 12-10 所示。

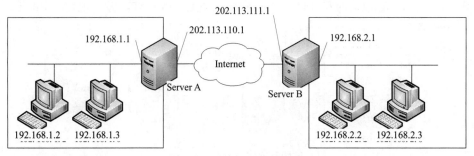

图 12-10　总部和分部互连

【问题1】（3分）

隧道技术是 VPN 的基本技术，隧道是由隧道协议形成的，常见隧道协议有 IPSec、PPTP 和 L2TP，其中___（1）___和___（2）___属于第二层隧道协议，___（3）___属于第三层隧道协议。

【问题2】（3分）

IPSec 安全体系结构包括 AH、ESP 和 ISA KMP/Oakley 等协议。其中，___（4）___为 IP 包提供信息源验证和报文完整性验证，但不支持加密服务；___（5）___提供加密服务；___（6）___提供密钥管理服务。

【问题3】（6分）

设置 Server A 和 Server B 之间通信的"筛选器 属性"界面如图 12-11 所示，在 Server A 的 IPSec 安全策略配置过程中，当源地址和目标地址均设置为"一个特定的 IP 子网"时，源子网 IP 地址应设为___（7）___，目标子网 IP 地址应设为___（8）___。如图 12-12 所示的隧道设置中的隧道终点 IP 地址应设为___（9）___。

【问题4】（3分）

在 Server A 的 IPSec 安全策略配置过程中，Server A 和 Server B 之间通信的 IPSec 筛选器"许可"属性设置为"协商安全"，并且安全措施为"加密并保持完整性"，如图 12-13 所示。根据上述安全策略填写图 12-14 中的空格，表示完整的 IPSec 数据包格式。

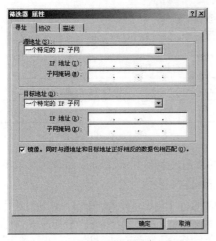

图 12-11　"筛选器 属性"对话框

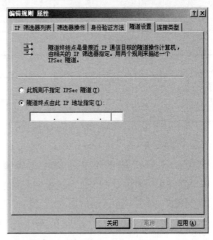

图 12-12　"编辑规划 属性"对话框

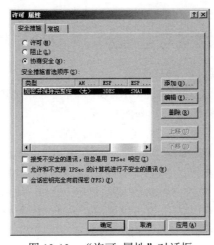

图 12-13　"许可 属性"对话框

新 IP 头	___（10）___	___（11）___	TCP 头	数据	___（12）___

图 12-14　数据包格式

（10）～（12）备选答案：

A. AH 头	B. ESP 头
C. 旧 IP 头	D. 新 TCP 头
E. AH 尾	F. ESP 尾
G. 旧 IP 尾	H. 新 TCP 尾

■ 试题分析

【问题 1】（3 分，各 1 分）

12
Chapter

表 12-4 常见的隧道协议

协议层次	实例
数据链路层	L2TP、PPTP、L2F
网络层	IPSec
传输层	SSL

【问题 2】（3 分，各 1 分）

IPSec 是一个协议体系，由建立安全分组流的密钥交换协议和保护分组流的协议两个部分构成。前者即为 IKE 协议，后者则包含 AH 和 ESP 协议。

①IKE 协议。Internet 密钥交换协议（Internet Key Exchange Protocol，IKE）属于一种混合型协议，由 Internet 安全关联和密钥管理协议（Internet Security Association and Key Management Protocol，ISAKMP）及两种密钥交换协议 OAKLEY 与 SKEME 组成。即 IKE 由 ISAKMP 框架、OAKLEY 密钥交换模式以及 SKEME 的共享和密钥更新技术组成。IKE 定义了自己的密钥交换方式（**手工密钥交换和自动 IKE**）。

注意：ISAKMP 只对认证和密钥交换提出了结构框架，但没有具体定义，因此支持多种不同的密钥交换。

IKE 使用了两个阶段的 ISAKMP：

第一阶段：协商创建一个通信信道（IKE SA），并对该信道进行验证，为双方进一步的 IKE 通信提供机密性、消息完整性及消息源验证服务；

第二阶段：使用已建立的 IKE SA 建立 IPSec SA。

②AH。认证头（Authentication Header，AH）是 IPSec 体系结构中的一种主要协议，它为 IP 数据报提供完整性检查与数据源认证，并防止重放攻击。AH 不支持数据加密。AH 常用摘要算法（单向 Hash 函数）MD5 和 SHA1 实现摘要、认证，确保数据完整。

③ESP。封装安全载荷（Encapsulate Security Payload，ESP）可以同时提供数据完整性确认、数据加密等服务。ESP 通常使用 DES、3DES、AES 等加密算法实现数据加密，使用 MD5 或 SHA-1 来实现摘要、认证，确保数据完整。

【问题 3】（6 分，各 2 分）

"筛选器属性"界面配置源子网 IP 地址（内网地址）和目的子网 IP 地址（内网地址）。

针对 Server A，源子网 IP 地址（内网地址）为 192.168.1.2/32，所以"筛选器 属性"界面源子网 IP 地址应设为 **192.168.1.0**；目的子网 IP 地址（内网地址）为 192.168.1.2/32，所以"筛选器属性"界面目标子网 IP 地址应设为 **192.168.2.0**。

"编辑规则属性"界面的隧道地址应该配置隧道对端（公网地址）。

Server A 隧道对端（公网地址）为 202.113.111.1，所以隧道设置中的隧道终点 IP 地址应设为 **202.113.111.1**。

【问题 4】（3 分，各 1 分）

本题要求"加密并保持完整性"，由于 AH 协议不支持加密，因此采用 ESP 封装。前面题目给出了总公司与子公司通信建立了隧道，因此采用隧道模式。具体如图 12-15 所示。

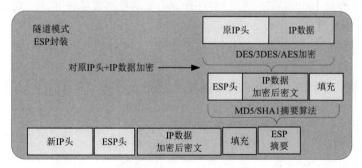

图 12-15　隧道模式 ESP 封装

这里 IP 数据加密后，密文可以看作旧 IP 头，ESP 摘要可以看作 ESP 尾。

■ 参考答案

【问题 1】（3 分，各 1 分）

（1）PPTP

（2）L2TP（1、2 顺序可调换）

（3）IPSec

【问题 2】（3 分，各 1 分）

（4）AH

（5）ESP

（6）ISA KMP/Oakley

【问题 3】（6 分，各 2 分）

（7）192.168.1.0

（8）192.168.2.0

（9）202.113.111.1

【问题 4】（3 分，各 1 分）

（10）B 或 ESP 头

（11）C 或旧 IP 头

（12）F 或 ESP 尾

课堂练习

1．下面病毒中，属于蠕虫病毒的是　　(1)　　。

　　(1) A．Worm.Sasser 病毒　　　　　　B．Trojan.QQPSW 病毒

　　　　　C．Backdoor.IRCBot 病毒　　　　D．Macro.Melissa 病毒

2．下面 4 种病毒中，　　(2)　　可以远程控制网络中的计算机。

　　(2) A．Worm.Sasser.f　　　　　　　　B．Win32.CIH

C. Trojan.qq3344　　　　　　　　　D. Macro.Melissa

3. 某报文的长度是 1000 字节，利用 MD5 计算出来的报文摘要长度是＿＿（3）＿＿位，利用 SHA 计算出来的报文摘要长度是＿＿（4）＿＿位。

　　（3）A. 64　　　　　B. 128　　　　　C. 256　　　　　D. 160
　　（4）A. 64　　　　　B. 128　　　　　C. 256　　　　　D. 160

4. 安全散列算法 SHA-1 产生的摘要位数是＿＿（5）＿＿。

　　（5）A. 64　　　　　B. 128　　　　　C. 160　　　　　D. 256

5. 下列算法中，＿＿（6）＿＿属于摘要算法。

　　（6）A. DES　　　　　　　　　　　B. MD5
　　　　　C. Diffie-Hellman　　　　　　D. AES

6. 下列选项中，同属于报文摘要算法的是＿＿（7）＿＿。

　　（7）A. DES 和 MD5　　　　　　　　B. MD5 和 SHA-1
　　　　　C. RSA 和 SHA-1　　　　　　　D. DES 和 RSA

7. Alice 向 Bob 发送数字签名的消息 M，下列不正确的说法是＿＿（8）＿＿。

　　（8）A. Alice 可以保证 Bob 收到消息 M
　　　　　B. Alice 不能否认发送过消息 M
　　　　　C. Bob 不能编造或改变消息 M
　　　　　D. Bob 可以验证消息 M 确实来源于 Alice

8. 某网站向 CA 申请了数字证书，用户通过＿＿（9）＿＿来验证网站的真伪。在用户与网站进行安全通信时，用户可以通过＿＿（10）＿＿进行加密和验证，该网站通过＿＿（11）＿＿进行解密和签名。

　　（9）A. CA 的签名　B. 证书中的公钥　C. 网站的私钥　D. 用户的公钥
　　（10）A. CA 的签名　B. 证书中的公钥　C. 网站的私钥　D. 用户的公钥
　　（11）A. CA 的签名　B. 证书中的公钥　C. 网站的私钥　D. 用户的公钥

9. 公钥体系中，用户甲发送给用户乙的数据要用＿＿（12）＿＿进行加密。

　　（12）A. 甲的公钥　B. 甲的私钥　　C. 乙的公钥　　D. 乙的私钥

10. 用户 B 收到用户 A 带数字签名的消息 M，为了验证 M 的真实性，首先需要从 CA 获取用户 A 的数字证书，并利用＿＿（13）＿＿验证该证书的真伪，然后利用＿＿（14）＿＿验证 M 的真实性。

　　（13）A. CA 的公钥　B. B 的私钥　　C. A 的公钥　　D. B 的公钥
　　（14）A. CA 的公钥　B. B 的私钥　　C. A 的公钥　　D. B 的公钥

11. 下图所示为一种数字签名方案，网上传送的报文是＿＿（15）＿＿，防止 A 抵赖的证据是＿＿（16）＿＿。

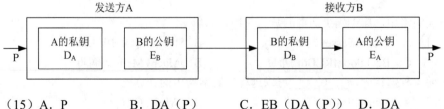

　　（15）A. P　　　　　B. DA（P）　　　　C. EB（DA（P））　D. DA

（16）A．P   B．DA（P）   C．EB（DA（P））   D．DA

12. Kerberos 由认证服务器（AS）和票证授予服务器（TGS）两部分组成,当用户 A 通过 Kerberos 向服务器 V 请求服务时，认证过程如图 12-16 所示，图中①处为____（17）____，②处为____（18）____。

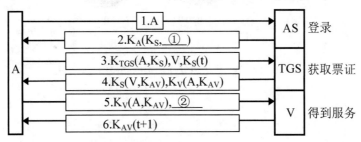

图 12-16　认证过程

（17）A．$K_{TGS}(A,K_S)$ B．$K_S(V,K_{AV})$ C．$K_V(A,K_{AV})$ D．$K_S(t)$
（18）A．$K_{AV}(t+1)$ B．$K_S(t+1)$ C．$K_S(t)$ D．$K_{AV}(t)$

13. IPsec 中安全关联（SA）的三元组是____（19）____。
　　（19）A．安全参数索引 SPI、目标 IP 地址、安全证书
　　　　　B．安全参数索引 SPI、源 IP 地址、数字证书
　　　　　C．安全参数索引 SPI、目标 IP 地址、数字证书
　　　　　D．安全参数索引 SPI、源 IP 地址、安全证书

14. HTTPS 的安全机制工作在____（20）____，而 S-HTTP 的安全机制工作在____（21）____。
　　（20）A．网络层　　　　　　　　　B．传输层
　　　　　C．应用层　　　　　　　　　D．物理层
　　（21）A．网络层　　　　　　　　　B．传输层
　　　　　C．应用层　　　　　　　　　D．物理层

15. 以下关于钓鱼网站的说法中，错误的是____（22）____。
　　（22）A．钓鱼网站仿冒真实网站的 URL 地址
　　　　　B．钓鱼网站是一种网络游戏
　　　　　C．钓鱼网站用于窃取访问者的机密信息
　　　　　D．钓鱼网站可以通过 E-mail 传播网址

16. 下列安全协议与 TLS 的功能相似的协议是____（23）____。
　　（23）A．PGP   B．SSL   C．HTTPS   D．IPSec

17. 以下安全协议中，用来实现安全电子邮件的协议是____（24）____。
　　（24）A．IPSec   B．L2TP   C．PGP   D．PPTP

18. 某公司总部和分支机构的网络配置如图 12-17 所示。在路由器 R1 和 R2 上配置 IPSec 安全策略，实现分支机构和总部的安全通信。

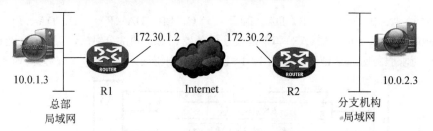

图 12-17　总部和分支机构的网络配置

【问题】（4 分）

图 12-18 中，（a）、（b）、（c）、（d）为不同类型 IPSec 数据包的示意图，其中＿＿＿(1)＿＿＿ 和 ＿＿＿(2)＿＿＿ 工作在隧道模式；＿＿＿(3)＿＿＿ 和 ＿＿＿(4)＿＿＿ 支持报文加密。

（a）	原始IP头	AH头	数据	

（b）	原始IP头	ESP头	数据	

（c）	新IP头	AH头	原始IP头	数据

（d）	新IP头	ESP头	原始IP头	数据	ESP尾

图 12-18　不同类型 IPSec 数据包示意图

19. 阅读以下说明，回答问题 1 至问题 4，将解答填入答题纸的对应栏内。

【说明】小王为某单位网络中心网络管理员，该网络中心部署有业务系统，网站对外提供信息服务，业务数据通过 SAN 存储网络集中存储在磁盘阵列上，使用 RAID 实现数据冗余；部署邮件系统供内部人员使用，并配备有防火墙、入侵检测系统、Web 应用防火墙、上网行为管理系统、反垃圾邮件系统等安全防护系统，防范来自内外部网络的非法访问和攻击。

【问题 1】（8 分）

年初，网络管理员检测到部分境外组织借新冠疫情对我国信息系统频繁发起攻击，其中，图 12-19 访问日志所示为＿＿＿(1)＿＿＿ 攻击，图 12-20 访问日志所示为＿＿＿(2)＿＿＿ 攻击。

> 132.232.*.* 访问 www.xxx.com/default/save.php，可疑行为：eval(base64_decode(S_POST))，已拦截。

图 12-19

> 132.232.*.* 访问 www.xxx.com/NewsType.php/smallclass='union select 0，username+CHR(124)+password from admin'

图 12-20

网络管理员发现邮件系统收到大量不明用户发送的邮件，标题含"武汉旅行信息收集""新型冠状病毒肺炎的预防和治疗"等和疫情相关的字样，邮件中均包含相同字样的 Excel 文件，经检测分析，这些邮件均来自境外组织，Excel 文件中均含有宏，并诱导用户执行宏，下载和执行木马后门程序，这些驻留程序再收集重要目标信息，进一步扩展渗透，获取敏感信息，并利用感染电脑攻击防疫相关的信息系统，上述所示的攻击手段为 __(3)__ 攻击，应该采取 __(4)__ 等措施进行防范。

（1）～（4）备选答案：

A．跨站脚本	B．SQL 注入	C．宏病毒	D．APT
E．DDoS	F．CC	G．蠕虫病毒	H．一句话木马

试题分析

试题 1 分析：蠕虫病毒的前缀是 Worm。通常是通过网络或者系统漏洞进行传播。

参考答案：（1）A

试题 2 分析：Worm.Sasser.f（震荡波变种 f）是自运行的蠕虫，通过使用 Windows 的一个漏洞来传播。该病毒并不通过邮件传播，而是通过命令易受感染的机器下载特定文件并运行，来达到感染的目的。

Win32.CIH，是 CIH 病毒的一种，属于文件型病毒，主要感染各种 Windows 95 以上系统中的可执行文件。

Trojan.qq3344（QQ 尾巴）是一种攻击 QQ 软件的木马程序，中毒之后，QQ 会无故向好友发送垃圾消息或木马网址，而接收消息方单击相关 URL 后，本地计算机就有可能被植入木马，被远程控制。

Macro.Melissa（梅丽莎病毒）是一种宏病毒。

参考答案：（2）C

试题 3 分析：①MD5。消息摘要算法 5（MD5）把信息分为 512 比特的分组，并且创建一个 128 比特的摘要。

②SHA-1。安全 hash 算法（SHA-1）也是基于 MD5 的，把信息分为 512 比特的分组，经过运算之后，最终输出一个 160 比特的摘要。

参考答案：（3）B　　（4）D

试题 4 分析：安全 hash 算法（SHA-1）也是基于 MD5 的，以最大长度不超过 2^{64} 位的消息为输入，把信息分为 512 比特的分组，并且最终输出一个 160 比特的摘要。

参考答案：（5）C

试题 5 分析：报文摘要算法（Message Digest Algorithms）使用特定算法对明文进行摘要，生成固定长度的摘要。这类算法重点在于"摘要"，即对原始数据依据某种规则提取；摘要和原文具有"联系性"，即被"摘要"数据与原文一一对应，只要原始数据稍有改动，"摘要"的结果就不同。因此，这种方式可以验证原文是否被修改。

消息摘要算法采用"单向函数"，即只能从输入数据得到输出数据，无法从输出得到输入。常见报文摘要算法有安全散列标准 SHA-1、MD5 系列标准。

①MD5。消息摘要算法 5（MD5）把信息分为 512 比特的分组，并且创建一个 128 比特的摘要。

②SHA-1。安全 hash 算法（SHA-1）也是基于 MD5 的，把信息分为 512 比特的分组，并且创

建一个 160 比特的摘要。

参考答案：（6）B

试题 6 分析：同上题。

参考答案：（7）B

试题 7 分析：数字签名功能有信息身份认证、信息完整性检查、信息发送不可否认性，但不提供原文信息加密，不能保证对方能收到消息，也不对接收方身份进行验证。

参考答案：（8）A

试题 8 分析：在 X.509 标准中，包含在数字证书中的数据域有证书、版本号、序列号（唯一标识每一个 CA 下发的证书）、算法标识、颁发者、有效期、有效起始日期、有效终止日期、使用者、使用者公钥信息、公钥算法、公钥、颁发者唯一标识、使用者唯一标识、扩展、证书签名算法、证书签名（发证机构即 CA 对用户证书的签名）。

参考答案：（9）A　（10）B　（11）C

试题 9 分析：公钥体系中，用户甲发送给用户乙的数据要用乙的公钥进行加密。

参考答案：（12）C

试题 10 分析：首先为了验证发送方的真实身份，应该先从 CA 获取发送方的数字证书，利用 CA 的公钥验证发送方的证书是从该 CA 签发，从而验证发送方的身份。

参考答案：（13）A　（14）C

试题 11 分析：数字签名的作用就是确保 A 发送给 B 的信息就是 A 本人发送的，并且没有改动。

数据签名的基本过程：

①A 使用"摘要"算法（如 SHA-1、MD5 等）对发送信息进行摘要。

②使用 A 的私钥对消息摘要进行加密运算。加密摘要和原文一并发给 B。

验证签名的基本过程：

①B 接收到加密摘要和原文后，使用与 A 同样的"摘要"算法对原文再次摘要，生成新摘要。

②使用 A 公钥对加密摘要解密，还原成原摘要。

③两个摘要对比，若一致则说明由 A 发出并且没有经过任何篡改。

由此可见，数字签名功能有信息身份认证、信息完整性检查、信息发送不可否认性，但不提供原文信息加密，不能保证对方能收到消息，也不对接收方身份进行验证。

所以 EB（DA（P））是网上传送的报文，即 A 私钥加密的原文，被 B 公钥加密后传输到网上。

DA（P）是被 A 私钥加密的信息，不可能被第三方篡改，所以可以看作 A 身份证明。

参考答案：（15）C　（16）B

试题 12 分析：Kerberos 流程原理见本书图 12-8。

参考答案：（17）A　（18）D

试题 13 分析：在两台 IPSec 路由器交换数据之前，就要建立一种约定，这种约定就称为 SA。安全关联（Security Association，SA）是单向的，在两个使用 IPSec 的实体（主机或路由器）间建立的逻辑连接，定义了实体间如何使用安全服务（如加密）进行通信。**SA 包含了安全参数索引（Security Parameter Index，SPI）、目的 IP 地址、安全协议（AH 或者 ESP）三个部分。**

参考答案：（19）A

　　试题 14 分析：安全超文本传输协议（Secure Hypertext Transfer Protocol，HTTPS）是以安全为目标的 HTTP 通道，简单讲是 HTTP 的安全版。它使用 SSL 来对信息内容进行加密，使用 TCP 的 443 端口来发送和接收报文。其使用句法和 HTTP 类似，使用"HTTPS://+URL"形式。

　　安全超文本传输协议（Secure Hypertext Transfer Protocol，S-HTTP）是一种面向安全信息通信的协议，是 EIT 公司结合 HTTP 设计的一种消息安全通信协议。S-HTTP 可提供通信保密、身份识别、可信赖的信息传输服务及数字签名等。

　　参考答案：（20）B　　（21）C

　　试题 15 分析：钓鱼网站是一种通过仿冒真实网站的 URL 地址，以达到欺骗用户访问，从而窃取访问者机密信息的网站，由于用户通常不会访问钓鱼网站，因此钓鱼网站必须通过病毒或者 E-mail 之类的网络传播工具传播出去，才可以达到窃取用户信息的目的。

　　参考答案：（22）B

　　试题 16 分析：安全套接层（Secure Sockets Layer，SSL）协议是一个安全传输、保证数据完整的安全协议。之后的传输层安全（Transport Layer Security，TLS）是 SSL 的非专有版本。SSL 处于应用层和传输层之间。

　　试题答案：（23）B

　　试题 17 分析：PGP（Pretty Good Privacy）是一款邮件加密软件。可以用它对邮件保密以防止非授权者阅读，它还能对邮件加上数字签名，从而使收信人可以确认邮件的发送者，并能确信邮件没有被篡改。PGP 采用了**RSA 和传统加密的杂合算法、数字签名的邮件文摘算法**、加密前压缩等手段。功能强大、加/解密快且开源。

　　参考答案：（24）C

　　试题 18 分析：

　　【问题】（4 分，每空各 1 分）

　　IPSec 的两种工作模式分别是**传输模式**和**隧道模式**。具体如图 12-21 所示。

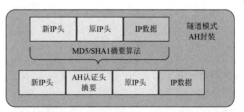
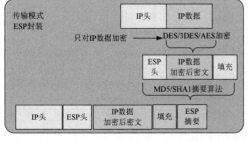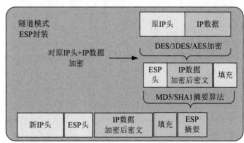

图 12-21　IPSec 工作模式

可以知道，传输模式下 AH、ESP 处理后 IP 头部不变，而隧道模式下 AH、ESP 处理后需要封装一个新的 IP 头。AH 只作摘要，因此只能验证数据完整性和合法性；而 ESP 既作摘要，也做加密，因此除了验证数据完整性和合法性之外，还能进行数据加密。

参考答案：

【问题】（4 分，各 1 分）

（1）（2）c、d（顺序可交换）

（3）（4）b、d（顺序可交换）

试题 19 分析：

【问题 1】第（1）空，从代码中可以看到 "eval(base64_decode(S_POST))" 这样的函数代码，则说明是脚本攻击；第（2）空有 union select、from 等 SQL 关键语句，因此是 SQL 注入攻击；第（3）空的描述中 "境外组织、诱导用户执行宏、进一步扩展渗透、获取敏感信息" 等关键词，这是典型的 APT 攻击；第（4）空是为了预防宏病毒，抵御 APT 攻击，一般的手段包括不去点击相关文件、使用杀毒软件、禁用宏等。

参考答案： （1）A　　（2）B　　（3）D　　（4）不打开相关邮件/杀毒软件/禁用宏

13

Windows 命令

知识点图谱与考点分析

Windows 操作系统中提供的命令解释器功能非常强大，通过此解释器可以执行相关的系统管理命令和网络命令，而且这些命令基本不随 Windows 的版本变化而变化。在图形化的操作界面 Windows 中，系统管理命令相对较少，如 MMC、REGEDIT 等，而网络命令则相对比较多，并且可以分为两大类：网络配置类和服务器测试类。本章的知识体系图谱如图 13-1 所示。

图 13-1　Windows 命令知识体系图谱

知识点：网络命令

知识点综述

Windows 中的网络命令相对较多，我们可以简单地分为 IP 协议相关类、网络测试类和服务器测试类三种。本知识点的知识体系图谱如图 13-2 所示。

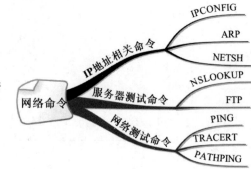

图 13-2　网络命令知识体系图谱

参考题型

【考核方式 1】　考核 IP 地址相关的命令。

1. 在 Windows 系统中，所谓"持久路由"就是____(1)____。要添加一条到达目标 10.40.0.0/16 的持久路由，下一跃点地址为 10.27.0.1，则在 DOS 窗口中输入命令____(2)____。

（1）A. 保存在注册表中的路由　　　　　B. 在默认情况下系统自动添加的路由
　　　C. 一条默认的静态路由　　　　　　D. 不能被删除的路由

（2）A. route -s add 10.40.0.0 mask 255.255.0.0 10.27.0.1
　　　B. route -p add 10.27.0.1 10.40.0.0 mask 255.255.0.0
　　　C. route -p add 10.40.0.0 mask 255.255.0.0 10.27.0.1
　　　D. route -s add 10.27.0.1 10.40.0.0 mask 255.255.0.0

■ **试题分析**　Windows Server 2008 中路由的优先级顺序是：主机路由→本地子网或远程子网的网络→汇总网络路由→默认路由。

Windows Server 2008 五种路由类型如表 13-1 所示。

表 13-1　路由类型

路由类型	特点
直连网络 ID（Directly Attached Network ID）路由	用于直连网络
远程网络 ID（Remote Network ID）路由	用于不直连网络路由，可以通过其他路由器到达这种网络
主机路由（Host Route）	到达指定主机路由，掩码为 255.255.255.255
默认路由（Default Route）	无法找到确定路由时使用的路由，目标和掩码都为 0.0.0.0
持久路由（Persistent Route）	使用 route –p add 命令添加路由选项，初始化时，加入注册表中，同时加入路由表

route 基本命令格式：

route [**-f**] [**-p**] *command* [*destination*] [**mask** *netmask*] [*gateway*] [**metric** metric] [**if interface**]

● -p: 与 add 命令共同使用时，指定路由被添加到注册表，并在启动 TCP/IP 协议的时候初始化 IP 路由表。默认情况下，启动 TCP/IP 协议时不会保存添加的路由，与 print 命令一起使用时，则显示永久路由列表。

■ **参考答案**　（1）A　（2）C

2. 在 Windows 命令窗口中输入＿＿＿（3）＿＿＿命令，可看到如图 13-3 所示的结果。

```
Interface List
0x1 ......................... MS TCP Loopback interface
0x2 ...00 ff 6e b0 7a 5c ...... Sanfor SSL VPN CS Support System UNIC
0x3 ...00 1f 29 9d 03 4f ...... Broadcom NetLink (TM) Gigabit Ethernet - 数据包
计划程序微型端口
0x4 ...00 1f 3b cd 29 dd ...... Intel(R) Wireless WiFi Link 4965AG - 数据包计划
程序微型端口
===========================================================================
===========================================================================
Active Routes:
Network Destination        Netmask          Gateway        Interface  Metric
          127.0.0.0        255.0.0.0        127.0.0.1      127.0.0.1     1
    255.255.255.255  255.255.255.255  255.255.255.255            4      1
    255.255.255.255  255.255.255.255  255.255.255.255            3      1
    255.255.255.255  255.255.255.255  255.255.255.255            2      1

Persistent Routes:
  None
```

图 13-3　命令结果

（3）A. ipconfig /all　B. route print　　C. tracert -d　　　D. nslookup

■ **试题分析**

● ipconfig/all: 显示所有网络适配器的完整 TCP/IP 配置信息。效果如图 13-4 所示。

```
Ethernet adapter 无线网络连接:

        Connection-specific DNS Suffix  . :
        Description . . . . . . . . . . . : Intel(R) Wireless WiFi Link
4965AG
        Physical Address. . . . . . . . . : 00-1F-3B-CD-29-DD
        Dhcp Enabled. . . . . . . . . . . : Yes
        Autoconfiguration Enabled . . . . : Yes
        IP Address. . . . . . . . . . . . : 192.168.0.235
        Subnet Mask . . . . . . . . . . . : 255.255.255.0
        Default Gateway . . . . . . . . . : 192.168.0.1
        DHCP Server . . . . . . . . . . . : 192.168.0.1
        DNS Servers . . . . . . . . . . . : 202.103.96.112
                                            211.136.17.108
        Lease Obtained. . . . . . . . . . : 20xx年10月6日 10:59:50
        Lease Expires . . . . . . . . . . : 20xx年10月6日 11:29:50
```

图 13-4　ipconfig/all 显示效果图

● route print: 用于显示路由表中的当前项目,恰好就是图中所表示的样子。

● tracert -d: 禁止 tracert 将中间路由器的 IP 地址解析为名称。这样可加速显示 tracert 的结果。

● nslookup: 用于查询域名对应的 IP 地址。

■ **参考答案**　（3）B

3. netstat –r 命令的功能是＿＿＿（4）＿＿＿。

（4）A. 显示路由记录　　　　　　　　B. 查看连通性
　　 C. 追踪 DNS 服务器　　　　　　 D. 捕获网络配置信息

13
Chapter

■ **试题分析**

网络工程师考试中，对一些常用的网络命令及其相关的参数进行考查几乎每年都有考到，尤其是 ping、netstat、nslookup 等几个命令。在复习过程中要特别注意。

Netstat 基本命令格式：

netstat [-a] [-e] [-n] [-o] [-p *proto***] [-r] [-s] [-v] [interval]**

-a：显示所有连接和监听端口。

-e：用于显示关于以太网的统计数据。它列出的项目包括传送的数据报的总字节数、错误数、删除数、数据报的数量和广播的数量。这些统计数据既有发送的数据报数量，也有接收的数据报数量。此选项可以与 -s 选项组合使用。

-n：以数字形式显示地址和端口号。

-o：显示与每个连接相关的所属进程 ID。

-p proto：显示 proto 指定协议的连接；proto 可以是下列协议之一：TCP、UDP、TCPv6 或 UDPv6。如果与 -s 选项一起使用，则显示按协议统计信息。

-r：显示路由表，与 route print 显示效果一样。

-s：显示按协议统计信息。默认显示 IP、IPv6、ICMP、ICMPv6、TCP、TCPv6、UDP 和 UDPv6 的统计信息。

-v：与-b 选项一起使用时，将显示包含为所有可执行组件创建连接或监听端口的组件。

interval：重新显示选定统计信息，每次显示之间暂停的时间间隔（以秒计）。按 Ctrl+C 组合键停止重新显示统计信息。如果将其省略，则 netstat 只显示一次当前配置信息。

关于 netstat 常考的几个参数主要是-a、-e、-n、-o、-r、-s 等，尤其注意。

■ **参考答案**　（4）A

【**考核方式2**】　考核服务器测试命令。

4．在 Windows 的 DOS 窗口中输入命令：

```
C:\>nslookup
set type=ns
>202.30.192.2
```

这个命令序列的作用是___(5)___。

（5）A．查询 202.30.192.2 的邮件服务器信息

　　　B．查询 202.30.192.2 到域名的映射

　　　C．查询 202.30.192.2 的区域授权服务器

　　　D．显示 202.30.192.2 中各种可用的信息资源记录

nslookup（Name Server Lookup）是一个用于查询 Internet 域名信息或诊断 DNS 服务器问题的工具。Windows 下的 nslookup 命令格式比较丰富，可以直接使用带参数的形式，也可以使用交互式命令设置参数。

使用的交互命令如下：

set OPTION：设置 nslookup 的选项。nslookup 有很多选项，用于查找 DNS 服务器上相关的设置信息。下面就这些选项仔细讲解。

- all：显示当前服务器或者主机的所有选项。
- domain=NAME：设置默认的域名为 NAME。
- root=NAME：设置根服务器的 NAME。
- retry=X：设置重试次数为 X。
- timeout=X：设置超时时间为 X 秒。
- type=X：设置查询的类型，类型可以是 A、ANY、CNAME、MX、NS、PTR、SOA、SRV 等。
- querytype=X：与 type 命令的设置一样。
- exit：退出 nslookup。

其中的 set type=ns 是查询指定区域的授权服务器。

■ 参考答案　（5）C

5．在 Windows 系统中需要重新从 DHCP 服务器获取 IP 地址时，可以使用＿＿（6）＿＿命令。

（6）A．ifconfig -a　　B．ipconfig　　　　C．ipconfig/all　　D．ipconfig/renew

■ 试题分析　在 Windows 系统中，需要重新从 DHCP 服务器获取 IP 地址时，可以使用 ipconfig/renew 命令。

ipconfig/all 用于显示所有网卡的 TCP/IP 配置信息。

■ 参考答案　（6）D

6．客户端登录 FTP 服务器后，使用＿＿＿（7）＿＿令来上传文件。

（7）A．get　　　　　B．ldir　　　　　C．put　　　　　　D．bye

■ 试题分析　①FTP 命令基本格式为：**FTP** [**-v**] [**-n**][**-s:***filename*] [**-a**] [**-A**] [**-x:***sendbuffer*] [**-r:***recvbuffer*] [**-b:***asyncbuffers*] [**-w:***windowsize*] [**host**]

- -s:filename：指定一个包含 FTP 命令的文本文件，这些命令会在 FTP 开始之后自动运行。
- -a：可以使用任意的本地接口绑定数据连接。
- -A：以匿名用户（Anonymous）身份登录。
- host：FTP 服务器的 IP 地址或者主机名。

②使用 FTP 命令连接主机之后，还可以使用内部命令进行操作，常见的如下：

- ![cmd[args]]：在本地机中执行交互 shell 命令，exit 回到 FTP 环境，如!dir *.zip。
- ascii：数据传输使用 ASCII 类型传输方式。
- bin：数据传输使用二进制文件传输方式。
- bye：退出 FTP 会话过程。
- cd remote-dir：进入远程主机目录。
- close：中断与远程服务器的 FTP 会话（与 open 对应）。
- delete remote-file：删除远程主机文件。
- dir [remote-dir][local-file]：显示远程主机目录，并将结果存入本地文件 local-file。
- get remote-file[local-file]：将远程主机的文件 remote-file 传至本地硬盘的 local-file。
- lcd [dir]：将本地工作目录切换至 dir。

13 Chapter

- mdelete [remote-file]：删除远程主机文件。
- mget remote-files：传输多个远程文件。
- mkdir dir-name：在远程主机中建立一个目录。
- mput local-file：将多个文件传输至远程主机。
- open host[port]：建立指定 FTP 服务器连接，可指定连接端口。
- passive：进入被动传输方式。
- put local-file[remote-file]：将本地文件 local-file 传送至远程主机。
- pwd：显示远程主机的当前工作目录。
- rmdir dir-name：删除远程主机目录。

■ **参考答案**　　（7）C

【考核方式3】 考核网络测试命令。

7. 在 Windows 命令执行下，执行____（8）____命令出现如图 13-5 所示的效果。

　　（8）A. pathping -n www.hnol.net　　　　B. tracert -d www.hnol.net

　　　　　C. nslookup　www.hnol.net　　　　D. arp -a

图 13-5　命令效果

■ **试题分析**

要跟踪路径并为路径中的每个路由器和链路提供网络延迟和数据包丢失等相关信息，此时应该使用 pathping 命令。其工作原理类似于 tracert，并且会在一段指定的时间内定期将 ping 命令发送到所有路由器，并根据每个路由器的返回数值生成统计结果。命令行下返回的结果有两部分内容，第一部分显示到达目的地经过了哪些路由，第二部分显示了路径中源和目标之间的中间节点处的滞后和网络丢失的信息。Pathping 在一段时间内将多个回应请求消息发送到源和目标之间的路由器，然后根据各个路由器返回的数据包计算结果。因为 pathping 显示在任何特定路由器或链接处的数据包的丢失程度，因此用户可据此确定存在故障的路由器或子网。

命令基本格式：

pathping[-g*host-list*] [**-h** *maximum_hops*] [**-I** *address*] [**-n**][**-p** *period*] [**-q** *num_queries*] [**-w** *timeout*] [**-4**] [**-6**] *target_name*

各参数的作用如下：

- -g host-list: 与主机列表一起的松散源路由。
- -h maximum_hops: 指定搜索目标路径中的节点最大数。默认值为 30 个节点。
- -i address: 使用指定的源地址。
- -n: 禁止将中间路由器的 IP 地址解析为名字，可以提高 pathping 显示速度。
- -p period: 两次 Ping 之间等待的时间（以毫秒为单位，默认值为 250 毫秒）。
- -q num_queries: 指定发送到路径中每个路由器的回响请求消息数。默认值为 100 查询。
- -w timeout: 指定等待每个应答的时间（单位为毫秒，默认值为 3000 毫秒）。
- -4: 强制使用 IPv4。
- -6: 强制使用 IPv6。
- targetname: 指定目的端，它既可以是 IP 地址，也可以是计算机名。Pathping 参数区分大小写。实际使用中要注意，为了避免网络拥塞、影响正在运行的网络业务，应以足够慢的速度发送 ping 信号。

■ **参考答案** （8）A

8．某网络拓扑结构如图 13-6 所示。

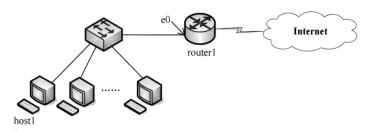

图 13-6 网络拓扑结构

在主机 host1 的命令行窗口输入 tracert www.abc.com.cn 命令后，得到如下结果：

```
C:\Documents and Settings\User>tracert www.abc.com.cn
Tracing route to caelum.abc.com.cn [208.30.1.101]
over a maximum of 30 hops:
1        1ms        1ms        <lms        119.215.67.254
2        2 ms       1 ms       1ms         172.116.11.2
3        71 ms      1ms        1ms         119.145.65.86
4        1ms        1ms        1ms         172.116.141.6
5        1ms        1ms        1ms         192.168.66.14
6        1ms        1ms        <1ms        208.30.1.101
Trace complete.
```

则路由器 router1 e0 接口的 IP 地址为____（9）____，www.abc.com.cn 的 IP 地址为____（10）____。

（9）A．172.116.11.2   B．119.215.67.254

      C．210.120.1.30   D．208.30.1.101

（10）A．172.116.11.2　　　　　　　B．119.215.67.254

　　　　C．210.120.1.30　　　　　　　D．208.30.1.101

■ **试题分析**　tracert 结果中第 1 跳包含本机网关 IP 地址，即路由器 router1 e0 接口的 IP 地址为 119.215.67.254。

tracert 结果中最后 1 跳包含 www.abc.com.cn 的 IP 地址，即 208.30.1.101。

■ **参考答案**　（9）B　　（10）D

9．如果要测试目标 10.0.99.221 的连通性并进行反向名字解析，则在 DOS 窗口中输入命令 ___（11）___。

（11）A．ping -a 10.0.99.221　　　　B．ping -n 10.0.99.221

　　　　C．ping -r 10.0.99.221　　　　D．ping -j 10.0.99.221

■ **试题分析**　ping 命令基于 ICMP 回应请求报文，来测试对方主机的连接。

参数-a 测试目标连通性并将主机地址解析为主机名，如果命令执行成功，则显示对应的主机名。

■ **参考答案**　（11）A

知识点：系统管理命令

知识点综述

Windows 中的系统管理命令相对较少，常用的就是 MMC、REGEDIT 等。本知识点的知识体系图谱如图 13-7 所示。

图 13-7　系统管理命令知识体系图谱

参考题型

【**考核方式**】　考核系统管理控制台程序。

1．下列关于 Microsoft 管理控制台（MMC）的说法中，错误的是 ___（1）___。

（1）A．MMC 集成了用来管理网络、计算机、服务及其他系统组件的管理工具

　　　B．MMC 创建、保存并打开管理工具单元

　　　C．MMC 可以运行在 Windows XP 和 Windows 2000 操作系统上

　　　D．MMC 是用来管理硬件、软件和 Windows 系统的网络组件

■ **试题分析**　微软从 Windows 2000 开始使用了管理控制台（Microsoft Management Console，MMC）的思想来管理计算机中的系统设置。

● MMC 集成了用来管理网络、计算机、服务及其他系统组件的管理工具。

- 在 MMC 中，用户可以添加不同的控制台组件，利用这些组件就可以对系统作设置。通过 MMC 组件，所有设置都可以在统一的界面中完成，降低了设置的难度。
- 启动 MMC 可以在"运行"中输入"MMC"并按"回车"键打开控制台。第一次运行的控制台是空白的，用户可以按照自己的需要添加各种管理单元进去，方法是在"文件"菜单上单击"添加/删除管理单元"按钮。
- MMC 不具备管理功能，但可以集成、添加管理工具。任何一个第三方软件支持，就能把管理部分添加到控制台。MMC 可以添加的项目包含网页的链接、ActiveX 组件、文件夹、任务板视图和任务等。

MMC 不是用来管理硬件、软件和 Windows 系统的网络组件。

■ **参考答案** （1）D

2. 若在 Windows "运行"窗口中输入＿＿＿（2）＿＿＿命令，可以查看和修改注册表。

（2）A. CMD   B. MMC   C. AUTOEXE   D. REGEDIT

■ **试题分析** CMD 进入 Windows 的命令行界面。

微软从 Windows 2000 开始使用了管理控制台（Microsoft Management Console，MMC）的思想来管理计算机中的系统设置。在 MMC 中，用户可以添加不同的控制台组件，利用这些组件就可以对系统作设置。通过 MMC 组件，所有设置都可以在统一的界面中完成，降低了设置的难度。

REGEDIT 是 Windows 系统的注册表编辑器，其操作界面与 Windows 资源管理器很类似。Windows 系统中没有 AUTOEXE 命令。

■ **参考答案** （2）D

3. 在 Windows 系统中，可通过停止＿＿＿（3）＿＿＿服务来阻止对域名解释 Cache 的访问。

（3）A. DNS server   B. Remote Procedure Call(RPC)

　　 C. Nslookup   D. DNS Client

■ **试题分析**

在 Windows 中，将一些常用的应用设置为服务的形式进行管理。如 DHCP、DNS 客户端都设置为服务。如图 13-8 所示。

图 13-8　管理应用设置

■ **参考答案** （3）D

课堂练习

1．与 route print 具有相同功能的命令是___（1）___。

（1）A．ping　　　　B．arp -a　　　　C．netstat -r　　　　D．tracert -d

2．在 Windows 的命令窗口中输入命令 arp -s 10.0.0.80 00-AA-00-4F-2A-9C，其作用是___（2）___。

（2）A．在 ARP 表中添加一个动态表项　　B．在 ARP 表中添加一个静态表项

　　　C．在 ARP 表中删除一个表项　　　　D．在 ARP 表中修改一个表项

3．使用 Windows 提供的网络管理命令___（3）___可以查看本机的路由表，___（4）___可以修改本机的路由表。

（3）A．tracert　　　B．arp　　　　　C．ipconfig　　　　D．netstat

（4）A．ping　　　　B．route　　　　C．netsh　　　　　D．nbtstat

4．在 Windows 系统中若要显示 IP 路由表的内容，可以使用命令___（5）___。

（5）A．netstat -s　　B．netstat -r　　C．netstat -n　　　D．netstat -a

5．下列命令中，不能查看网关 IP 地址的是___（6）___。

（6）A．nslookup　　B．tracert　　　C．netstat　　　　D．route print

6．在 Windows 中运行___（7）___命令后得到如图 13-9 所示的结果，如果要将目标地址为 102.217.112.0/24 的分组经 102.217.115.1 发出，需增加一条路由，正确的命令为___（8）___。

```
Active Routers:
Network Destination     Netmask             Gateway             Interface           Metric
0.0.0.0                 0.0.0.0             102.217.115.254     102.217.115.132     20
127.0.0.0               255.0.0.0           127.0.0.1           127.0.0.1           1
102.217.115.128         255.255.255.128     102.217.115.132     102.217.115.132     20
102.217.115.132         255.255.255.255     127.0.0.1           127.0.0.1           20
102.217.115.255         255.255.255.255     102.217.115.132     102.217.115.132     20
224.0.0.0               240.0.0.0           102.217.115.132     102.217.115.132     20
255.255.255.255         255.255.255.255     102.217.115.132     102.217.115.132     1
255.255.255.255         255.255.255.255     102.217.115.132     2                   1
Default Gateway:        102.217.115.254
```

图 13-9　命令结果

（7）A．ipconfig /renew　　B．ping　　　C．nslookup　　　D．route print

（8）A．route add 102.217.112.0 mask 255.255.255.0 102.217115.1

　　　B．route add 102.217.112.0 255.255.255.0 102.217.115.1

　　　C．add route 102.217.112.0 255.255.255.0 102.217.115.1

　　　D．add route 102.217.112 0 mask.255.255.255.0 102.217.115.1

7．在 Windows 系统中，监听发送给 NT 主机的陷入报文的程序是___（9）___。

（9）A．snmp.exe　　B．mspaina.com　　C．notepad.exe　　D．snmptrap.exe

8．在 Windows 的 DOS 窗口中输入命令：

```
C:\>nslookup
set type=ptr
>211.151.91.165
```

这个命令序列的作用是___（10）___。

（10）A．查询 211.151.91.165 的邮件服务器信息

B．查询 211.151.91.165 到域名的映射

C．查询 211.151.91.165 的资源记录类型

D．显示 211.151.91.165 中各种可用的信息资源记录

9．DNS 正向搜索区的功能是将域名解析为 IP 地址，Windows 系统中用于测试该功能的命令是___（11）___。

（11）A．nslookup　　　B．arp　　　　　　C．netstat　　　　　　D．query

10．在 Windows 环境下，DHCP 客户端可以使用___（12）___命令重新获得 IP 地址，这时客户机向 DHCP 服务器发送一个 dhcpdiscover 数据包来请求重新租借 IP 地址。

（12）A．ipconfig/renew　　　　　　B．ipconfig/upload

C．ipconfig/release　　　　　　D．ipconfig/reset

11．tracert 命令通过多次向目标发送___（13）___来确定到达目标的路径，在连续发送的多个 IP 数据包中，___（14）___字段都是不同的。

（13）A．ICMP 地址请求报文　　　　B．ARP 请求报文

C．ICMP 回声请求报文　　　　D．ARP 响应报文

（14）A．源地址　　　B．目标地址　　　C．TTL　　　　　　D．TOS

12．如下图所示，从输出的信息中可以确定的是___（15）___。

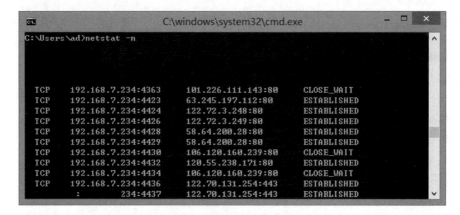

（15）A．本地主机正在使用的端口号是熟知端口号

B．192.168.7.234 正在与 122.72.3.248 建立连接

C．本地主机与 122.70.131.254 建立了安全连接

D．主机正在与 106.120.160.239 建立连接

试题分析

试题 1 分析：本题考查 Windows 中的基本网络命令。这里再次强调，一定要把常用命令和常用参数结合起来。Netstat 是一个监控 TCP/IP 网络的工具，它可以显示路由表、实际的网络连接、每一个网络接口设备的状态信息，以及与 IP、TCP、UDP 和 ICMP 等协议相关的统计数据。一般用于检验本机各端口的网络连接情况。

若计算机有时接收到的数据报导致出错数据或故障，TCP/IP 可以容许这些类型的错误，并能够自动重发数据报。

netstat 基本命令格式：**netstat [-a] [-e] [-n] [-o] [-p** *proto***] [-r] [-s] [-v] [interval]**

- -a：显示所有连接和监听端口。
- -e：用于显示关于以太网的统计数据。它列出的项目包括传送的数据报的总字节数、错误数、删除数、数据报的数量和广播的数量。这些统计数据既有发送的数据报数量，也有接收的数据报数量。此选项可以与 -s 选项组合使用。
- -n：以数字形式显示地址和端口号。
- -o：显示与每个连接相关的所属进程 ID。
- -p proto：显示 proto 指定的协议的连接；proto 可以是下列协议之一：TCP、UDP、TCPv6 或 UDPv6。如果与 -s 选项一起使用，可以显示按协议统计信息。
- -r：显示路由表，与 route print 显示效果一样。
- -s：显示按协议统计信息。默认地显示 IP、IPv6、ICMP、ICMPv6、TCP、TCPv6、UDP 和 UDPv6 的统计信息。
- -v：与 -b 选项一起使用时，将显示包含为所有可执行组件创建连接或监听端口的组件。
- interval：重新显示选定统计信息，每次显示之间暂停时间间隔（以秒计）。按 Ctrl+C 组合键停止重新显示统计信息。如果省略，netstat 只显示一次当前配置信息。

参考答案：（1）C

试题 2 分析：arp 命令用于显示和修改 ARP 缓存表的内容，命令基本格式：

①**ARP -s** inet_addr eth_addr [if_addr]

②**ARP -d** inet_addr [if_addr]

③**ARP -a** [*inet_addr*] [**-N** *if_addr*]

参数说明：

- -s：静态指定 IP 地址与 MAC 地址的对应关系。
- -a：显示所有的 IP 地址与 MAC 地址的对应，使用-g 的参数与-a 是一样的，尤其注意一下这个参数。
- -d：删除指定的 IP 与 MAC 的对应关系。
- -N if_addr：只显示 if_addr 接口的 ARP 信息。

arp-s 10.0.0.80 00-AA-00-4F-2A-9C：添加一个静态表项，把 IP 地址 10.0.0.80 解析为物理地址 00-AA-00-4F-2A-9C。

参考答案：（2）B

试题 3 分析：tracert 是 Windows 网络中的 trace route 的功能的缩写，用于路由跟踪。

arp 用于显示、修改 ARP 缓存表中的值。

ipconfig 是 Windows 网络中最常使用的命令，用于显示计算机中网络适配器的 IP 地址、子网掩码及默认网关等信息。

netstat 是一个监控 TCP/IP 网络的工具，它可以显示路由表、实际的网络连接、每一个网络接口设备的状态信息，以及与 IP、TCP、UDP 和 ICMP 等协议相关的统计数据。其中 netstat -r 可以显示路由表信息。

netsh 是 Windows 自带的网络配置命令行工具，可保存网络设置、修改主机 IP 地址、使用 DHCP 服务、修改 DNS 参数、查看路由表信息。

nbtstat 显示基于 TCP/IP 的 NetBIOS 协议统计、本地计算机、远程计算机的 NetBIOS 名称表和 NetBIOS 名称缓存。

参考答案：（3）D　（4）B

试题 4 分析：见试题 1 分析。

参考答案：（5）B

试题 5 分析：nslookup（name server lookup）是一个用于查询 Internet 域名信息或诊断 DNS 服务器问题的工具。Windows 下的 nslookup 命令格式比较丰富，可以直接使用带参数的形式，也可以使用交互式命令设置参数。

tracert 是 Windows 网络中 trace route 的功能的缩写，用于路由跟踪。返回结果第一跳为网关 IP 地址。

netstat 命令的功能是显示网络连接、路由表和网络接口信息。

route print 为查看路由表命令。

netstat -r 和 route print 结果中的 Default Gateway 显示本地网关 IP 地址。

参考答案：（6）A

试题 6 分析：①route 命令主要用于手动配置静态路由和显示路由信息表。格式如下：

route [**-f**] [**-p**] *command* [*destination*] [**mask** *netmask*] [*gateway*] [**metric** metric] [**if interface**]

其中 command 选项为 print 时，表示命令用于显示主机路由信息。command 选项为 add 时，表示命令用于向系统当前的路由表中添加一条新的路由表条目，如 route add destination mask netmask gateway metric metricvalue。

其中：metric 表示跃点数。

注意：使用 netstat -r 可以到类似结果。

②ping 命令基于 ICMP 协议，检查网络连通性。

③nslookup 命令用于测试域名与 IP 地址对应关系。

④ipconfig /renew 命令用于重新从 DHCP 服务器获取 IP 地址。

参考答案：（7）D　（8）A

试题 7 分析：能接收 SNMP 和 trap 报文的必然是 SNMP 程序。在 NT 系统中，负责 SNMP 报文处理的程序是 snmp.exe.，而 trap 报文是由 snmptrap.exe 处理的。

参考答案：（9）D

试题 8 分析：本题中的 set type=ptr 表明要查询的是指针记录，如果查询的是 IP 地址，则指定计算机名，即反向解析。

参考答案：（10）B

试题 9 分析：nslookup（name server lookup）是一个用于查询 Internet 域名信息或诊断 DNS 服务器问题的工具。Windows 下的 nslookup 命令格式比较丰富，可以直接使用带参数的形式，也可以使用交互式命令设置参数。

简单查询时可以使用非交互式查询，基本命令格式：

nslookup [-option] [{name| [-server]}]

参数说明：

- -option：在非交互式中，可以使用选项直接指定要查询的参数，具体如下：
  - -timeout=x：指明系统查询的超时时间。如-timeout=10，表示超时时间是 10 秒。
  - -retry=x：指明系统查询失败时重试的次数。
  - -querytype=x：指明查询的资源记录的类型，x 可以是 A、PTR、MX、NS 等。
- name：要查询的目标域名或者 IP 地址。若 name 是 IP 地址，并且查询类型为 A 或 PTR 资源记录类型，则返回计算机的名称。
- -server：使用指定的 DNS 服务器解析，而非默认的 DNS 服务器。

参考答案：（11）A

试题 10 分析：本题考查对 ipconfig 的基本参数的掌握， all 表示显示 IP 配置有关的所有信息，release 表示释放原来的 IP 地址，renew 表示续借 IP 地址，ipconfig/flushdns 表示删除 DNS 缓存内容。

参考答案：（12）A

试题 11 分析：其基本工作原理是：通过向目标发送不同 IP 生存时间（TTL）值的 ICMP ECHO 报文，路径上的每个路由器在转发数据包之前，将数据包上的 TTL 减 1。在 tracert 工作时，先发送 TTL 为 1 的回应报文，并在随后的每次发送过程中将 TTL 增 1，直到目标响应或 TTL 达到最大值为止，通过检查中间路由器超时信息确定路由。

参考答案：（13）C （14）C

试题 12 分析：

本题表面上是考查命令，实际上是考查考生对端口号知识点的了解。首先要知道端口号分类。TCP/IP 使用 16 位的端口号来标识端口，所以端口的取值范围为[0,65535]。

端口可以分为系统端口、登记端口、客户端使用端口。

（1）系统端口，也称为熟知端口（well know）。

该端口的取值范围为[0,1023]，常见端口如表 13-2 所示。

表 13-2 常见端口

端口号	名称	功能
20	FTP-DATA	FTP 数据传输

续表

端口号	名称	功能
21	FTP	FTP 控制
22	SSH	SSH 登录
23	TELNET	远程登录
25	SMTP	简单邮件传输协议
53	DNS	域名解析
67	DHCP	DHCP 服务器开启，用来监听和接收客户请求消息
68	DHCP	客户端开启，用于接收 DHCP 服务器的消息回复
69	TFTP	简单 FTP
80	HTTP	超文本传输
110	POP3	邮局协议
143	IMAP	交互式邮件存取协议
161	SNMP	简单网管协议
162	SNMP（trap）	SNMP Trap 报文
443	HTTPS	传输安全的 HTTP 数据

（2）登记端口。

登记端口是为没有熟知端口号的应用程序使用的，端口范围是[1024,49151]。这些端口必须在 IANA 登记以避免重复。

（3）客户端使用端口。

这类端口仅在客户进程运行时候动态使用，使用完毕后，进程会释放端口。该端口范围是[49152,65535]。

故正确答案是 C。

参考答案：（15）C

14

Windows 服务配置

知识点图谱与考点分析

Windows 是目前使用最广泛的 PC 操作系统,其基本服务的配置很重要,因此考试中对 Windows 服务相关的内容考查比较多。主要集中在 IIS、DHCP、FTP 和 DNS 之上本章的知识体系图谱如图 14-1 所示。

图 14-1　Windows 服务配置知识体系图谱

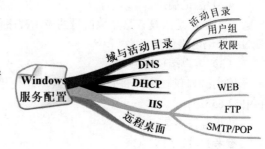

知识点：域与活动目录

知识点综述

Windows 的域与活动目录是 Windows 中的一个重要内容，因此在网络工程师考试中对域与活动目录的基本概念考查得比较多。本知识点的知识体系图谱如图 14-2 所示。

图 14-2   域与活动目录知识体系图谱

参考题型

【考核方式 1】 考核域与活动目录的基本概念。

1．Windows Server 2008 采用了活动目录（Active Directory）对网络资源进行管理，活动目录需安装在____(1)____分区。

　　（1）A．FAT16　　　　B．FAT32　　　　C．EXT2　　　　D．NTFS

　■ **试题分析**　在 Windows Server 2008 中活动目录必须安装在 **NTFS** 中，并且需要有 **DNS** 服务的支持。

　■ **参考答案**　（1）D

【考核方式 2】 考核用户组的权限。

2．在 Windows 系统中，默认权限最低的用户组是____(2)____。

　　（2）A．guests　　　　　　　　　B．administrators

　　　　　C．power users　　　　　　D．users

　■ **试题分析**　本题考查 Windows 中基本用户和组的权限。其中 guests 代表来宾用户用户组，因此其权限相对是最低的。Administrators 组是管理员，级别最高，权限也最大。

　■ **参考答案**　（2）A

3．阅读以下说明，回答问题 1 至问题 4，将解答填入答题纸对应的解答栏内。

　【**说明**】在 Windows Server 2008 系统中，用户分为本地用户和域用户，本地用户的安全策略用"本地安全策略"设置，域用户的安全策略通过活动目录管理。

　【**问题 1**】（2 分）

　在"本地安全设置"中启用了"密码必须符合复杂性要求"功能，如图 14-3 所示，则用户"ABC"可以采用的密码是____(1)____。

　　（1）A．ABC007　　　　　　　B．deE#3

　　　　　C．Test123　　　　　　　D．adsjfs

Chapter 14

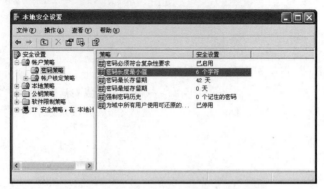

图 14-3 "本地安全设置"窗口

【问题 2】（4 分）

在"本地安全设置"中，用户账户锁定策略如图 14-4 所示。当 3 次无效登录后，用户账户被锁定的实际时间是____(2)____。如果"账户锁定时间"设置为 0，其含义为____(3)____。

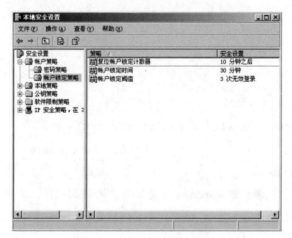

图 14-4 用户账户锁定策略

（2）A. 30 分钟 　　　B. 10 分钟 　　　　C. 0 分钟 　　　　D. 永久锁定

（3）A. 账户将一直被锁定，直到管理员明确解除对它的锁定

　　 B. 账户将被永久锁定，无法使用

　　 C. 账户锁定时间无效

　　 D. 账户锁定时间由锁定计数器复位时间决定

【问题 3】（3 分）

在 Windows Server 2008 中，活动目录必须安装在____(4)____，并且需要有____(5)____服务的支持。

（4）A. NTFS 　　　 B. FAT32 　　　 C. FAT 16 　　　 D. EXT2

（5）A. WEB 　　　 B. DHCP 　　　 C. IIS 　　　　 D. DNS

【问题 4】（6 分）

在 Windows Server 2008 的活动目录中，用户分为全局组（Global Groups）、域本地组（Domain Local Groups）和通用组（Universal Groups）。全局组的访问权限是＿＿＿(6)＿＿＿，域本地组的访问权限是＿＿＿(7)＿＿＿，通用组的访问权限是＿＿＿(8)＿＿＿。

（6）～（8）备选答案：

A．可以授予多个域中的访问权限

B．可以访问域林中的任何资源

C．只能访问本地域中的资源

■ **试题分析**

【问题 1】（2 分）

在 Windows 2008 中启动"密码必须符合复杂性要求"策略，则密码必须符合以下最低要求：

①不得明显包含用户账户名或用户全名的一部分。

②长度至少为六个字符。

③包含来自以下四个类别中的三个字符：

● 英文大写字母（从 A 到 Z）；

● 英文小写字母（从 a 到 z）；

● 10 个基本数字（从 0 到 9）；

● 非字母字符（例如，!、$、#、%）。

Test123 满足上述需求。

【问题 2】（每空 2 分，共 4 分）

账户锁定策略用于域账户或本地用户账户，它们确定某个账户被系统锁定的情况和时间长短。各功能项如表 14-1 所示。

表 14-1　功能项目特点及有效范围

功能项目名称	特点	有效范围
复位账户锁定计数器	登录失败之后，将尝试失败计数器被复位为 0（0 次登录失败）之前所需时间	1 到 99999 分钟
账户锁定时间	确定账户从锁定到自动解锁这段时间长度	0 到 99999 分钟（0 表示：管理员解锁前，一直被锁定）
账户锁定阀值	确定多少次登录失败，用户被锁定。除非管理员重新设置或锁定时间已过期，该账号一直失效	登录尝试失败的范围在 0 至 999 之间（0 表示：无法锁定账户）

在"本地安全设置"中，用户账户锁定策略如图 14-4 所示。当 3 次无效登录后，用户账户被锁定的实际时间是 **30 分钟**。如果"账户锁定时间"设置为 0，其含义为**账户将一直被锁定，直到管理员明确解除对它的锁定**。

【问题 3】（每空 1.5 分，共 3 分）

在 Windows Server 2008 中，活动目录必须安装在 **NTFS** 中，并且需要有 **DNS** 服务的支持。安装活动目录时，会产生一个名为 SYSVOL 的共享文件夹，该文件需要安装在 NTFS 分区上。SYSVOL 存放公共文件的服务器副本、组策略设置等。

DNS 在域中有两个作用：①定位 DC；②域命名遵循 DNS 标准，可以很好地让企业网与互联网整合。

【问题 4】（每空 2 分，共 6 分）

在 Windows Server 2008 的活动目录中，用户分为以下 3 种：

①域本地组（Domain Local Groups）。

多域用户访问单域资源（访问同一个域），组成成员包括 Windows Server 2008、Windows 2000 或 WindowsNT 域中的其他组和账户，而且只能在其所在域内指派权限。

②全局组（Global Groups）。

单域用户访问多域资源（必须是一个域里面的用户）。全局组的成员可包括其所在域中的其他组和账户，而且可在林中的任何域中指派权限。

③通用组（Universal Groups）。

成员可包括域树或林中任何域的其他组和账户，而且可在该域树或林中的任何域中指派权限。

■ **参考答案**

【问题 1】（2 分）

（1）C 或 Test123

【问题 2】（每空 2 分，共 4 分）

（2）A 或 30 分钟

（3）A 或账户将一直被锁定，直到管理员明确解除对它的锁定

【问题 3】（每空 1.5 分，共 3 分）

（4）A 或 NTFS

（5）D 或 DNS

【问题 4】（每空 2 分，共 6 分）

（6）B 或可以访问域林中的任何资源

（7）C 或只能访问本地域中的资源

（8）A 或可以授予多个域中的访问权限

4. 阅读以下说明，回答问题 1 至问题 6，将解答填入答题纸对应的解答栏内。

【说明】某公司总部服务器 1 的操作系统为 Windows Server 2008，需安装虚拟专用网（VPN）服务，通过 Internet 与子公司实现安全通信，其网络拓扑结构和相关参数如图 14-5 所示。

【问题 1】（2 分）

在 Windows Server 2008 的"路由和远程访问"中提供两种隧道协议来实现 VPN 服务：_____(1)_____ 和 L2TP，L2TP 协议将数据封装在 _____(2)_____ 协议帧中进行传输。

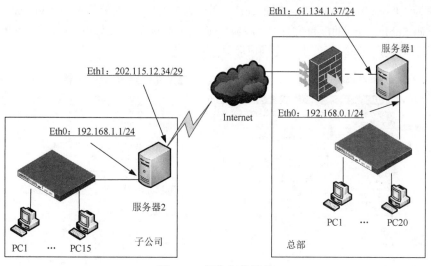

图 14-5   网络拓扑结构

【问题 2】（1 分）

在服务器 1 中，利用 Windows Server 2008 的管理工具打开"路由和远程访问"，在所列出的本地服务器上选择"配置并启用路由和远程访问"，然后选择配置"远程访问（拨号或 VPN）"服务。在图 14-6 所示的界面中，"网络接口"应选择___(3)___。

（3）A．连接 1   B．连接 2

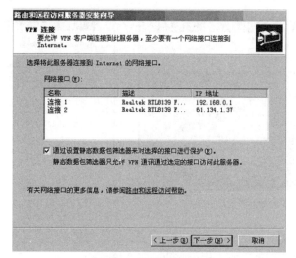

图 14-6   选择网络接口

【问题 3】（4 分）

为了加强远程访问管理，新建一条名为 SubInc 的访问控制策略，允许来自子公司服务器 2 的 VPN 访问。在图 14-7 所示的配置界面中，应将"属性类型（A）"的名称为___(4)___的值设置为"Layer Two Tunneling Protocol"，名称为＿＿（5）＿＿的值设置为"Virtual（VPN）"。

编辑 SubInc 策略的配置文件时，添加"入站 IP 筛选器"。在如图 14-8 所示的配置界面中，IP 地址应填写＿＿（6）＿＿，子网掩码应填写＿＿（7）＿＿。

图 14-7 配置界面 1　　　　　　　　　图 14-8 配置界面 2

【问题 4】（4 分）

子公司 PC1 安装 Windows 操作系统，打开"网络和 Internet 连接"。若要建立与公司总部服务器的 VPN 连接，在如图 14-9 所示的窗口中应该选择＿＿（8）＿＿，在图 14-10 所示的配置界面中填写＿＿（9）＿＿。

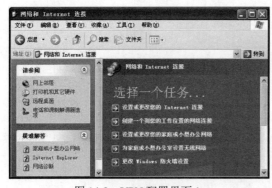
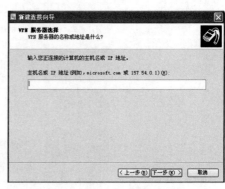

图 14-9 VPN 配置界面 1　　　　　　　　图 14-10 VPN 配置界面 2

（8）A．设置或更改您的 Internet 连接

　　　B．创建一个到您的工作位置的网络连接

　　　C．设置或更改您的家庭或小型办公网络

　　　D．为家庭或小型办公室设置无线网络

　　　E．更改 Windows 防火墙设置

【问题 5】（2 分）

用户建立的 VPN 连接 xd2 的属性如图 14-11 所示，启动该 VPN 连接时是否需要输入用户名和密码？为什么？

【问题 6】（2 分）

图 14-12 所示的配置窗口中，所列协议"不加密的密码（PAP）"和"质询握手身份验证协议（CHAP）"有何区别？

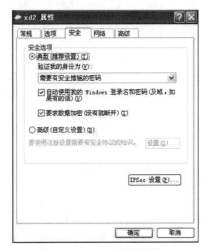

图 14-11　xd2 属性界面

图 14-12　"高级安全设置"界面

■ 试题分析

【问题 1】（2 分）

在 Windows Server 2008 的"路由和远程访问"中，使用 PPTP 和 L2TP 两种隧道协议来实现 VPN 服务。

【问题 2】（1 分）

提供 VPN 服务需要公网地址，而图 14-6 中，"连接 1"配置地址为私有地址 192.168.0.1，"连接 2"配置地址为公网地址 61.134.1.37，所以选择"连接 2"。

【问题 3】（4 分，各 1 分）

构建 VPN 的安全原则是给予接入端最少的特权，只有被确认的数据才能通过 VPN 服务器。要允许公司服务器 2 访问 VPN 服务器，就需要在"路由和远程访问"中配置。

在"属性类型（A）"名称列的"Tunnel-Type"中，选中"Layer Two Tunneling Protocol"。在图 14-7 中，选中"NAS-Port_Type"属性类型并添加。

入站 IP 筛选器中添加公司服务器 2 所包含的 IP 地址及掩码，所以（6）空填写 202.115.12.34，（7）空填写 255.255.255.255。

【问题 4】（4 分，各 2 分）

若要建立与公司总部服务器的 VPN 连接，应该选择"创建一个到您的工作位置的网络连接"，并在随后的配置界面中填写 VPN 服务器地址，所以（9）空填写 61.134.1.137。

【问题5】（2分）

不需要使用用户名和密码。因为图 14-11 中选中"自动使用我的 Windows 登录名和密码"，此时用本机 Windows 登录的用户名和密码进行 VPN 连接。

【问题6】（2分）

口令字认证协议（PAP）使用明文身份验证。

挑战握手认证协议（CHAP）通过使用 MD5 和质询－响应机制提供一种加密身份验证。

■ 参考答案

【问题1】（2分，各1分）

（1）PPTP（点对点隧道协议）

（2）PPP（点对点协议）

【问题2】（1分）

（3）B

【问题3】（4分，各1分）

（4）Tunnel-Type

（5）NAS-Port_Type

（6）202.115.12.34

（7）255.255.255.255

【问题4】（4分，各2分）

（8）B

（9）61.134.1.137

【问题5】（2分）

不需要。因为图中选中"自动使用我的 Windows 登录名和密码"，此时用本机 Windows 登录的用户名和密码进行 VPN 连接。

【问题6】（2分）

PAP 使用明文身份验证。（1分）

CHAP 通过使用 MD5 和质询－响应机制提供一种加密身份验证。（1分）

知识点：DNS

知识点综述

DNS 服务是整个网络中最基本的一个服务，很多其他的网络服务都是建立在 DNS 的名字解析之上的，其重要性不言而喻。本知识点体系图谱如图 14-13 所示。

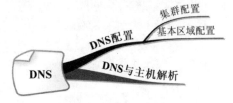

图 14-13 DNS 知识体系图谱

参考题型

1. 在 Windows Server 2008 的 DNS 服务器中通过___(1)___操作，实现多台 Web 服务器构成集群并共享同一域名。

    （1）A. 启用循环（Round Robin），添加每个 Web 服务器的主机记录

        B. 禁止循环（Round Robin），启动转发器指向每个 Web 服务器

        C. 启用循环（Round Robin），启动转发器指向每个 Web 服务器

        D. 禁止循环（Round Robin），添加每个 Web 服务器的主机记录

■ 试题分析 DNS 配置中有多个 IP 地址对应同一个域名时，DNS 服务器就用 Round Robin 算法（轮询）把某一个 IP 地址返回给用户，从而在一定程度上实现了负载均衡。在 Windows Server 2008 的 DNS 服务器中，通过添加每个 Web 服务器的主机记录操作，实现多台 Web 服务器构成集群并共享同一个域名。

■ 参考答案 （1）A

2. 在 Windows 系统中进行域名解析时，客户端系统会首先从本机的___(2)___文件中寻找域名对应的 IP 地址。在该文件中，默认情况下必须存在的一条记录是___(3)___。

    （2）A. hosts   B. lmhosts   C. networks   D. dnsfile

    （3）A. 192.168.0.1 gateway   B. 224.0.0.0 multicast

        C. 0.0.0.0 source   D. 127.0.0.1 localhost

■ 试题分析 Windows 系统 c:\windows\system32\drivers\etc\目录下的 hosts 文件存放一些主机和 IP 地址映射表。

在 Windows 系统中进行域名解析时，客户端系统会首先从本机的 **hosts** 文件中寻找域名对应的 IP 地址。在该文件中，默认情况下必须存在的一条记录是 **127.0.0.1 localhost**。

■ 参考答案 （2）A （3）D

3. 阅读以下说明，回答问题 1 至问题 5，将解答填入答题纸对应的解答栏内。

【说明】某公司采用 Windows Server 操作系统构建了一个企业网站，要求用户输入 https://www.test.com 访问该网站。该服务器同时又配置了 FTP 服务，域名为 ftp.test.com。在 IIS 安装完成后，网站的属性窗口有 "主目录" "目录安全性" 及 "网站" 等选项卡。选项卡分别如图 14-14 至图 14-16 所示。

图 14-14　"主目录"选项卡

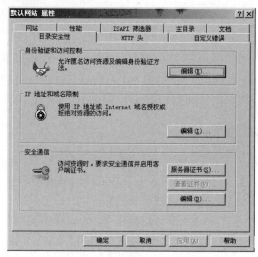

图 14-15　"目录安全性"选项卡

　　Web 服务器安装完成后，需要在 DNS 服务器中添加记录，为 Web 服务器建立的正向搜索区域记录如图 14-17 所示。

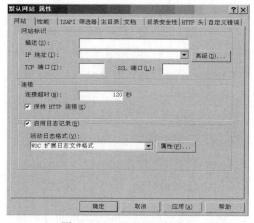

图 14-16　"网站"选项卡

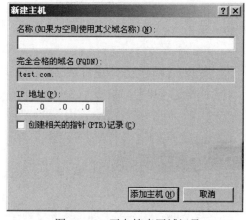

图 14-17　正向搜索区域记录

【问题 1】（2 分）

　　为了让用户能够查看网站文件夹中的内容，在图 14-14 中应勾选＿＿＿(1)＿＿＿复选框。

【问题 2】（3 分）

　　为了配置安全的 Web 网站，在图 14-15 中需单击安全通信中的"服务器证书"按钮来获取服务器证书。获取服务器证书共有以下 4 个步骤，正确的排序为＿＿＿(2)＿＿＿。

　　A．生成证书请求文件

　　B．在 IIS 服务器上导入并安装证书

　　C．从 CA 导出证书文件

D．CA 颁发证书

【问题 3】（2 分）

默认情况下，图 14-16 中的"SSL 端口"文本框中应填入___（3）___。

【问题 4】（4 分）

在图 14-17 中，"名称"文本框中应输入___（4）___。

（4）A．https.www B．www C．https D．index

在如图 14-18 所示的下拉菜单中，选择___（5）___选项可为 ftp.test.com 建立正向搜索区域记录。

【问题 5】（4 分）

该 DNS 服务器配置的记录如图 14-19 所示。

图 14-18 下拉菜单

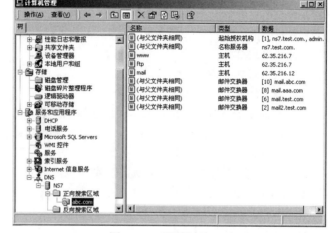

图 14-19 配置记录

邮件交换器中优先级别最高的是___（6）___；

（6）A．[10]mail.abc.com B．[8]mail.aaa.com

C．[6]mail.test.com D．[2]mail2.test.com

在客户端可以通过___（7）___来测试到 Web 网站的连通性。

（7）A．ping 62.35.216.12 B．ping 62.35.216.7

C．ping mail.test.com D．ping ns7.test.com

■ **试题分析**

【问题 1】（2 分）

① "主目录"选项卡中，网站访问权限有 6 种：

● 读取：用户可读取文件内容和属性，默认启用。

● 写入：用户可以修改目录或文件的内容。

● 脚本资源访问：允许用户访问脚本文件的源代码，必须和读取或写入权限同时启用方可生效。

● 目录浏览：用户可以浏览目录，从而可以看到目录中的所有文件；允许用户能够查看网站文件夹中的内容，因此应该勾选"目录浏览"复选框。

- 记录访问：当用户浏览此网站时进行日志记录，默认启用。
- 索引资源：允许索引服务对此资源进行索引，默认启用。

注意：网站访问权限只是完整的用户访问控制体系结构中的一部分。

②执行权限：执行权限用于控制此网站的程序执行级别，IIS 6.0 中具有以下 3 种执行权限：

- 无：不能执行任何代码，只能访问静态内容。
- 纯脚本：只能运行脚本代码，例如 ASP 等，不允许执行可执行程序。
- 脚本和可执行文件：允许执行所有脚本和可执行程。

【问题2】（3分）

为了配置安全的 Web 网站，在图 14-15 中需单击安全通信中的"服务器证书"按钮来获取服务器证书。获取服务器证书共有以下 4 个步骤，正确的排序为：

生成证书请求文件→CA 颁发证书→从 CA 导出证书文件→在 IIS 服务器上导入并安装证书

【问题3】（2分）

SSL 默认端口 443

【问题4】（4分，各2分）

为 www.test.com 的主机建立的正向搜索区域记录应该填写 www。

"新建主机"和"新建别名"两种方式均能为 ftp.test.com 建立正向搜索区域记录。

【问题5】（4分，各2分）

DNS 服务器配置中，邮件交换器指定了对应的域名。邮件交换器（MX）记录形式如"[2]mail2.test.com"，其中[]中的数字越小，表示优先级越高。

由图 14-19 可以知道，主机头 www 和 ftp 对应的地址均为 62.35.216.7，因此 ping 62.35.216.7 可以测试 Web 网站连通性。

■ 参考答案

【问题1】（2分）

（1）"目录浏览"

【问题2】（3分）

（2）ADCB

【问题3】（2分）

（3）443

【问题4】（4分，各2分）

（4）B 或 www

（5）新建主机或新建别名

【问题5】（4分，各2分）

（6）D 或[2]mail2.test.com

（7）B 或 ping 62.35.216.7

4. 阅读以下说明，回答问题1至问题5，将解答填入答题纸对应的解答栏内。

【说明】某网络拓扑结构如图 14-20 所示，网络 1 和网络 2 的主机均由 DHCP_ Server 分

Windows 服务配置 第 14 章

配 IP 地 址。FTP_ Server 的操作系统为 Windows Server 2008，Web_Server 的域名为 www.softexamtest.com。

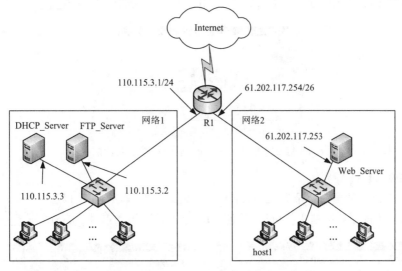

图 14-20 网络拓扑结构

【问题 1】（4 分）

DHCP Server 服务器可动态分配的 IP 地址范围为___（1）___和___（2）___。

【问题 2】（2 分）

若在 host1 上运行 ipconfig 命令，获得如图 14-21 所示结果，host1 能正常访问 Internet 吗？说明原因。

图 14-21 命令结果

【问题 3】（3 分）

若 host1 成功获取 IP 地址后，在访问 http://www.abc.com 网站时总是访问到 www.softexamtest.com，而同一网段内的其他客户端访问该网站正常。在 host1 的 C:\WINDOWS\system32\drivers\etc 目录下打开___（3）___文件，发现其中有如下两条记录：

127.0.0.1   localhost

___（4）___   www.abc.com

在清除第 2 条记录后关闭文件，重启系统后，host1 访问 http://www.abc.com 网站正常。

【问题 4】（2 分）

在配置 FTP Server 时，图 14-22 中的"IP 地址"文本框中应填入___(5)___。

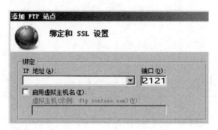

图 14-22 "默认 FTP 站点 属性"对话框

【问题 5】（4 分）

若 FTP 配置的虚拟目录为 pcn，虚拟目录配置如图 14-23 和图 14-24 所示。

根据以上配置，哪些主机可访问该虚拟目录？访问该虚拟目录的命令是___(6)___。

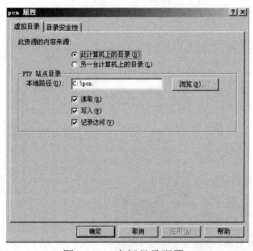

图 14-23 虚拟目录配置

图 14-24 目录安全性配置

■ 试题分析

【问题 1】（4 分，每空 2 分）

原有地址 110.115.3.1/24 和 61.202.117.254/26，排除 DHCP_Server 地址（110.115.3.3）、FTP_Server 地址（110.115.3.2）、路由器占用地址（110.115.3.1、61.202.117.254）、Web_Server 地址（61.202.117.253）。

再排除网络地址、广播地址，则可分配 IP 地址范围为 110.115.3.4~110.115.3.254 和 61.202.117.193 ~ 61.202.117.252。

【问题 2】（2 分）

169.254.X.X 是保留地址。如果 PC 机上 IP 地址设置自动获取，而 PC 机又没有找到相应的 DHCP 服务，那么最后 PC 机可能得到保留地址中的一个 IP。这类地址又称为自动专用 IP 地址（Automatic Private IP Address，APIPA）。APIPA 是 IANA（Internet Assigned Numbers Authority）保留的一个地址块。

【问题 3】（3 分，每空 1.5 分）

Windows 系统 C:\WINDOWS\system32\drivers\etc\目录下的 hosts 文件存放一些主机和 IP 地址映射表。

DNS 查询过程：

Windows 系统会先检查 hosts 文件是否包含所要查询域名与 IP 地址映射关系。如果命中，则使用对应 IP 地址；如果没有命中，则向设置的 DNS 服务器提交域名解析。

本题 host1 的 host 文件中，如果 www.abc.com 对应地址为 61.202.117.253（www.softexamtest.com 对应的 IP 地址），则会出现"访问 http://www.abc.com 网站时总是访问到 www.softexamtest.com"现象。

【问题 4】（2 分）

题目给出了 FTP 服务器地址为 110.115.3.2，因此得解。

【问题 5】（4 分）

目录安全设置后，除了 110.115.3.10 主机，其他均不可以访问虚拟目录。

由于配置 FTP 时给出的 FTP 的 TCP 端口为 2121，则访问 FTP 虚拟目录的命令为 ftp://110.115.3.2:2121。

■ 参考答案

【问题 1】（4 分，每空 2 分）

（1）110.115.3.4～110.115.3.254

（2）61.202.117.193～61.202.117.252

（1）、（2）可互换

【问题 2】（2 分）

不能。（1 分）

由于该主机地址是自动专用 IP 地址（Automatic Private IP Address，APIPA），即当客户机无法从 DHCP 服务器中获得 IP 地址时自动配置的地址。（1 分）

【问题 3】（3 分，每空 1.5 分）

（3）hosts

（4）61.202.117.253

【问题 4】（2 分）

（5）110.115.3.2

【问题 5】（4 分）

只有 110.115.3.10 可访问（2 分）

（6）ftp://110.115.3.2:2121 或 ftp://110.115.3.2:2121/pcn   （2 分）

知识点：IIS

知识点综述

IIS 是 Windows 中的一个服务组件，包括了 WWW、FTP 等服务，因此对 IIS 的基本配置、身份验证等需要重点掌握。本知识体系图谱如图 14-25 所示。

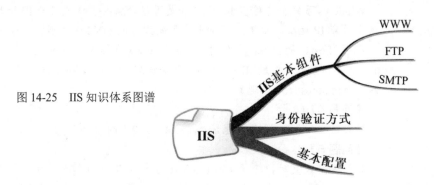

图 14-25　IIS 知识体系图谱

参考题型

【考核方式 1】 考核 IIS 的基本组件。

1. Windows Server 2008 操作系统中，IIS 7.5 不提供下列___（1）___服务。

　　（1）A．WWW　　　　B．SMTP　　　　　C．POP3　　　　　D．FTP

　　■ **试题分析**　IIS 7.5 提供 WWW、FTP、SMTP 服务，不提供 POP3 服务，但是 Windows Server 2008 中以组件"电子邮件服务"提供 POP3 的服务。

　　■ **参考答案**　（1）C

2. 在 Windows Server 2008 操作系统中，WWW 服务包含在___（2）___组件下。

　　（2）A．DNS　　　　B．DHCP　　　　　C．FTP　　　　　D．IIS

　　■ **试题分析**　Windows Server 2008 操作系统中的 IIS 服务包含了 WWW、FTP、虚拟的 SMTP 等服务器。本题属于识记类型。

　　■ **参考答案**　（2）D

3. 配置 FTP 服务器的属性对话框如图 14-26 所示，默认情况下"本地路径"文本框中的值为___（3）___。

　　（3）A．c:\inetpub\wwwroot　　　　　　B．c:\inetpub\ftproot

　　　　　C．c:\wmpubi\wwwroot　　　　　　D．c:\wmpubi\ftproot

　　■ **试题分析**　配置 FTP 服务器的属性窗口中，默认情况下"本地路径"文本框中的值为 c:\inetpub\ftproot。

　　■ **参考答案**　（3）B

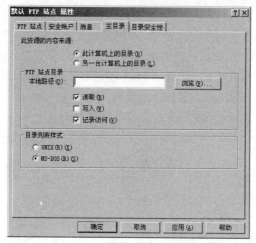

图 14-26　"默认 FTP 站点 属性"对话框

【考核方式 2】 考核 IIS 身份验证方式及特点。

4．IIS 服务支持的身份验证方法中，需要利用明文在网络上传递用户名和密码的是____(4)____。

（4）A．.NET Passport 身份验证　　　B．集成 Windows 身份验证

　　　C．基本身份验证　　　　　　　　D．摘要式身份验证

■ 试题分析　IIS 的身份认证分为五种：匿名身份认证、基本身份验证、摘要式身份验证、集成 Windows 身份验证、.NET Passport 身份验证。其特性见表 14-2。

表 14-2　IIS 的身份认证方式及特性

身份认证方式	认证过程	特点	安全等级
匿名身份认证	IIS 创建 IUSR_ComputerName 账户（其中 ComputerName 为 IIS 服务器名），用于匿名用户访问 Web 时的身份认证	不要求身份认证	无
基本身份认证	限制对 NTFS 格式的 Web 服务器访问，该认证方式基于用户 ID	用户 ID、密码均为明文（Base64 编码），安全等级低	低
摘要式身份认证	需要用户 ID 和密码，用户凭据作为 Hash MD5 或消息摘要在网络中进行传输	可通过代理，客户端也需要使用活动目录	中
集成 Windows 身份验证	该方式下浏览器尝试使用当前用户在域登录过程中使用的凭据，如果此尝试失败，就会提示该用户输入用户名和密码	两种验证方式： ● NTLM 身份认证（不支持 HTTP 代理） ● Kerberos 版本 5（客户端要能访问域控制器）	NTLM：中 Kerberos：高
.NET Passport 身份验证	.NET Passport 身份验证提供了单一登录安全性，为用户提供对 Internet 上各种服务的访问权限	对 IIS 服务的请求必须在查询字符串或 Cookie 中包含有效的.NET Passport 凭据	高

■ **参考答案** （4）C

5． 阅读以下说明，回答问题 1 至问题 7，将解答填入答题纸对应的解答栏内。

【**说明**】某单位网络拓扑结构图如图 14-27 所示，该单位 Router 以太网接口 E0 接内部交换机 S1，S0 接口连接到电信 ISP 的路由器，交换机 S1 连接内部的 Web 服务器、DHCP 服务器、DNS 服务器和部分客户机。服务器均安装 Windows Server 2008，办公室的代理服务器（Windows XP 系统）安装了两块网卡，分别连接交换机 S1、S2 的端口，均在 VLAN1 中。

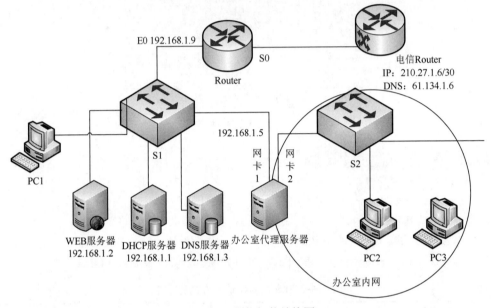

图 14-27 网络拓扑结构图

【**问题 1**】（4 分）

根据图 14-27，该单位 Router S0 接口的 IP 地址应设置为___（1）___；在 S0 接口与电信 ISP 路由器接口构成的子网中，广播地址为___（2）___。

■ **试题分析** 本题考查 IP 地址、子网掩码的计算，本题中的计算非常简单。从图中可以看到电信 Router 的地址是 210.27.1.6/30，从这个/30 的掩码就可以知道，现在对端的地址必定是 210.27.1.5，因为这个网段只有 4 个地址，有效的主机地址只有两个，而广播地址则是 210.27.1.7。

■ **参考答案** （1）210.27.1.5   （2）210.27.1.7

【**问题 2**】（2 分）

办公室代理服务器的网卡 1 为静态地址，在网卡 1 上启用 Windows XP 系统内置的"Internet 连接共享"功能，实现办公室内网的共享代理服务；那么通过该共享功能自动分配给网卡 2 的 IP 地址是___（3）___。

■ **试题分析** 本题考查 Windows 的 ICS 配置，在 Internet 连接共享的设置中，会自动地将内网的网卡设置为一个固定的地址 192.168.0.1。

■ **参考答案**　（3）192.168.0.1

【问题 3】（2 分）

在 DHCP 服务的安装过程中，租约期限一般默认为___（4）___天。

■ **试题分析**　本题考查 Windows 下 DHCP 服务器的默认参数。这个默认的天数是 8 天，在安装的向导程序中可以看到。

■ **参考答案**　（4）8

【问题 4】（2 分）

该单位路由器 Router 的 E0 口设置为 192.168.1.9/24，在 DHCP 服务器上配置、启动、激活 DHCP 服务后，查看 DHCP 地址池的结果如图 14-28 所示。

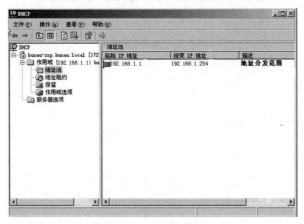

图 14-28　DHCP 窗口

为了满足图 14-27 的功能，在 DHCP 服务器地址池配置操作中还应该增加什么操作？

■ **试题分析**　本题考查 Windows 中 DHCP 服务器的配置。从图中可以看出，这个地址池的范围包含了整个网段，而从拓扑图上可以看到，一些服务器使用了这个地址池中的部分地址。因此如地址池的范围不加以修改，最终会导致地址冲突。因此本题中应该添加排除 IP 的操作，或者对服务器的地址进行保留设置。

■ **参考答案**　进行"添加排除"IP 地址的操作。

【问题 5】（3 分，每空 1 分）

假如在图 14-27 中移除 DHCP 服务器，改由单位 Router 来提供 DHCP 服务，在 Router 上配置 DHCP 服务时用到了如下命令，请在横线处将命令行补充完整。

```
[Huawei]dhcp enable
…
[Huawei]ip ___(5)___ hkhk        //配置 DHCP 地址池名为 hkhk
[Huawei-ip-pool-hkhk] ___(6)___ 192.168.1.0 mask 255.255.255.0
[Huawei-ip-pool-hkhk] ___(7)___ 192.168.1.9
```

■ **试题分析**　本题考查路由器中配置 DHCP 服务器的基本指令和步骤。在配置中，首先要创建一个 DHCP 地址池，然后指定地址池的参数。本题中首先用 ip pool poolname 创建地址

14
Chapter

池，用 network 指定该地址池的地址范围，用 gateway-list 指定客户的默认网关的地址。

■ **参考答案** （5） pool （6）network （7）gateway-list

【问题6】（4分，每空2分）

如图 14-29 所示，在 QQQ 网站的属性对话框中，若"网站"选项卡的"IP 地址"设置为"全部未分配"，则说明___（8）___。

（8）A．网站的 IP 地址为 192.168.1.1，可以正常访问

　　　B．网站的 IP 地址为 192.168.1.2，可以正常访问

　　　C．网站的 IP 地址未分配，无法正常访问

图 14-29 "网站"选项卡

在图 14-30 的 Web 服务"主目录"选项卡上，至少要设置对主目录的___（9）___权限，才能访问该 Web 服务器。

（9）A．读取　　　　B．写入　　　　C．目录浏览　　　　D．记录访问

图 14-30 "主目录"选项卡

■ **试题分析** 本题考查服务器监听地址和端口的设置，IP 地址为全部未分配，则表示该服务器上的所有 IP 地址都会被监听，但是本题可以从图中看出，Web 服务器的 IP 地址为 192.168.1.2。因此选 B。

■ **参考答案** （8）B （9）A

【问题 7】（3 分）

按系统默认的方式配置了 KZ 和 QQQ 两个网站（如图 14-31 所示），此时两个网站均处于停止状态，若要使这两个网站能同时工作，请给出三种可行的解决办法。

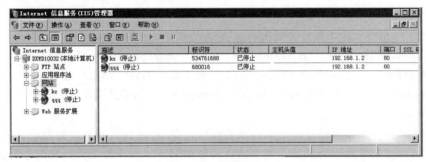

图 14-31 配置网站

方法一： ＿＿（10）＿＿
方法二： ＿＿（11）＿＿
方法三： ＿＿（12）＿＿

■ **试题分析** 本题考查同一服务器上设置多网站的三种基本配置方式。在 IIS 服务器中，要实现多个网站同时存在，采用的思路是：①设置多 IP 地址，每个 IP 地址对应一个网站；②指定每个网站有不同的主机头值，通过不同的主机头区分不同的网站；③指定不同网站的端口号，但是 IP 地址是相同的，通过端口区分不同的网站。

■ **参考答案**

（10）给 KZ 和 QQQ 指定不同的 IP 地址
（11）给 KZ 和 QQQ 指定不同的主机头值
（12）给 KZ 和 QQQ 指定不同的端口号
（10）～（12）位置可互换。

知识点：远程桌面

知识点综述

远程桌面服务是 Windows 中的一个重要特色服务，在近年的网络工程师考试中考查得较多。本知识点的体系图谱如图 14-32 所示。

图 14-32　远程桌面知识体系图谱

参考题型

【考核方式】 考核远程桌面的基本概念。

1. Windows Server 2008 操作系统中，____(1)____ 提供了远程桌面访问。

　　（1）A. FTP　　　　　B. E-mail　　　C. Terminal Service　　D. HTTP

　■ **试题分析** 终端服务（Terminal Services）也叫 WBT（Windows-Based Terminal，基于 Windows 的终端），它集成在 Windows.NET Server 中，作为系统服务器服务组件存在。使用的是 3389 端口。

　　终端服务的工作原理是客户机和服务器通过 TCP/IP 协议和标准的局域网构架联系。通过客户端终端及客户机的鼠标、键盘的输入传递到终端服务器上，再将服务器上的显示传递回客户端。客户端不需要具有计算能力，至多只需提供一定的缓存能力。众多的客户端可以同时登录到服务器上，仿佛同时在服务器上工作一样，它们之间作为不同的会话连接而互相独立。

　■ **参考答案** （1）C

2. 默认情况下，远程桌面用户组（Remote Desktop Users）成员对终端服务器____(2)____。

　　（2）A. 具有完全控制权　　　　　　　B. 具有用户访问权和来宾访问权

　　　　 C. 仅具有来宾访问权　　　　　　D. 仅具有用户访问权

　■ **试题分析** Remote Desktop Users 组内用户具有来宾访问或用户访问的权限。

　■ **参考答案** （2）B

3. 阅读以下说明，回答问题 1 至问题 4，将解答填入答题纸对应的解答栏内。

　　【说明】终端服务可以使客户远程操作服务器，Windows Server 2008 中开启终端服务时需要分别安装终端服务的服务器端和客户端，图 14-33 为客户机 Host1 连接终端服务器 Server1 的网拓扑络示意图。

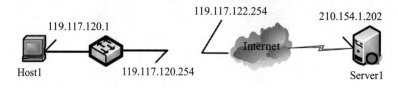

图 14-33　网络拓扑示意图

Host1 和 Server1 账户如表 14-3 所示。

表 14-3　Host1 和 Server1 账户

账户名	主机	所属组
Admin1	Host1	Administrators
RDU1	Host1	Power Users
Admin2	Serve1	Administrators
RDU2	Serve1	Remote Desktop Users

图 14-34 是 Serverl "系统属性"对话框的"远程"选项卡，图 14-35 是"RDP-Tcp 属性"对话框的"环境"选项卡，图 14-36 为 Host1 采用终端服务登录 Serverl 的用户登录界面。

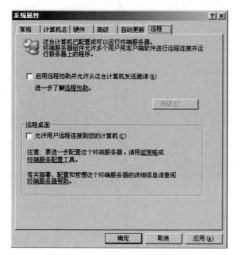

图 14-34　"远程"选项卡

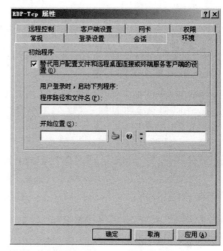

图 14-35　"环境"选项卡

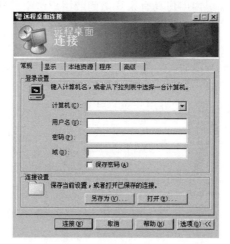

图 14-36　"远程桌面连接"窗口

此外，在 Serverl 中为了通过日志了解每个用户的行踪，把"D:\tom\note.bat"设置成用户的登录脚本，通过脚本中的配置来记录日志。

【问题 1】（3 分）

默认情况下，RDU2 对终端服务具有___（1）___和___（2）___权限。

（1）～（2）：

A．完全控制　　　　B．用户访问　　　　C．来宾访问　　　　D．特别权限

【问题 2】（7 分）

将 RDU2 设置为 Serverl 的终端服务用户后，在 Hostl 中登录 Serverl 时，图 14-36 中的"计算机"栏应填入___（3）___；"用户名"栏应填入___（4）___。

此时发现 Hostl 不能远程登录终端服务器，可能原因是___（5）___。

【问题 3】（2 分）

在图 14-35 的"程序路径和文件名"栏中应填入___（6）___。

【问题 4】（3 分）

note.bat 脚本文件如下：

```
time /t>>note.log
netstat -n -p tcp | find ":3389">> note.log
start Explorer
```

第一行代码用于记录用户登录的时间，"time /t"的意思是返回系统时间，使用符号">>"把这个时间记入"note.log"，作为日志的时间字段。请解释下面命令的含义：

```
netstat -n -p tcp | find ":3389">>note.log
```

■ **试题分析**

【问题 1】（每空 1.5 分，共 3 分）

Remote Desktop Users 终端服务的入口，加入了 Remote Desktop Users、Administrators 组的成员均可以远程桌面方式访问终端服务器。

Remote Desktop Users 组内用户具有来宾访问或用户访问的权限。

【问题 2】（空（3）、（4）各 2 分，空（5）3 分，共 7 分）

将 RDU2 设置为 Serverl 的终端服务用户后，在 Hostl 中登录 Serverl 时，图 14-36 中"计算机"栏应填入服务器的 IP 地址，这里 Server1 地址为 210.154.1.202。

"用户名"栏应填入服务器 Remote Desktop Users 组用户名，本题为 RDU2。

本题给出的图中没有勾选"允许用户远程连接到您的计算机"复选框，如图 14-37 所示。所以不能访问。

图 14-37　未勾选"允许用户远程连接到您的计算机"复选框

【问题 3】（2 分）

因为"把'D:\tom\note.bat'设置成用户的登录脚本，通过脚本中的配置来记录日志"，所

以在图 14-35 的"程序路径和文件名"栏中应填入 D:\tom\note.bat。

【问题 4】（3 分）

note.bat 脚本文件解释如下：

```
time /t>>note.log
```
//记录用户登录的时间，"time /t"的意思是返回系统时间，使用符号">>"是写入操作
```
netstat -n -p tcp | find ":3389">> note.log
```
//在所有 TCP 连接信息中，找出通过 3389 端口访问主机的状态信息，并写入文件 note.log
```
start Explorer
```

■ 参考答案

【问题 1】（每空 1.5 分，共 3 分）

（1）B 或用户访问

（2）C 或来宾访问

（1）（2）答案可互换

【问题 2】（空（3）、（4）各 2 分，空（5）3 分，共 7 分）

（3）210.154.1.202

（4）RDU2

（5）图 14-34 中没有勾选"允许用户远程连接到您的计算机"复选框

【问题 3】（2 分）

（6）D:\tom\note.bat

【问题 4】（3 分）

将通过 3389 端口访问主机的 TCP 协议状态信息写入 note.log 文件中，或者将远程访问主机的信息记录在日志文件 note.log 中。

课堂练习

1. 下面关于域本地组的说法中，正确的是___(1)___。

    （1）A．成员可来自森林中的任何域，仅可访问本地域内的资源

          B．成员可来自森林中的任何域，可访问任何域中的资源

          C．成员仅可来自本地域，仅可访问本地域内的资源

          D．成员仅可来自本地域，可访问任何域中的资源

2. 在下列选项中，属于 IIS 提供的服务组件是___(2)___。

    （2）A．Samba   B．FTP   C．DHCP   D．DNS

3. IIS 7.5 将多个协议结合起来组成一个组件，其中不包括___(3)___。

    （3）A．WWW   B．SMTP   C．FTP   D．DNS

4. 通过"Internet 信息服务（IIS）管理器"管理单元可以配置 FTP 服务，若将控制端口设置为 2222，则数据端口自动设置为___(4)___。

    （4）A．20   B．80   C．543   D．2221

5. IIS 7.5 支持的身份验证安全机制有 4 种验证方法，其中安全级别最高的验证方法是___（5）___。

    （5）A. 匿名身份验证　　　　　　B. 集成 Windows 身份验证

           C. 基本身份验证　　　　　　　D. 摘要式身份验证

6. 阅读以下说明，回答问题 1 至问题 5，将解答填入答题纸对应的解答栏内。

【说明】某公司采用 Windows Server 2008 操作系统构建了一个企业网站，要求用户输入 https:// www.test.com 访问该网站。该服务器同时又配置了 FTP 服务，域名为 ftp.test.com。在 IIS 7.5 安装完成后，网站的属性窗口"主目录"选项卡、"目录安全性"及"网站"选项卡分别如图 14-38 至图 14-40 所示。

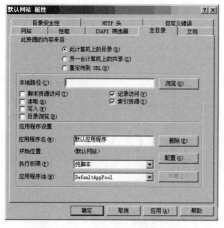

图 14-38　"主目录"选项卡

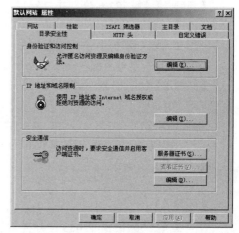

图 14-39　"目录安全性"选项卡

Web 服务器安装完成后，需要在 DNS 服务器中添加记录，为 Web 服务器建立的正向搜索区域记录如图 14-41 所示。

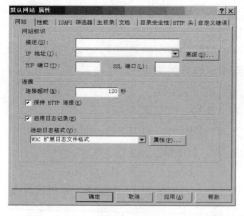

图 14-40　"网站"选项卡

图 14-41　"新建主机"对话框

【问题 1】（2 分）

为了让用户能够查看网站文件夹中的内容，在图 14-38 中应勾选___(1)___。

【问题 2】（3 分）

为了配置安全的 Web 网站，在图 14-39 中需单击安全通信中的"服务器证书"按钮来获取服务器证书。获取服务器证书共有以下 4 个步骤，正确的排序为___(2)___。

　　A．生成证书请求文件

　　B．在 IIS 服务器上导入并安装证书

　　C．从 CA 导出证书文件

　　D．CA 颁发证书

【问题 3】（2 分）

默认情况下，图 14-40 中"SSL 端口"栏应填入___(3)___。

【问题 4】（4 分）

在图 14-41 中，"名称"栏中应输入___(4)___。

　　（4）A．https.www　　　　　　　　B．www

　　　　　C．https　　　　　　　　　　D．index

在如图 14-42 所示的下拉菜单中单击___(5)___，可为 ftp.test.com 建立正向搜索区域记录。

【问题 5】（4 分）

该 DNS 服务器配置的记录如图 14-43 所示。

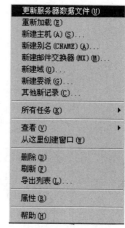

图 14-42　下拉菜单

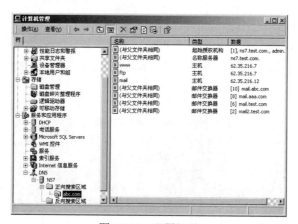

图 14-43　配置记录

邮件交换器中优先级别最高的是___(6)___。

　　（6）A．[10]mail.abc.com　　　　　B．[8]mail.aaa.com

　　　　　C．[6]mail.test.com　　　　　D．[2]mail2.test.com

在客户端可以通过___(7)___来测试到 Web 网站的连通性。

　　（7）A．ping 62.35.216.12　　　　　B．ping 62.35.216.7

        C．ping mail.test.com   D．ping ns7.test.com

7．阅读以下说明，回答问题 1 至问题 5，将解答填入答题纸对应的解答栏内。

【说明】某网络拓扑结构如图 14-44 所示，网络 1 和网络 2 的主机均由 DHCP_Server 分配 IP 地址。FTP_Server 的操作系统为 Windows Server 2008，Web_Server 的域名为 www.softexamtest.com。

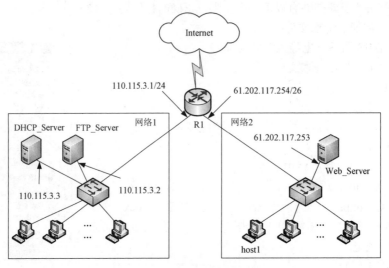

图 14-44　网络拓扑结构

【问题 1】（4 分）

DHCP Server 服务器可动态分配的 IP 地址范围为___(1)___和___(2)___。

【问题 2】（2 分）

若在 host1 上运行 ipconfig 命令，获得如图 14-45 所示结果，host1 能正常访问 Internet 吗？说明原因。

图 14-45　命令结果

【问题 3】（3 分）

若 host1 成功获取 IP 地址后，在访问 http://www.abc.com 网站时，总是访问到 www.softexamtest.com，而同一网段内的其他客户端访问该网站正常。在 host1 的 C:\WINDOWS\system32\drivers\etc 目录下打开___(3)___文件，发现其中有如下两条记录：

       127.0.0.1   localhost

_____(4)_____ www.abc.com

在清除第 2 条记录后关闭文件，重启系统后 host1 访问 http://www.abc.com 网站正常。请填充 (4) 处空缺内容。

【问题 4】（2 分）

在配置 FTP server 时，图 14-46 中的"IP 地址"文本框中应填入_____(5)_____。

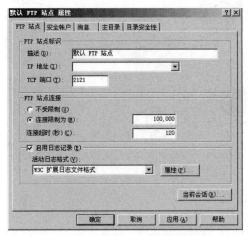

图 14-46   "FTP 站点"选项卡

【问题 5】（4 分）

若 FTP 配置的虚拟目录为 pcn，虚拟目录配置如图 14-47 与图 14-48 所示。

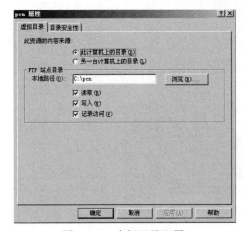

图 14-47   虚拟目录配置

图 14-48   目录安全性配置

根据以上配置，哪些主机可访问该虚拟目录？访问该虚拟目录的命令是_____(6)_____。

8. 阅读以下说明，回答问题 1 至问题 4，将解答填入答题纸的对应栏内。

【说明】某公司内部网络结构如图 14-49 所示，在 Web Server 上搭建办公网 oa.xyz.com，在

FTP Server 上搭建 FTP 服务器 ftp.xyz.com，DNS Server1 是 Web Server 和 FTP Server 服务器上的授权域名解析服务器，DNS Server2 为 DNS 转发器，Web Server、FTP Server、DNS Server1 和 DNS Server2 均基于 Windows Server 2008 R2 操作系统。

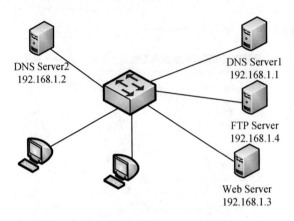

图 14-49

【问题 1】（6 分）

在 Web Server 上使用 HTTP 协议及默认端口配置办公网 oa.xyz.com，在安装 IIS 服务时，"角色服务"列表中可以勾选的服务包括 (1) 、"管理工具"以及"FTP 服务器"。如图 14-50 所示的 Web 服务器配置界面，"IP 地址"处应填 (2) ，"端口"处应填 (3) ，"主机名"应填 (4) 。

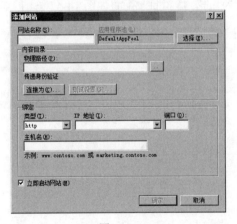

图 14-50

【问题 2】（6 分）

在 DNS Server1 上为 ftp.xyz.com 配置域名解析时，依次展开 DNS 服务器功能菜单，右击"正向查找区域"，选择"新建区域(Z)"，弹出"新建区域向导"对话框，创建 DNS 解析区域。在创建区域时，图 14-51 所示的"区域名称"处应填 (5) ，正向查找区域创建完成后，进行域名的创建，图 14-52 所示的新建主机的"名称"处应填 (6) ，"IP 地址"处应填 (7) 。如果选中图

14-52 中的"创建相关的指针(PTR)记录",则增加的功能为__(8)__。

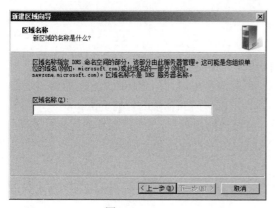
图 14-51

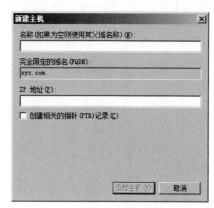
图 14-52

【问题 3】(4 分)

在 DNS Server2 上配置条件转发器,即将特定域名的解析请求转发到不同的 DNS 服务器上。如图 14-53 所示,为 ftp.xyz.com 新建条件转发器,"DNS 域"处应该填__(9)__,"主服务器的 IP 地址"处应单击添加的 IP 是__(10)__。

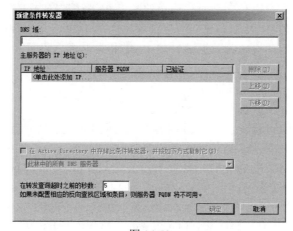
图 14-53

【问题 4】(4 分)

在 DNS 服务器上配置域名解析方式,如果选择__(11)__查询方式,则表示如果本地 DNS 服务器不能进行域名解析,则服务器根据它的配置向域名树中的上级服务器进行查询,在最坏情况下可能要查询到根服务器;如果选择__(12)__查询方式,则表示本地 DNS 服务器发出查询请求时得到的响应可能不是目标的 IP 地址,而是其他服务器的引用(名字和地址),那么本地服务器就要访问被引用的服务器做进一步的查询,每次都更加接近目标的授权服务器,直至得到目标的 IP 地址或错误信息。

试题分析

试题 1 分析：

● 域本地组：域本地组的成员可以来自于任何域，但是只能够访问本域的资源。

● 全局组：全局组的成员只来自于本域，但其成员可以访问森林中的任何资源。

● 通用组：通用组成员来自于任何域，并且可以访问森林中的任何资源。

在本机模式中的域本地组可以包含森林中任意域内的用户账户、全局组和通用组以及同一域内的域本地组。在混合模式域中，它们能包含任意域中的用户账户和全局组。

参考答案：（1）A

试题 2 分析： IIS 6.0 是 Windows 提供的一个基本服务器，由虚拟的 SMTP 服务器、Web 服务器和 FTP 服务器等组成。

参考答案：（2）B

试题 3 分析： IIS 6.0 将多个协议结合起来组成一个组件，提供服务有 WWW、FTP、SMTP 等。而 DNS 是一个独立的组件，POP3 服务没有集成在 IIS 6.0 中，而是以"电子邮件服务"的形式出现在 Windows Server 2008 中。

参考答案：（3）D

试题 4 分析： FTP 客户上传文件时，通过服务器 **20 号端口**建立的连接是建立在 TCP 之上的数据连接，通过服务器 21 号端口建立的连接是建立在 TCP 之上的控制连接。当将控制端口重新设置，则数据端口自动设置为数据端口减 1。若将控制端口设置为 2222，则数据端口自动设置为 2221。

参考答案：（4）D

试题 5 分析： IIS 提供了几种不同的身份验证方式。

①集成的 Windows 身份验证：该验证要求用户在与受限的内容建立连接前提供 Windows 用户名和密码。并且用户名和密码是以哈希值的形式通过网络传输的，是一种安全的身份验证形式。

②Windows 域服务器的摘要式身份验证：该验证可以使用 Active Directory（R），并且在网络上发送哈希值，而不是明文密码。

③基本身份验证：该验证以明文方式通过网络发送密码，由于用户名和密码没有加密，因此可能存在安全风险，但是基本身份验证是 HTTP 规范的一部分并受大多数浏览器支持。

④匿名身份验证：是 IIS 对待匿名访问用户采用的一种机制，使用 Windows 中的一个 IUSER（机器名的一个账号）来验证，因为其密码也是默认设置好的，所以相当于对用户不需要验证。

参考答案：（5）B

试题 6 分析：

【问题 1】（2 分）

①"主目录"选项卡中，网站访问权限有 6 种：

● 读取：用户和读取文件内容和属性，默认启用。

● 写入：用户可以修改目录或文件的内容。

- 脚本资源访问：允许用户访问脚本文件的源代码，必须和读取或写入权限同时启用方可生效。
- 目录浏览：用户可以浏览目录，从而可以看到目录中的所有文件；允许用户能够查看网站文件夹中的内容，因此应该勾选"目录浏览"复选框。
- 记录访问：当用户浏览此网站时进行日志记录，默认启用。
- 索引资源：允许索引服务对此资源进行索引，默认启用。

注意：网站访问权限只是完整的用户访问控制体系结构中的一部分。

②执行权限用于控制此网站的程序执行级别，IIS 7.5 中具有以下三种执行权限：

- 无：不能执行任何代码，只能访问静态内容。
- 纯脚本：只能运行脚本代码（例如 ASP 等），不允许执行可执行程序。
- 脚本和可执行文件：允许执行所有脚本和可执行程。

【问题 2】（3 分）

为了配置安全的 Web 网站，在图 14-39 中需单击安全通信中的"服务器证书"按钮来获取服务器证书。获取服务器证书共有以下 4 个步骤，正确的排序为：

生成证书请求文件→CA 颁发证书→从 CA 导出证书文件→在 IIS 服务器上导入并安装证书

【问题 3】（2 分）

SSL 默认端口 443。

【问题 4】（4 分，各 2 分）

为 www.test.com 的主机建立的正向搜索区域记录，应该填写 www。

"新建主机"或"新建别名"两种方式，均能为 ftp.test.com 建立正向搜索区域记录。

【问题 5】（4 分，各 2 分）

DNS 服务器配置中，邮件交换器指定了对应的域名。其中的邮件交换器（MX）记录，形式如"[2]mail2.test.com"，其中[]中的数字越小表示优先级越高。

由图 14-43 可以知道，主机头 www 和 ftp 对应的地址均为 62.35.216.7，因此 ping 62.35.216.7 可以测试 web 网站联通性。

■ 参考答案

【问题 1】（2 分）

（1）"目录浏览"

【问题 2】（3 分）

（2）ADCB

【问题 3】（2 分）

（3）443

【问题 4】（4 分，各 2 分）

（4）B．www

（5）新建主机或新建别名

【问题 5】（4 分，各 2 分）

（6）D．[2]mail2.test.com

（7）B．ping 62.35.216.7

试题 7 分析：

【问题1】（4分，每空2分）

原有地址110.115.3.1/24和61.202.117.254/26，排除DHCP_Server地址（110.115.3.3）、FTP_Server地址（110.115.3.2）、路由器占用地址（110.115.3.1、61.202.117.254）、WEB_Server地址（61.202.117.253）。再排除网络地址、广播地址，则可分配IP地址范围为：

（1）110.115.3.4～110.115.3.254。

（2）61.202.117.193～61.202.117.252。

【问题2】（2分）

169.254.X.X是保留地址。如果PC机上IP地址设置自动获取，而PC机又没有找到相应的DHCP服务，那么最后PC机可能得到保留地址中的一个IP。没有获取到合法IP后，PC机地址分配情况，这类地址又称为自动专用IP地址（Automatic Private IP Address，APIPA）。APIPA 是 IANA（Internet Assigned Numbers Authority）保留的一个地址块。

【问题3】（3分，每空1.5分）

Windows 系统 C:\windows\system32\drivers\etc\目录下的 Hosts 文件，存放一些主机和 IP 地址映射表。

DNS 查询过程：

Windows 系统会先检查 Hosts 文件，是否包含所要查询域名与 IP 地址映射关系。如果命中，则使用对应 IP 地址。

如果没有命中，则向设置的 DNS 服务器提交域名解析。

本题 host1 的 host 文件中，如果 www.abc.com 对应地址为 61.202.117.253（www.softexamtest.com 对应的 IP 地址），则会出现"访问 http://www.abc.com 网站时，总是访问到 www.softexamtest.com"现象。

【问题4】（2分）

题目给出了 FTP 服务器地址为 110.115.3.2，因此得解。

【问题5】（4分）

目录安全设置后，除了 110.115.3.10 主机，其他均不可以访问虚拟目录。

由于配置 FTP 时，给出的 FTP 的 TCP 端口为 2121，则访问 FTP 虚拟目录的命令为：ftp://110.115.3.2:2121。

■ **参考答案** **【问题1】**（4分，每空2分）

（1）110.115.3.4～110.115.3.254

（2）61.202.117.193～61.202.117.252（（1）、（2）可互换）

【问题2】（2分）

不能。（1分）

由于该主机地址是自动专用 IP 地址（Automatic Private IP Address，APIPA），即当客户机无法从 DHCP 服务器中获得 IP 地址时自动配置的地址。（1分）

【问题 3】（3 分，每空 1.5 分）

（3）hosts

（4）61.202.117.253

【问题 4】（2 分）

（5）110.115.3.2

【问题 5】（4 分）

只有 110.115.3.10 可访问（2 分）

（6）ftp://110.115.3.2:2121 或 ftp://110.115.3.2:2121/pcn　　（2 分）

试题 8 分析：

【问题 1】Windows Server 2008 中，IIS 服务中包含了基本的 Web 服务器和 FTP 服务器，因此在"角色服务"列表中可以勾选的服务包括"Web 服务器"，具体如图 14-54 所示。

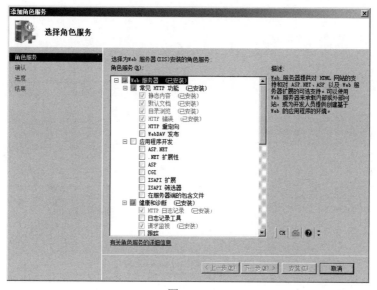

图 14-54

第（2）空，结合拓扑图中的 Web Server 地址为 192.168.1.3 可知在 Web 服务器 IP 地址栏填入此地址即可。第（3）空的端口实际上是指 Web 服务器的默认端口 80。第（4）空的主机头中，直接使用此 Web 服务器的域名 oa.xyz.com 填入即可。

参考答案：（1）Web 服务器　　（2）192.168.1.3　　（3）80　　（4）oa.xyz.com

【问题 2】正向查找区域应该必须对应的区域名"xyz.com"，新建主机对话框中，主机名为 FTP，对应的地址可以从拓扑图中找到的是 192.168.1.4。勾选"创建相关的指针（PTR）记录"的作用就是能够利用 IP 地址反向解析对应的域名。这几个空都是基础概念题。

参考答案：（5）xyz.com　　（6）FTP　　（7）192.168.1.4

（8）允许域名服务器对 IP 地址到域名反向解析

【问题 3】条件转发器实际上就是将特定域名的解析请求转发到指定的 DNS 服务器上，本题中是要将 ftp.xyz.com 的域名解析请求转发到 DNS Server2 这个转发域名服务器上，而 Windows 中的条件转发器是按照查询中的 DNS 域名转发 DNS 查询。因此需要在 DNS 域中填写域名为 ftp.xyz.com 对应的域名 xyz.com，主服务器地址为：192.168.1.1。

参考答案：（9）xyz.com　（10）192.168.1.1

【问题 4】本题实际上就是考查大家对递归和迭代查询的基本概念的掌握。显然在第（11）空中，描述的就是递归查询的基本概念，第（12）空就是迭代查询的基本概念。

参考答案：（11）递归　（12）迭代

15

Linux 系统管理与命令

知识点图谱与考点分析

Linux 系统中的各种命令主要包括两个部分：文件管理命令和系统管理命令。因为网络命令与 Windows 系统基本一致，只是命令名字有细微的区别，如 ifconfig 与 ipconfig、traceroute 与 tracert 等。因此本章不再讨论与 Windows 系统中网络命令相同或者有相近功能的命令。本章的知识体系图谱如图 15-1 所示。

图 15-1　Linux 系统管理与命令知识体系图谱

知识点：文件管理命令

知识点综述

Linux 系统中所有的文件管理都是通过命令来实现的，因此网络工程师考试中对这些基本的文件操作命令的考查较多，复习的时候一定要注意分类，掌握文件操作命令和基本参数。本知识点的知识体系图谱如图 15-2 所示。

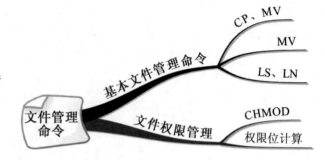

图 15-2　文件管理命令知识体系图谱

参考题型

【考核方式 1】　考核 Linux 文件的基本操作。

1. Linux 有三个查看文件的命令，若希望能够用光标上下移动来查看文件内容，应使用　　（1）　　命令。

　　（1）A. cat　　　　　　B. more　　　　　　C. less　　　　　　D. menu

　■ 试题分析　cat 命令一次性将文件内容全部输出；

more 命令可以分页查看；

less 命令可以使用光标向上或向下移动一行；

menu 命令和查看文件无关。

　■ 参考答案　（1）C

2. Linux 系统中，下列关于文件管理命令 cp 与 mv 的说法，正确的是　　（2）　　。

　　（2）A. 没有区别　　　　　　　　　　　B. mv 操作不增加文件个数

　　　　　C. cp 操作增加文件个数　　　　　　D. mv 操作不删除原有文件

　■ 试题分析　cp 是拷贝文件，而 mv 是移动文件。cp 操作会增加文件个数。

　■ 参考答案　（2）C

【考核方式 2】　考核文件的权限管理命名和权限参数的掌握。

3. 在 Linux 中，某文件的访问权限信息为 "-rwxr--r--"，以下对该文件的说明中，正确的是　　（3）　　。

　　（3）A. 文件所有者有读、写和执行权限，其他用户没有读、写和执行权限

　　　　　B. 文件所有者有读、写和执行权限，其他用户只有读权限

　　　　　C. 文件所有者和其他用户都有读、写和执行权限

　　　　　D. 文件所有者和其他用户都只有读和写权限

　■ 试题分析

第1位描述文件类型，d表示目录，- 代表普通文件，c代表字符设备文件，l代表符号连接文件

第1组三位字符串表示所有者权限，r、w、x表示可读、可写、可执行

第2组三位字符串表示同组用户权限

第3组三位字符串表示其他用户权限

d　rwx r-x r-x

■ 参考答案　（3）B

4．在 Linux 系统中可用 ls -al 命令列出文件列表，___（4）___列出的是一个符号连接文件。

　　（4）A．drwxr-xr-x 2 root root 220 2009-04-14 17:30 doc

　　　　　B．-rw-r--r-- 1 root root 1050 2009-04-14 17:30 doc1

　　　　　C．lrwxrwxrwx 1 root root 4096 2009-04-14 17:30 profile

　　　　　D．drwxrwxrwx 4 root root 4096 2009-04-14 17:30 protocols

■ 试题分析　命令说明见图 15-3。

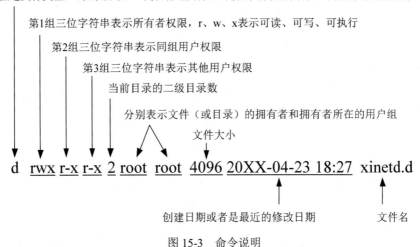

图 15-3　命令说明

■ 参考答案　（4）C

5．阅读以下说明，回答问题 1 至问题 4，将解答填入答题纸对应的解答栏内。

　　【说明】在 Linux 操作系统中，TCP/IP 网络可通过若干文本文件及命令进行配置。

　　【问题1】（2 分）

　　在 Linux 操作系统下，可通过命令___（1）___获得如图 15-4 所示的网络配置参数。

```
eth0        Link encap:Ethernet  HWaddr 00:0C:29:16:7B:51
            inet addr:192.168.0.100  Bcast:192.168.0.255  Mask:255.255.255.0
            inet6 addr: fe80::20c:29ff:fe16:7b51/64 Scope:Link
            UP BROADCAST RUNNING MULTICAST  MTU:1500  Metric:1
            RX packets:0 errors:0 dropped:0 overruns:0 frame:0
            TX packets:34 errors:0 dropped:0 overruns:0 carrier:0
            collisions:0 txqueuelen:1000
            RX bytes:0 (0.0 b)  TX bytes:6262 (6.1 KiB)
            Interrupt:18 Base address:0x2000

lo          Link encap:Local Loopback
            inet addr:127.0.0.1  Mask:255.0.0.0
            inet6 addr: ::1/128 Scope:Host
            UP LOOPBACK RUNNING  MTU:16436  Metric:1
            RX packets:3068 errors:0 dropped:0 overruns:0 frame:0
            TX packets:3068 errors:0 dropped:0 overruns:0 carrier:0
            collisions:0 txqueuelen:0
            RX bytes:236640 (231.0 KiB)  TX bytes:236640 (231.0 KiB)
```

图 15-4　网络配置参数

（1）A. netconf　　　　B. ifconf　　　　　C. netconfig　　　　D. ifconfig

【问题 2】（3 分）

在 Linux 操作系统下，可通过命令___（2）___显示路由信息。若主机所在网络的网关 IP 地址为 192.168.0.254，则可使用命令___（3）___add default___（4）___192.168.0.254 添加网关为默认路由。

（2）A. netstat -nr　　　B. is route　　　　C. ifconfig　　　　D. netconfig

（3）A. route　　　　　B. netstat　　　　C. ifconf　　　　　D. ifconfig

（4）A. gateway　　　　B. gw　　　　　　C. gate　　　　　　D. g

【问题 3】（4 分）

在 Linux 系统中，DNS 查询文件内容如下所示，该文件的默认存储位置为___（5）___，当用户做 DNS 查询时，首选 DNS 服务器的 IP 地址为___（6）___。

```
Search domain.test.cn
Nameserver 210.34.0.14
Nameserver 210.34.0.15
Nameserver 210.34.0.16
Nameserver 210.34.0.17
```

（5）A. /etc/inet.conf　　B. /etc/resolv.conf　　C. /etc/inetd.conf　　D. /etc/net.conf

（6）A. 210.34.0.14　　　　　　　　　　B. 210.34.0.15

　　C. 210.34.0.16　　　　　　　　　　D. 210.34.0.17

【问题 4】（6 分）

文件/etc/sysconfig/network-scripts/eth0 用于存储网络配置信息，请根据图 15-4 填写下面的空缺信息，完成主机的配置。

```
DEVICE=eth0
HWADDR=___（7）___
ONBOOT=yes
BOOTPROTO=none
NETMASK=___（8）___
IPADDR=___（9）___
```

```
        GATEWAY=____（10）____
        TYPE=Ethernet
......
```

■ **试题分析**

【问题 1】（2 分）

Ifconfig 是一个用来查看、配置、启用或禁用网络接口的工具，这个工具极为常用。类似 Windows 中的 ipconfig 指令，但是其功能更为强大。在 Linux 系统中，可以用这个工具来配置网卡的 IP 地址、掩码、广播地址、网关等。

【问题 2】（3 分，各 1 分）

● netstat 是一个监控 TCP/IP 网络的工具，它可以显示路由表、实际的网络连接、每一个网络接口设备的状态信息，以及与 IP、TCP、UDP 和 ICMP 等协议相关的统计数据。

参数-r：显示路由表，与 route print 显示效果一样。

● Linux 系统中的 route 命令用于添加路由。

命令格式：#route [-delete] [-net|-host]　targetaddress　[gw Gw]　[-netmask mask]　[dev]　If]

基本参数说明：

● -add：用于增加一条路由。

● gw：指定路由所使用的网关。

更详细的 netstat、route 内容参见朱小平老师编著的《网络工程师的 5 天修炼》一书第 14 章。

【问题 3】（4 分，各 2 分）

/etc/resolv.conf 为本机的 DNS 服务器地址配置文件，DNS 查询文件的默认位置"search domain.test.cn"表示，在非完全域名的主机名的后面添加后缀"domain.test.cn"。

Nameserver 210.34.0.14 在/etc/resolv.conf 配置文件中最先出现，所以首选 DNS 服务器的 IP 地址为 210.34.0.14。

【问题 4】（6 分，各 1.5 分）

```
DEVICE=eth0
//网卡 eth0 信息
HWADDR=00:0C:29:16:7B:51
//网卡 eth0 的 MAC 地址
ONBOOT=yes
//系统启动时激活网卡
BOOTPROTO=none
//通常情况下=dhcp、static 表示网卡通过 DHCP 或者静态指定方式得到地址；none 表示启动网
卡不分配地址，常用于绑定网卡或者 pppoe 用
NETMASK=255.255.255.0
//网卡 eth0 的子网掩码
IPADDR=192.168.0.100
//网卡 eth0 的 IP 地址
GATEWAY=192.168.0.254
//网卡 eth0 的网关地址
```

■ **参考答案**

【问题1】（2分）

（1）D 或 ifconfig

【问题2】（3分，各1分）

（2）A 或 netstat -nr

（3）A 或 route

（4）B 或 gw

【问题3】（4分，各2分）

（5）B 或/etc/resolv.conf

（6）A 或 210.34.0.14

【问题4】（6分，各1.5分）

（7）00:0C:29:16:7B:51

（8）255.255.255.0

（9）192.168.0.100

（10）192.168.0.254

知识点：系统管理命令

知识点综述

　　Linux 系统中的系统管理命令主要包括用户管理、系统管理、进程管理三类。本知识点的基本知识体系图谱如图15-5所示。

图 15-5　系统管理命令知识体系图谱

参考题型

【考核方式1】 考核系统基本管理命令。

1. 在 Linux 中，更改用户口令的命令是___(1)___。

（1）A. pwd 　　　　　B. passwd 　　　　　C. kouling 　　　　　D. password

　　■ **试题分析**　pwd 命令用于显示用户的当前工作目录。passwd 用于更改用户口令。

　　■ **参考答案**　（1）B

2. 在 Linux 中，目录"/proc"主要用于存放___(2)___。

（2）A. 设备文件 　　　　B. 命令文件 　　　　C. 配置文件 　　　　D. 进程和系统信息

■ **试题分析**　/proc: 映射内存中的进程信息，内容是动态的，关机后不保存。

■ **参考答案**　（2）D

【考核方式 2】　考核系统进程管理命令。

3. 在 Linux 系统中，采用＿＿（3）＿＿命令查看进程输出的信息，得到图 15-6 所示的结果。系统启动时最先运行的进程是＿＿（4）＿＿。下列关于进程 xinetd 的说法中，正确的是＿＿（5）＿＿。

UID	PID	PPID	C STIME TTY	TIME CMD
root	1	0	0 Jan15 ?	00:00:24 init
root	2	1	0 Jan15 ?	00:00:00 [keventd]
root	3	1	0 Jan15 ?	00:00:00 [kapmd]
root	4	1	0 Jan15 ?	00:00:00 [ksoftirqd_CPU0]
root	9	1	0 Jan15 ?	00:00:00 [bdflush]
root	5	1	0 Jan15 ?	00:00:00 [kswapd]
root	1694	1	0 Jan15 ?	00:00:00 xinetd -stayalive –reuse
root	1703	1	0 Jan15 ?	00:00:00 gpm -t imps2 -m /dev/mouse
root	5472	5380	0 04:20 pts/0	00:00:00　ps –aef

图 15-6　命令结果

（3）A．ps -all　　　　B．ps -aef　　　　C．Is -a　　　　D．Is -la

（4）A．0　　　　B．null　　　　C．init　　　　D．bash

（5）A．xinetd 是网络服务的守护进程　　　B．xinetd 是定时任务的守护进程

　　　C．xinetd 进程负责配置网络接口　　　D．xinetd 进程负责启动网卡

■ **试题分析**　ps 命令格式: **ps** [*OPTION*]，用于查看进程。

常用选项 *OPTION* 有：

● -aux: 用于查看所有静态进程。

● -top: 用于查看动态变化的进程。

● -a: 用于查看所有的进程。

● -r: 表示只显示正在运行的进程。

● -l: 表示用长格式显示。

● -f: 生成一个完整列表。

● -e: 列出所有进程。

使用 ps 命令显示进程信息，PID 代表进程 ID。图 15-6 中 init 的进程 ID 为 1。

xinetd 是一个守护（daemon）进程，总管网络服务，当客户端没有请求时，服务进程不执行；当客户端请求时，xinetd 就启动相应服务，并把相应端口移交给相应服务。

■ **参考答案**　（3）B　　（4）C　　（5）A

4. 在 Linux 中，可以利用＿＿（6）＿＿命令来终止某个进程。

（6）A．kill　　　　B．dead　　　　C．quit　　　　D．exit

■ **试题分析**　本题是考查 Linux 中的基本命令，其中 kill 用于结束进程。

■ **参考答案**　（6）A

课堂练习

1．Linux 系统中，为某一个文件在另外一个位置建立文件链接的命令为＿＿（1）＿＿。

（1）A．ln　　　　　B．vi　　　　　C．locate　　　　　D．cat

2．下面的 Linux 命令中，能关闭系统的命令是＿＿（2）＿＿。

（2）A．kill　　　　B．shutdown　　　C．exit　　　　D．logout

3．在 Linux 系统，命令＿＿（3）＿＿用于管理各项软件包。

（3）A．install　　　B．rpm　　　　C．fsck　　　　D．msi

4．阅读以下说明，回答问题 1 至问题 4，将解答填入答题纸对应的解答栏内。

【说明】Linux 系统有其独特的文件系统 EXT2，文件系统包括了文件的组织结构、处理文件的数据结构及操作文件的方法。可通过命令获取系统及磁盘分区状态信息，并能对其进行管理。

【问题 1】（6 分）

以下命令中，改变文件所属群组的命令是＿＿（1）＿＿，编辑文件的命令是＿＿（2）＿＿，查找文件的命令是＿＿（3）＿＿。

（1）～（3）

　　A．chmod　　　B．chgrp　　　　C．vi　　　　D．which

【问题 2】（2 分）

在 Linux 中，伪文件系统＿＿（4）＿＿只存在于内存中，通过它可以改变内核的某些参数。

（4）A．/proc　　　B．ntfs　　　　C．/tmp　　　　D．/etc/profile

【问题 3】（4 分）

在 Linux 中，分区分为主分区、扩展分区和逻辑分区，使用 fdisk-l 命令获得分区信息如下所示：

```
Disk/dev/hda:240 heads,63 sectors,1940 cylinders
Units = cylinders of 15120 * 512 bytes
Device Boot    Start    End    Blocks     Id    System
/dev/had 1     286     2162   128+        c     Win95 FAT32(LBA)
/dev/hda2 *    288     1940   12496680    5     Extended
/dev/hda5      288     289    15088+      83    Linux
/dev/hda6      290     844    4195768+    83    Linux
/dev/hda7      845     983    1050808+    82    Linux swap
/dev/hda8      984     1816   6297448+    83    Linux
/dev/hda9      1817    1940   937408+     83    Linux
```

其中，属于扩展分区的是＿＿（5）＿＿。

使用 df -T 命令获得信息部分如下所示：

Filesystem	Type	1k Blocks	Used	Available	Use%	Mounted on

/dev/hda6	reiserfs	4195632	2015020	2180612	49%	/
/dev/hda5	ext2	14607	3778	10075	8%	/boot
/dev/hda9	reiserfs	937372	202368	735004	22%	/home
/dev/hda8	reiserfs	6297248	3883504	2414744	62%	/opt
Shmfs	shm	256220	0	256220	0%	/dev/shm
/dev/hda1	vfat	2159992	1854192	305800	86%	/windows/c

其中，不属于 Linux 系统分区的是＿＿＿(6)＿＿＿。

【问题 4】（3 分）

在 Linux 系统中，对于＿＿＿(7)＿＿＿文件中列出的 Linux 分区，系统启动时会自动挂载。此外，超级用户可通过＿＿＿(8)＿＿＿命令将分区加载到指定目录，从而该分区才在 Linux 系统中可用。

5．　在 Linux 中，＿＿＿(9)＿＿＿命令可将文件按修改时间顺序显示。

(9) A．ls –a　　　　　B．ls –b　　　　　C．ls –c　　　　　D．ls -d

试题分析

试题 1 分析：ln [link]

基本命令格式：**ln soure_file-s des_file**

该命令的作用是为某一个文件在另外一个位置建立一个不同的链接，常用的参数是-s，要注意两个问题：

● 第一，ln 命令会保持每一处链接文件的同步性。也就是说，不论改动了哪一处，其他的文件都会发生相同的变化。

● 第二，ln 的链接有软链接和硬链接两种。软链接就是 ln -s　**，它只会在你选定的位置上生成一个文件的镜像，不会占用磁盘空间；硬链接 ln ** **没有参数-s，它会在选定的位置上生成一个和源文件大小相同的文件。无论是软链接还是硬链接，文件都必须保持同步变化。

参考答案：（1）A

试题 2 分析：本题是考查 Linux 中的基本命令，其中 kill 用于结束进程，而 shutdown 通过后面的参数-h 实现停机指令。

参考答案：（2）B

试题 3 分析：RPM（RedHat Package Manager）最早是 RedHat 开发的，现在已经是公认的行业标准了，用于查询、管理各种 rpm 包的情况。

参考答案：（3）B

试题 4 分析：**【问题 1】**（6 分，每空 2 分）

以下命令中，改变文件所属群组的命令是 **chgrp**，编辑文件的命令是 **vi**，查找文件的命令是 **which**。

【问题 2】（2 分）

procfs（进程文件系统）属于伪文件系统，即 procfs 中的文件并不实际存在于硬盘等存储设备中。它是 Linux 内核信息的抽象文件接口，因此大小均为 0。大量内核中的信息及可调参数都被作为文件映射到一个目录树中，通过 echo 查看或通过 cat 修改。procfs 通常在内核引导时挂载到/proc。

etc/profile 文件是每个用户登录时都会运行的环境变量设置。

【问题3】（4分，每空2分）

①fdisk 是一种 Linux 下的磁盘分区工具。

fdisk 语法如下：

fdisk [-b <分区大小>][-uv][外围设备代号] 或 fdisk [-l][-b <分区大小>][-uv][外围设备代号...] 或 fdisk [-s <分区编号>]

- -b：<分区大小>指定每个分区的大小。
- -l：列出指定外围设备的分区表状况。
- -s：<分区编号>将指定的分区大小输出到标准输出上，单位为区块。
- -u：搭配"-l"参数列表，用分区数目取代柱面数目，来表示每个分区的起始地址。
- -v：显示版本信息。

/dev/hda2	*	288	1940	12496680	5	Extended

Extended 表示扩展分区。

②df 命令。

df 命令是 Linux 查看磁盘空间系统时以磁盘分区为单位查看文件系统，可以加上参数查看磁盘剩余空间信息。参数含义如下：

- -a：显示所有文件系统的磁盘使用情况，包括0块（block）的文件系统，如/proc 文件系统。
- -k：以 k 字节为单位显示。
- -i：显示 i 节点信息，而不是磁盘块。
- -t：显示各指定类型的文件系统的磁盘空间使用情况。
- -x：列出不是某一指定类型文件系统的磁盘空间使用情况（与 t 选项相反）。
- -T：显示文件系统类型。

df 命令输出：

第1列：表示系统对应设备文件的路径名（一般为硬盘分区）。

第2列：表示文件类型。

第3列：包含数据块（1k）的数目。

第4列：表示已用数据块数目。

第5列：表示可用数据块数目（第4、5列之和不等于第3列，因为要保留系统管理员使用空间）。

第6列：表示普通用户空间使用的百分比（即使为100%，也保留了系统管理员使用空间）。

第7列：表示文件系统的安装点。

/dev/hdal	vfat	2159992	1854192	305800	86%	/windows/c

本题/dev/hda1 的第2列为 vfat，表示属于 Windows 的 fat 系统。

【问题4】（3分，每空1.5分）

fstab 属于系统配置文件，通常位于/etc 目录下，它包括了所有分区和存储设备的信息，以及它们应该挂载到哪里、以何种的方式挂载。

在 Linux 系统中，对于**/etc/fstab** 文件中列出的 Linux 分区，系统启动时会自动挂载。此外，超级用户可通过 **Mount** 命令将分区加载到指定目录，从而该分区才在 Linux 系统中可用。

■ 参考答案

【问题 1】（6 分，每空 2 分）

（1）B 或 chgrp　　　　　（2）C 或 vi　　　　（3）D 或 which

【问题 2】（2 分）

（4）A 或/proc

【问题 3】（4 分，每空 2 分）

（5）/dev/hda2　　　（6）/dev/hda1

【问题 4】（3 分，每空 1.5 分）

（7）/etc/fstab　　　　（8）Mount

试题 5 分析：-t 以时间排序，

-a 列出目录下的所有文件，包括以 . 开头的隐含文件。

-b 把文件名中不可输出的字符用反斜杠加字符编号的形式列出。

-c 输出文件的 i 节点的修改时间，并以此排序。

-d 将目录像文件一样显示，而不是显示其下的文件。

参考答案：（9）C

16

Linux 服务器配置

知识点图谱与考点分析

　　Linux 系统中的各种网络服务器的配置总是网络工程考试中的热点问题。由于 Linux 系统除了常见的 Internet 服务之外，系统本身的许多配置也是以配置文件的形式保存的，因此本章中除了需要掌握常见的服务器配置之外，Linux 系统本身的系统配置也需要掌握。本章的知识点体系图谱如图 16-1 所示。

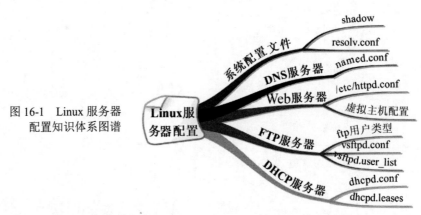

图 16-1　Linux 服务器
配置知识体系图谱

知识点：系统配置文件

知识点综述

　　Linux 系统中的系统配置文件不少，主要是一些与系统管理有关的配置，如用户和组的配置、用户密码信息的配置、路由信息的配置、网络配置等。本知识点体系图谱如图 16-2 所示。

图 16-2　系统配置文件知识体系图谱

参考题型

【考核方式 1】　考核对 Linux 系统基本配置文件的理解。

1．Linux 操作系统中，建立动态路由需要用到文件___（1）___。

　　（1）A．/etc/hosts　　　　　　　　　　B．/etc/hostname

　　　　　C．/etc/resolv.conf　　　　　　　D．/etc/gateways

■ 试题分析

● /etc/hosts：用于存放系统中的 IP 地址和主机对应关系的一个表。

● /etc/hostname：存储系统主机名、域名。

● /etc/resolv.conf：DNS 客户机配置文件，设置 DNS 服务器的 IP 地址及 DNS 域名。

● /etc/gateways：路由表文件。

■ 参考答案　　（1）D

【考核方式 2】　考核对 Linux 系统用户密码配置文件的理解。

2．默认情况下，Linux 系统中用户登录密码信息存放在___（2）___文件中。

　　（2）A．/etc/group　　B．/etc/userinfo　　C．/etc/shadow　　D．/etc/profile

■ 试题分析　Linux 系统中的/etc/passwd 文件是用于存放用户密码的重要文件，这个文件对所有用户都是可读的，系统中的每个用户在 /etc/passwd 文件中都有一行对应的记录。/etc/shadow 保存着加密后的用户口令。

■ 参考答案　　（2）C

3．Linux 操作系统中，存放用户账号加密口令的文件是___（3）___。

　　（3）A．/etc/sam　　　B．/etc/shadow　　　C．/etc/group　　　D．/etc/security

■ 试题分析

表 16-1　/etc/passwd 和 etc/shadow 对比

	/etc/passwd	etc/shadow
存放用户名、账号	是	是
是否明文	对所有用户可见	加密
存储用户有效期	否	是

■ 参考答案　　（3）B

知识点：服务器配置文件

知识点综述

Linux 系统中的服务器种类比较丰富，常见的 WWW、FTP、DHCP、DNS 等是考试中出题频率非常高的知识点，因为每种服务的配置文件名和里面的配置项各不相同，因此需要考生对这些常用服务器的配置文件及配置文件里面的具体参数项有所了解。本知识点的知识体系图谱如图 16-3 所示。

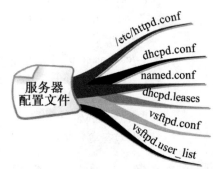

图 16-3 服务器配置文件知识体系图谱

参考题型

【考核方式1】 考核 DNS 服务器配置文件及相关参数配置。

1. Linux 操作系统中，网络管理员可以通过修改____(1)____文件对 Web 服务器的端口进行配置。

(1) A. /etc/inetd.conf   B. /etc/lilo.conf

     C. /etc/httpd/conf/httpd.conf   D. /etc/httpd/conf/access.conf

■ 试题分析

- /etc/inetd.conf 是 inetd 的配置文件，它告诉 inetd 监听哪些网络端口、为每个端口启动哪个服务。
- /etc/lilo.conf：网络管理员可以通过修改 lilo.conf 文件对系统启动进行配置。
- /etc/httpd/conf/httpd.conf：Apache 的主配置文件为/etc/httpd.conf，提供了最基本的服务器配置，是对守护程序 httpd 如何运行的技术描述。
- /etc/httpd/conf/access.conf：Apache 中的 access.conf 用于配置服务器的访问权限，控制不同用户和计算机的访问限制。

■ 参考答案 (1) C

2. 在一台 Apache 服务器上，通过虚拟主机可以实现多个 Web 站点。虚拟主机可以是基于____(2)____的虚拟主机，也可以是基于名字的虚拟主机。若某公司创建名为 www.business.com 的虚拟主机，则需要在____(3)____服务器中添加地址记录。在 Linux 中该地址记录的配置信息如下，请补充完整。

```
NameVirtualHost 192.168.0.1
<VirtualHost 192.168.0.1>
      (4)    www.business.com
      DocumentRoot /var/www/html/business
</VirtualHost>
```

（2）A．IP　　　　　B．TCP　　　　　C．UDP　　　　　D．HTTP

（3）A．SNMP　　　　B．DNS　　　　　C．SMTP　　　　　D．FTP

（4）A．WebName　　B．HostName　　C．ServerName　　D．WWW

■ **试题分析**　Apache 提供基于 IP 或者名字的虚拟主机服务。创建名为 www.business.com 的虚拟主机，则需要在 DNS 服务器中添加地址记录。ServerName www.business.com 用于设置服务器辨识自己的主机信息。

■ **参考答案**　（2）A　（3）B　（4）C

【**考核方式 2**】　考核 DHCP 服务器配置。

3．某 Linux DHCP 服务器 dhcpd.conf 的配置文件如下：

```
ddns-update-style none;
subnet 192.168.0.0 netmask 255.255.255.0 {
      range 192.168.0.200 192.168.0.254;
      ignore client-updates;
      default-lease-time 3600;
      max-lease-time 7200;
      option routers 192.168.0.1;
      option domain-name "test.org";
      option domain-name-servers 192.168.0.2;
}
host test 1 {hardware ethernet 00:E0:4C:70:33:65;fixed-address 192.168.0.8;}
```

客户端 IP 地址的默认租用期为　　(5)　　小时。

（5）A．1　　　　　　B．2　　　　　　C．60　　　　　　D．120

■ **试题分析**　"default-lease-time 3600;" 表示默认租用期 3600 秒=1 小时。

■ **参考答案**　（5）A

4．Linux 系统中，默认安装 DHCP 服务的配置文件为　　(6)　　。

（6）A．/etc/dhcpd.conf　　　　　　　B．/etc/dhcp.conf

　　　C．/etc/dhcpd.config　　　　　　D．/etc/dhcp.config

■ **试题分析**　Linux 系统中，默认安装 DHCP 服务的配置文件为/etc/dhcpd.conf。

■ **参考答案**　（6）A

【**考核方式 3**】　考核 DNS 服务器配置文件及相关配置参数。

5．在 Linux 中，DNS 服务器的配置文件是　　(7)　　。

（7）A．/etc/hostname　　　　　　　B．/etc/host.conf

　　　C．/etc/resolv.conf　　　　　　D．/etc/httpd.conf

■ **试题分析**　本题考查的是 Linux 系统的常用配置文件，其中 DNS 服务器的配置文件是/etc/resolv.conf。

■ **参考答案**　（7）C

【考核方式4】　考核 Samba 服务器配置文件及相关参数配置。

6. Linux 系统中，___（8）___服务的作用与 Windows 的共享文件服务作用相似，提供基于网络的共享文件/打印服务。

（8）A．Samba　　　　B．FTP　　　　C．SMTP　　　　D．Telnet

■ **试题分析**　Linux 系统中，Samba 服务的作用与 Windows 的共享文件服务作用相似，提供基于网络的共享文件/打印服务。

■ **参考答案**　（8）A

课堂练习

1. DHCP 客户端不能从 DHCP 服务器获得___（1）___。

（1）A．DHCP 服务器的 IP 地址　　　B．Web 服务器的 IP 地址

　　　C．DNS 服务器的 IP 地址　　　　D．默认网关的 IP 地址

2. Linux 系统中，DHCP 服务的主配置文件是___（2）___，保存客户端租约信息的文件是___（3）___。

（2）A．dhcpd.leases　　　　　　　B．dhcpd.conf

　　　C．xinetd.conf　　　　　　　　D．lease.conf

（3）A．dhcpd.leases　　　　　　　B．dhcpd.conf

　　　C．xinetd.conf　　　　　　　　D．lease.conf

3. 阅读以下说明，回答问题 1 至问题 5，将解答填入答题纸对应的解答栏内。

【说明】在 Linux 服务器中，inetd/xinetd 是 Linux 系统中的一个重要服务。

【问题1】（2分）

下面选项中，___（1）___是 xinetd 的功能。

（1）A．网络服务的守护进程　　　　B．定时任务的守护进程

　　　C．负责配置网络接口　　　　　D．负责启动网卡

【问题2】（2分）

默认情况下，xinetd 配置目录信息为：

　　　drwxr-xr-x 2 root root 4096 2009004-23 18:27 xinetd.d

则下列说法错误的是___（2）___。

（2）A．root 用户拥有可执行权限

　　　B．除 root 用户外，其他用户不拥有执行权限

　　　C．root 用户拥有可写权限

　　　D．除 root 用户外，其他用户不拥有写权限

【问题 3】（4 分）

在 Linux 系统中，inetd 服务的默认配置文件为＿＿（3）＿＿。

　　（3）A．/etc/inet.conf　　　　　　　　　B．/etc/inetd.config

　　　　　C．/etc/inetd.conf　　　　　　　　　D．/etc/inet.config

在 Linux 系统中，默认情况下，xinetd 所管理服务的配置文件存放在＿＿（4）＿＿。

　　（4）A．/etc/xinetd/　　　　　　　　　　B．/etc/xinetd.d/

　　　　　C．/usr/etc/xinetd/　　　　　　　　D．/usr/etc/xinetd.d/

【问题 4】（4 分）

　　某 Linux 服务器上通过 xinetd 来对各种网络服务进行管理，该服务器上提供 FTP 服务，FTP 服务器程序文件为/usr/bin/ftpd，FTP 服务器的配置文件/etc/xinetd.d/ftp 内容如下所示，目前该服务器属于开启状态。

```
service ftp
        {
socket_type     =stream;
        protocol        =___(5)___
        wait            =no
        user            =root
        server          =___(6)___
        server_args     =-el
        disable         =no
        }
```

请完善该配置文件。

　　（5）A．TCP　　　　　B．UDP　　　　　C．IP　　　　　D．HTTP

　　（6）A．/usr/bin/ftpd　B．ftpd　　　　　C．ftp　　　　　D．/bin/ftpd

【问题 5】（3 分）

　　xinetd 可使用 only_from、no_access 及 access_time 等参数对用户进行访问控制。若服务器上 FTP 服务的配置信息如下所示：

```
service ftp
        {
......
        only-from       =192.168.3.0/24 172.16.0.0/16
        no_access       =172.16, {1,2}
        access_times    =07:00-21:00
......
        }
```

则下列说法错误的是＿＿（7）＿＿。

　　（7）A．允许 192.168.3.0/24 中的主机访问该 FTP 服务器

　　　　　B．172.16.3.0/24 网络中的主机可以访问该服务器

　　　　　C．IP 地址为 172.16.x.x 的主机可以连接到此主机，但地址属于 172.16.1.x、172.16.2.x 的则不能连接

D．FTP 服务器可以 24 小时提供服务

4．阅读以下说明，回答问题 1 至问题 4，将解答填入答题纸对应的解答栏内。

【说明】如图 16-4 所示，某公司办公网络划分为研发部和销售部两个子网，利用一台双网卡 Linux 服务器作为网关，同时在该 Linux 服务器上配置 Apache 提供 Web 服务。

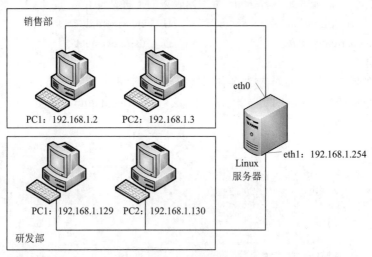

图 16-4　网络拓扑图

【问题 1】（4 分）

图 16-5 是 Linux 服务器中网卡 eth0 的配置信息，从图中可以得知：①处输入的命令是＿＿(1)＿＿，eth0 的 IP 地址是＿＿(2)＿＿，子网掩码是＿＿(3)＿＿，销售部子网最多可以容纳的主机数量是＿＿(4)＿＿。

```
[root@localhost conf]#    ①
eth0      Link encap:Ethernet  HWaddr 00:0C:29:C8:0D:10
          inet addr:192.168.1.126  Bcast:192.168.1.255  Mask:255.255.255.128
          UP BROADCAST RUNNING MULTICAST  MTU:1500  Metric:1
          RX packets:1667 errors:0 dropped:0 overruns:0 frame:0
          TX packets:22 errors:0 dropped:0 overruns:0 carrier:0
          collisions:0 txqueuelen:100
          RX bytes:291745 (284.9 Kb)  TX bytes:924 (924.0 b)
          Interrupt:10 Base address:0x10a4
```

图 16-5　配置信息

【问题 2】（4 分）

Linux 服务器在配置 Web 服务之前，执行命令[root@root] rpm -qa | grep httpd 的目的是＿＿(5)＿＿。Web 服务器配置完成后，可以用命令＿＿(6)＿＿来启动 Web 服务。

【问题 3】（3 分）

默认安装时，Apache 的主配置文件名是＿＿(7)＿＿，该文件所在目录为＿＿(8)＿＿。

配置文件中，下列配置信息的含义是＿＿(9)＿＿。

<Directory "/var/www/html/secure">
AllowOverride AuthConfig

```
Order deny,allow
Allow from 192.168.1.2
Deny from all
</Directory>
```

【问题 4】（4 分）

Apache 的主配置文件中有一行 Listen 192.168.1.126:80，其含义是___(10)___。

启动 Web 服务后，仅销售部的主机可以访问 Web 服务。在 Linux 服务器中应如何配置，方能使研发部的主机也可以访问 Web 服务？

5. 阅读以下说明，回答问题 1 至问题 4，将解答填入答题纸对应的解答栏内。

【说明】某公司搭建了一个小型局域网，网络中配置一台 Linux 服务器作为公司内部文件服务器和 Internet 接入服务器，该网络结构如图 16-6 所示。

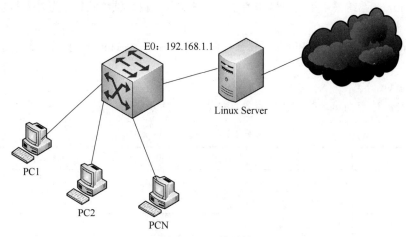

图 16-6　网络结构

【问题 1】（5 分）

Linux 的文件传输服务是通过 vsftpd 提供的，该服务使用的应用层协议是___(1)___协议，传输层协议是___(2)___协议，默认的传输层端口号为___(3)___。

Vsftpd 服务可以通过命令行启动或停止，启动该服务的命令是___(4)___，停止该服务的命令是___(5)___。

【问题 2】（5 分）

Vsftpd 程序主配置文件的文件名是___(6)___，若当前配置内容如下所示，请给出对应配置和配置值的含义。

```
...
listen_address=192.168.1.1
#listen_port=21
#max_per_ip=10
#max_clients=1000
anonymous_enable=YES          (7)
```

```
        local_enable=YES              (8)
        write_enable=YES              (9)
        userlist_enable=NO            (10)
```

【问题 3】（2 分）

为了使 Internet 上的用户也可以访问 vsftpd 提供的文件传输服务，可以通过简单地修改上述主配置文件实现，修改的方法是　(11)　。

【问题 4】（3 分）

由于 Linux 服务器的配置较低，希望限制同时使用 FTP 服务的并发用户数为 10，每个用户使用 FTP 服务时可以建立的连接数为 5，可以通过简单地修改上述主配置文件实现，修改的方法是　(12)　。

6. 阅读以下关于 Linux 文件系统和 Samba 服务的说明，回答问题 1 至问题 3。

【说明】Linux 系统采用了树型多级目录来管理文件，树型结构的最上层是根目录，其他的所有目录都是从根目录生成的。

通过 Samba 可以实现基于 Linux 操作系统的服务器和基于 Windows 操作系统的客户机之间的文件、目录及共享打印服务。

【问题 1】（6 分）

Linux 在安装时会创建一些默认的目录，如表 16-2 所示。

表 16-2　默认目录

/	
/bin	
/boot	存放启动系统使用的文件
/dev	
/etc	用来存放系统管理所需要的配置文件和子目录
/home	
/lost+found	
/mnt	临时安装（mount）文件系统的挂载点
/opt	
/proc	
/sbin	
/usr	
/var	包含系统运行时要改变的数据
/tmp	

依据上述表格，在空（1）～（6）中填写恰当的内容（其中（1）空在候选答案中选择）。

①对于多分区的 Linux 系统，文件目录树的数目是　(1)　。

②Linux 系统的根目录是　(2)　，默认的用户主目录在　(3)　目录下，系统的设备文件

（如打印驱动）存放在____（4）____目录中，____（5）____目录中的内容关机后不能被保存。

③如果在工作期间突然停电，或者没有正常关机，在重新启动机器时，系统将要复查文件系统，系统将找到的无法确定位置的文件放到目录____（6）____中。

（1）A．1　　　　　　　B．分区的数目　　C．大于 1

【问题 2】（4 分）

默认情况下，系统将创建的普通文件的权限设置为-rw-r--r--，即文件所有者对文件____（7）____，同组用户对文件____（8）____，其他用户对文件____（9）____。文件的所有者或者超级用户，采用____（10）____命令可以改变文件的访问权限。

【问题 3】（5 分）

Linux 系统中 Samba 的主要配置文件是/etc/samba/smb.conf。请根据以下的 smb.conf 配置文件，在空（11）～（15）中填写恰当的内容。

Linux 服务器启动 Samba 服务后，在客户机的"网络邻居"中显示提供共享服务的 Linux 主机名为____（11）____，其共享的服务有____（12）____，能够访问 Samba 共享服务的客户机的地址范围为____（13）____；能够通过 Samba 服务读写/home/samba 中内容的用户是____（14）____；该 Samba 服务器的安全级别是____（15）____。

```
[global]
workgroup = MYGROUP
netbios name=smb-server
server string = Samba Server
;hosts allow = 192.168.1.1 192.168.2.127.
load printers = yes
security = user
[printers]
comment = My Printer
browseable = yes
path = /usr/spool/samba
guest ok = yes
writable = no
printable = yes
[public]
comment = Public Test
browseable = no
path = /home/samba
public = yes
writable = yes
printable = no
write list = @test
[user1dir]
comment = User1's Service
browseable = no
path = /usr/usr1
valid users = user1
```

```
public = no
writable = yes
printable = no
```

7．阅读以下说明，回答问题1至问题4，将解答填入答题纸对应的解答栏内。

【说明】某公司内部搭建了一个小型的局域网，网络拓扑图如图16-7所示。公司内部拥有主机约120台，用C类地址段192.168.100.0/24。采用一台Linux服务器作为接入服务器，服务器内部局域网接口地址为192.198.100.254，ISP提供的地址为202.202.212.62。

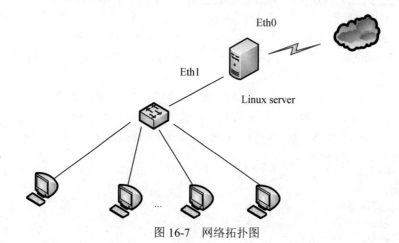

图 16-7　网络拓扑图

【问题1】（2分）

在 Linux 中，DHCP 的配置文件是___(1)___。

【问题2】（8分）

内部邮件服务器 IP 地址为 192.168.100.253，MAC 地址为 01:A8:71:8C:9A:BB；内部文件服务器 IP 地址为 192.168.100.252，MAC 地址为 01:15:71:8C:77:BC。公司内部网络分为 4 个网段。

为方便管理，公司使用 DHCP 服务器为客户机动态配置 IP 地址。下面是 Linux 服务器为192.168.100.192/26 子网配置 DHCP 的代码，将其补充完整。

```
Subnet ___(2)___ netmask ___(3)___
{
    option routers 192.168.100.254;
    option subnet-mask ___(4)___ ;
    option broadcast-address ___(5)___ ;
    option time-offset 18000;
    range ___(6)___  ___(7)___ ;
    default-lease-time 21600;
    max-lease-time 43200;

host servers
    {
     hardware ethernet ___(8)___ ;
     fixed-address 192.168.100.253;
```

```
        hardware ethernet 01:15:71:8C:77:BC;
        fixed-address    (9)    ;
    }
}
```

【问题 3】（2 分）

配置代码中 "option time-offset 18000" 的含义是___（10）___。"default-lease-time 21600" 表明，租约期为___（11）___小时。

　　　　（10）A．将本地时间调整为格林威治时间

　　　　　　　B．将格林威治时间调整为本地时间

　　　　　　　C．设置最长租约期

【问题 4】（3 分）

在一台客户机上使用 ipconfig 命令，输出如图 16-8 所示，正确的说法是___（12）___。

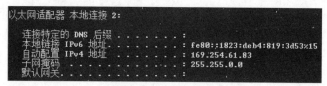

图 16-8　输出结果

此时可使用___（13）___命令释放当前 IP 地址，然后使用___（14）___命令向 DHCP 服务器重新申请 IP 地址。

　　　　（12）A．本地网卡驱动未成功安装

　　　　　　　B．未收到 DHCP 服务器分配的地址

　　　　　　　C．DHCP 服务器分配给本机的 IP 地址为 169.254.146.48

　　　　　　　D．DHCP 服务器的 IP 地址为 169.254.146.48

试题分析

试题 1 分析：DHCP 服务器可以分配客户端 DHCP 服务器的 IP 地址、DNS 服务器的 IP 地址、默认网关的 IP 地址、子网掩码、网关地址等信息。但不包含 Web 服务器的 IP 地址。

参考答案：（1）B

试题 2 分析：DHCP 的配置文件是/etc/dhcpd.conf 文件。此配置文件包括两个部分，全局参数配置和局部参数配置。全局参数配置的内容对整个 DHCP 服务器起作用，如组织的域名、DNS 服务器的地址等，局部参数的配置只针对相应的子网段或者主机等局部对象起作用。

Dhcpd.leases 配置文件是 DHCP 服务器自动创建和维护的，不需要管理员参与配置。文件中自动记录了服务器已经分配的所有 IP 地址的相关信息，在网络地址分配出现故障时，可以通过该文件中的信息了解网络地址的具体分配情况。

Dhcpd.leases 文件的基本格式为：

```
leases ipaddress {statement}
```

其中的{statement}用于记录服务器分配给具体主机的各种配置信息，如开始租约时间、结束租约时间、客户机的 MAC 地址、客户机的主机名等。

一个典型的 dhcpd.leases 文件内容如下：

```
lease 192.168.1.17 {                    #DHCP 服务器分配的 IP 地址
    starts 1 20xx/05/02 03:02:26;       # lease 开始租约时间
    ends 1 20xx/05/02 09:02:26;         # lease 结束租约时间
    binding state active;
    next binding state free;
    hardware ethernet 00:19:21:D3:3B:05;    #客户机的 MAC 地址
    client-hostname "xp";                   #客户机名称
}
```

要注意开始租约时间和结束租约时间是格林威治标准时间，不是系统的本地时间。第一次运行 DHCP 服务器时 dhcpd.leases 是一个空文件，会由系统自动创建和维护。作为网络工程师，只要能看懂租约文件中的信息即可。

参考答案：（2）B　　（3）A

试题 3 分析：

【问题 1】（2 分）

xinetd 是一个守护（daemon）进程，总管网络服务，如 telnet 服务、ssh 服务等。当客户端没有请求时，服务进程不执行；当客户端请求时，xinetd 就启动相应服务并把相应端口移交给这些服务。这种统一方式易导致效率低下，因此大型网络服务都实行自行管理，如 httpd 服务。

【问题 2】（2 分）

分析略。

【问题 3】（每空 2 分，共 4 分）

Linux 中，inetd 默认配置文件为/etc/inetd.conf；xinetd 所管理服务的配置文件存放在/etc/xinetd.d/。

【问题 4】（每空 2 分，共 4 分）

xinetd 主要参数说明见表 16-3。

表 16-3　xinetd 的主要参数说明

指示符	描述
socket_type	网络套接字类型、流或者数据包
protocol	通常是 TCP 或者 UDP
wait	取值 yes/no，等同于 inetd 的 wait/nowait
user	服务进程 UID
server	执行的完整路径
server_args	传递给 server 的变量或者值
instances	可以启动的实例的最大值
start	max_load

指示符	描述
log_on_success	成功启动的登记选项
log_on_failure	联机失败时的日志信息
only_from	接收的网络或是主机
no_access	拒绝访问的网络或是主机
disabled	指定关闭的服务列表
log_type	日志的类型和路径
nice	运行服务的优先级
id	日志中使用的服务名

FTP 基于 TCP，所以（5）处应该填 TCP；FTP 服务器程序文件为/usr/bin/ftpd 因此（6）处填写/usr/bin/ftpd。

【问题 5】（3 分）

```
service ftp
{
    ……
                only-from       =192.168.3.0/24 172.16.0.0/16
//允许子网 192.168.3.0/24 和 172.16.0.0/16 访问
                no_access       =172.16, {1,2}
//拒绝子网 172.16.1.0/24 和 172.16.2.0/24 访问
                access_times    =07:00-21:00
//允许 FTP 服务时间为 07:00-21:00
    ……
}
```

■ 参考答案

【问题 1】（2 分）

（1）A 或网络服务的守护进程

【问题 2】（2 分）

（2）B 或除 root 用户外，其他用户不拥有执行权限

【问题 3】（每空 2 分，共 4 分）

（3）C 或 /etc/inetd.conf

（4）B 或 /etc/xinetd.d/

【问题 4】（每空 2 分，共 4 分）

（5）A 或 TCP

（6）A 或 /usr/bin/ftpd

【问题 5】（3 分）

（7）D 或 FTP 服务器可以 24 小时提供服务

试题 4 分析：

【问题 1】（4 分，每空 1 分）

ifconfig 命令查看网络接口状态。命令形式为：**ifconfig**-*interface [options] ipaddress*

options 可以为：

● -interface：指定网卡，如 eth0、eth1。

● up/down：激活/关闭指定网卡。

如图 16-9 所示可知，eth0 的 IP 地址为 192.168.1.126，子网掩码为 255.255.255.128。

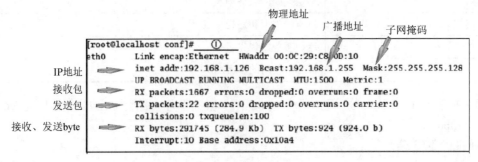

图 16-9　配置信息

主机位为 7，因此可容纳主机个数为 128-2=126 个。如果考虑本机地址，则还需要减 1，为 125 个。本题答 125 或 126 都正确。

【问题 2】（4 分，每空 2 分）

[root@root~]# **rpm -qa|grep httpd** 这条命令使用一个管道符"|"建立了一个管道。管道将 rpm -qa 命令的输出系统中所有安装的 RPM 包作为 grep 命令的输入，从而列出带有 httpd 字符的 RPM 包。由此判断 httpd 是否安装。

启动和停止 Apache 服务的命令如下：

/etc/rc.d/init.d/httpd start　　　　//启动 Apache 服务

/etc/rc.d/init.d/httpd stop　　　　//停止 Apache 服务

【问题 3】（3 分，每空 1 分）

默认安装时，Apache 的主配置文件为 **httpd.conf**，该文件所在目录为**/etc/httpd.conf**。

```
<Directory "/var/www/html/secure">      //指定配置目录
AllowOverride AuthConfig                 //仅能修改账号、密码
Order deny,allow                         //优先处理拒绝
Allow from 192.168.1.2                   //允许地址 192.168.1.2 访问
Deny from all                            //拒绝所有主机访问
</Directory>
```

配置的含义是：目录"/var/www/html/secure"只允许主机 192.168.1.2 访问。

【问题 4】（4 分）

Listen 192.168.1.126:80 的含义是，提供 Web 服务的地址为 192.168.1.126，端口为 80。

要使得两个部门都可以访问 Web 服务，就不能设置销售部网段地址为 192.168.1.126。"Listen 192.168.1.126:80"改为"Listen 80"即可。或者设置路由，使得研发部和销售部互通。

■ 参考答案

【问题 1】（4 分，每空 1 分）

（1）ifconfig eth0　或　ifconfig

（2）192.168.1.126

（3）255.255.255.128

（4）125（答 126 也正确）

【问题 2】（4 分，每空 2 分）

（5）确认 Apache 软件包是否已经成功安装

（6）service httpd start

【问题 3】（3 分，每空 1 分）

（7）httpd.conf

（8）/etc/httpd.conf

（9）目录"/var/www/html/secure"只允许主机 192.168.1.2 访问。

【问题 4】（4 分）

（10）提供 Web 服务的地址为 192.168.1.126，端口为 80。

要使得两个部门都可以访问 Web 服务，就不能设置销售部网段地址为 192.168.1.126。"Listen 192.168.1.126:80"改为"Listen 80"即可。或者设置路由使得研发部和销售部互通。

试题 5 分析：

【问题 1】

本题考查考生对 Linux 系统的基本服务器的配置的了解，本题中用的 Linux 的 vsftpd 服务器。首先是考查对 FTP 服务器的基本概念。FTP 协议是基于 TCP 协议之上的，使用默认端口 21。对于 Linux 系统中最基本的服务器启动和停止的命令格式是"service 服务进程名 start/stop"，这是最常用的命令格式。

【问题 2】

本题考查基本配置文件的阅读理解，首先其配置文件是 vsftpd.conf，对于配置中的具体参数项，根据题目中的名词大致可以推测出来，对于这一类 Linux 服务器配置文件的阅读理解题基本可以根据参数项的英文意思推断。（7）空是允许匿名用户使用，（8）空是允许本地用户访问，（9）空是允许用户上传文件，（10）空是禁止用户列表文件中的用户访问。

【问题 3】

本题考查考生对服务器监听地址和端口的了解。每一个服务器都会通过读取配置文件的内容，知道应该在哪一个 IP 地址的哪一个端口监听。若是指定了 IP 地址，则不管服务器有多少个 IP 地址，也只监听指定 IP 地址上对应的端口。本题中要使 Internet 用户能够访问，因此必定不能只监听某一个地址，而是应该监听全部接口地址，那么最好的方式就是不指定任何地址。

【问题 4】

本题考查服务的连接配置项，每个用户并发的连接数可以通过 max_per_ip 来设置。服务器并发客户数可以用 max_clients 来指定。

■ 参考答案

【问题 1】（5 分，每空 1 分）

（1）FTP

（2）TCP

（3）21

（4）service vsftpd start

（5）service vsftpd stop

【问题 2】（5 分，每空 1 分）

（6）vsftpd.conf

（7）允许匿名用户访问

（8）允许本地用户访问

（9）允许用户上传文件

（10）禁止用户列表文件中的用户访问

【问题 3】（2 分）

（11）注释或删除"listen_address=192.168.1.1"配置项

【问题 4】（3 分）

（12）改"#max_per_ip=10"为"max_per_ip=5"，改"#max_clients=1000"为"max_clients=10"

试题 6 分析：

【问题 1】（6 分，各 1 分）

Linux 系统中的文件和目录为树形结构。Linux 下各目录的属性如表 16-4 所示。

表 16-4 Linux 目录属性

目录名	描述
/	根目录
/bin	存放系统常用的可运行程序
/boot	超级管理员 root 用户目录，用于存放内核、启动文件
/dev	映射所有设备文件例如硬盘、光盘、U 盘等
/etc	用来存放系统管理所需要的配置文件和子目录
/home	默认的用户（root 除外）主目录，可保存大部分用户文件
/lib	文件系统中程序所需要的共享库
/lost+found	存储系统非正常关机，重启系统并且经过系统复查后，发现无法确定位置的文件
/mnt	临时安装（mount）文件系统的挂载点
/opt	存放可选的安装文件
/proc	映射内存中的进程信息，内容是动态的，关机后不保存
/root	根用户的主目录

续表

目录名	描述
/sbin	存放系统文件，普通用户通常无权访问
/usr	所有程序安装在这里。例如： ①/usr/bin：几乎所有用户命令，有些命令在/bin 或/usr/local/bin 中。 ②/usr/sbin：根文件系统不必要的系统管理命令，例如多数服务程序。 ③/usr/man, /usr/info, /usr/doc：手册页、GNU 信息文档和各种其他文档文件。 ④/usr/include：C 语言编程的头文件，这实际上应该在/usr/lib 下，为了一致性，传统上支持这个名字。 ⑤/usr/lib：程序或子系统的不变的数据文件，包括一些 site-wide 配置文件。名字 lib 来源于库（library）；编程的原始库存在/usr/lib 里。 ⑥/usr/local：本地安装的软件和其他文件放在这里
/var	存放着那些不断在扩充的东西。为了保持/usr 的相对稳定，那些经常被修改的目录可以放在这个目录下
/tmp	存放用户和程序的临时文件

【问题 2】（4 分，各 1 分）

Linux 中文档的存取权限分为三级：文件拥有者、与拥有者同组的用户、其他用户，不管权限位如何设置，root 用户都具有超级访问权限。

每个级别用户可以设置 r、w、x，分别表示可读、可写和可执行。具体用户、权限关系如图 16-10 所示。

图 16-10　文件权限位示意图

注意：文件类型有多种，d 代表目录，- 代表普通文件，c 代表字符设备文件。

【问题 3】（5 分，各 1 分）

Samba 配置文件是/etc/samba/smb.conf。配置文件中以“#”开头的行为注释信息，以“;”开头的行被屏蔽并不生效。

下面解释题目中配置文件的含义。

```
[global]
#[global]部分进行全局设置
workgroup = MYGROUP
#设置服务器工作组，默认为 MYGROUP
netbios name=smb-server
#客户机的“网上邻居”显示该共享服务器名为 smb-server
```

```
server string = Samba Server
# 客户机的"网上邻居"显示该共享服务器的描述为 Samba Server
;hosts allow = 192.168.1. 1 192.168.2. 127.
# ";"表示允许所有主机访问（相当于注释）。如果去掉";"，则只允许指定地址访问
load printers = yes
# 允许自动加载打印机列表
security = user
# 设置 Samba 安全验证"user"级，该级别安全性较低，为默认设置，需用户名+口令验证访问；
验证方式还有：安全性最低的"share"，无须任何验证即可访问；安全性中等的"server"，需用
户名+口令验证，且用户名验证需要送到另一台验证服务器上
```

[printers]	# [printers]部分设置打印机
comment = My Printer	# 设置共享打印服务名称为 My Printer
browseable = yes	# 设置允许浏览打印机
path = /usr/spool/samba	# 设置共享路径
guest ok = yes	# 设置来宾账号允许访问打印机
writable = no	# 共享缓冲目录不允许写操作，共享打印机必须设置 no
printable = yes	# 允许打印共享
[public]	# [public]部分设置共享目录
comment = Public Test	# 为共享目录添加注释
browseable = no	# 设置不允许浏览目录
path = /home/samba	# 设置共享路径
public = yes	# 允许来宾用户可访问
writable = yes	# 用户有写权限
printable = no	# 不允许打印
write list = @test	# 赋予 test 用户组每个用户对共享目录进行读写的权限
[user1dir]	# [user1dir]部分设置共享目录
comment = User1's Service	# 个人目录描述为 User1's Service
browseable = no	# 设置不允许浏览目录
path = /usr/usr1	# 设置共享路径为/usr/usr1
valid users = user1	# 允许用户 user1 访问共享目录
public = no	# 不允许来宾用户访问
writable = yes	# 用户有写权限
printable = no	# 允许打印共享

■ 参考答案

【问题 1】（6 分，各 1 分）

（1）A

（2）/

（3）/home

（4）/dev

（5）/proc

（6）/lost+found

【问题 2】（4 分，各 1 分）

（7）可读、可写

（8）仅可读

（9）仅可读

（10）chmod

【问题 3】（5 分，各 1 分）

（11）smb-server

（12）printers 或 My Printer

（13）无限制（因为 bosts allow 被分号注释掉了）

（14）Linux 系统的 test 组中用户

（15）用户安全级

试题 7 分析：

【问题 1】（2 分）

Dhcpd 的配置文件是/etc/dhcpd.conf 文件。此配置文件包括两个部分：全局参数配置和局部参数配置。全局参数配置的内容对整个 DHCP 服务器起作用，如组织的域名、DNS 服务器的地址等；局部参数配置只针对相应的子网段或主机等局部对象起作用。

【问题 2】（8 分，各 1 分）

一个典型的 dhcp 服务器的配置如下：

```
ddns-update-style interim;          #全局设置参数，允许 DNS 服务器动态更新
ignore client-updates;              #全局设置参数，忽略客户端更新
subnet 192.168.1.0 netmask 255.255.255.0 {
      option  routers                192.168.1.254;  #此处开始的是局部设置参数，只对子网 192.168.1.0 网段起
作用。此 routers 就只针对 192.168.1.0 网段的机器设置默认网关 192.168.1.254
      option subnet-mask             255.255.255.0;
      option broadcast-address       192.168.1.255;
      option domain-name-servers     192.168.1.3;
      option domain-name             "www.hunau.net";
      option domain-name-servers     192.168.1.3;
      option time-offset             -18000;       #指定与格林威治时间是偏移值
      range dynamic-bootp            192.168.1.128   192.168.1.255;
      default-lease-time 21600;
      max-lease-time 43200;
      host   xp {
              hardware Ethernet   00:19:21:D3:3B:05;
              fixed-address 192.168.1.17; #为一台 MAC 地址是 00:19:21:D3:3B:05 的主机固定分配 IP 地址 192.168.1.17.
              }
}
```

从文件的配置参数来看，我们只需要按照基本配置选项的意义和题干给出的参数即可进行填空。首先从题干"Linux 服务器为 192.168.100.192/26 子网配置 DHCP"这句话即可找到这个 subnet 对应的子网掩码和地址。子网掩码可以用我们前面讲过的 IP 地址计算的方法进行快速的计算。从 /26 就可以计算出子网掩码是 255.255.255.192。第（6）空的位置指定的这个范围应该是除了默认网关、内部邮件服务器、文件服务器地址之外的地址。因此是 192.168.100.193 开始，到 192.168.100.251 结束。第（8）、（9）空对应的是 192.168.100.253 这台服务器的保留 IP 地址的配置。

因此只要按照题干给的数据填空即可。

【问题 3】（2 分，各 1 分）

从题干中的"time-offset"可以知道是时间的偏移，相对于格林威治时间而言，因此这项配置的意思就是 A。而从 default-lease-time 21600 可以看出这个默认租约时间是 21600 秒。换算成题目要求的小时即可，考试中要注意仔细审题，注意单位一定要一致。21600/3600=6 小时。

【问题 4】（3 分，各 1 分）

在 Windows 系统中，在 DHCP 客户端无法找到对应的服务器时、获取合法 IP 地址失败的情况下，获取的 IP 地址值为 **169.254.X.X**。因此第（12）空可以选 B。最后两空实际上考查 ipconfig 命令对应的参数，这个命令及其相关参数是考生必须掌握的。

■ **参考答案**

【问题 1】（2 分）

dhcpd.conf

【问题 2】（8 分，各 1 分）

（2）192.168.100.192   （3）255.255.255.192

（4）255.255.255.192   （5）192.168.100.255

（6）192.168.100.193   （7）192.168.100.251

（8）01:A8:71:8C:9A:BB   （9）192.168.100.252

【问题 3】（2 分，各 1 分）

（10）A   （11）6

【问题 4】（3 分，各 1 分）

（12）B   （13）ipconfig/release   （14）ipconfig/renew

17

无线网络与存储技术

知识点图谱与考点分析

无线网络技术逐渐成为了一种主流的网络技术，目前的应用非常广泛。因此在每年网络工程师考试中，上午考题的分值在 1～4 分之间，下午可能考到大题。存储技术随着网络和大数据的应用越来越广泛，常见的网络存储技术（如 NAS、SAN、IPSAN 等）的基本概念也是网络工程师考试中常考的内容。本章的知识体系图谱如图 17-1 所示。

图 17-1　无线网络与存储技术知识体系图谱

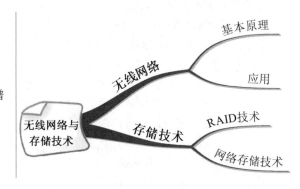

知识点：无线网络

知识点综述

无线网络技术的广泛应用，逐步成为了一种主流的网络技术。网络工程师考试中主要对无线网络技术的基本概念和 IEEE 802.11 相关标准进行考查。本知识点的知识体系图谱如图 17-2 所示。

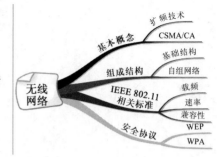

图 17-2　无线网络知识体系图谱

参考题型

【考核方式 1】　考核基本的无线网络中的基本原理和概念。

1.　关于无线网络中使用的扩频技术，下面描述错误的是＿＿＿(1)＿＿＿。

（1）A．用不同的频率传播信号扩大了通信的范围

　　　B．扩频通信减少了干扰且通信保密

　　　C．每一个信号比特可以同 N 个码片比特来传输

　　　D．信号散布到更宽的频带上，降低了信道阻塞的概率

■ **试题分析**　扩频技术的基本特征是使用比发送的信息数据速率高很多倍的伪随机码，对载有信息数据的基带信号的频谱进行扩展，形成宽带的低功率频谱密度的信号来发射。简而言之，就是用伪随机序列对代表数据的模拟信号进行调制。它的特点是，对无线噪声不敏感、产生的干扰小、安全性较高；但是占用带宽较高。**增加带宽可以提高信噪比和等速率的情况下数据传输的可靠性。**

■ **参考答案**　（1）A

2.　在 IEEE 802.11 标准中使用了扩频通信技术，下面有关扩频通信技术说法正确的是
＿＿＿(2)＿＿＿。

（2）A．扩频技术是一种带宽很宽的红外线通信技术

　　　B．扩频技术就是用伪随机序列对代表数据的模拟信号进行调制

　　　C．扩频通信系统的带宽随着数据速率的提高而不断扩大

　　　D．扩频技术就是扩大了频率许可证的使用范围

■ **试题分析**　扩频技术的特点是，对无线噪声不敏感、产生的干扰小、安全性较高；但是占用带宽较高。

■ **参考答案**　（2）B

【考核方式 2】　考核无线网络组成结构及各个部分的作用。

3.　IEEE 802.11 标准定义的 Peer to Peer 网络是＿＿＿(3)＿＿＿。

（3）A．一种需要 AP 支持的无线网络

　　　B．一种不需要有线网络和接入点支持的点对点网络

　　　C．一种采用特殊协议的有线网络

D. 一种高速骨干数据网络

■ **试题分析**　IEEE 802.11 定义了无线局域网的两种工作模式：**基础设施网络**（**Infrastructure Networking**）和自主网络（**Ad Hoc Networking**）。基础网络是预先建立起来的，具有一系列能覆盖一定地理范围的固定基站。自主网络是网络组建不需要使用固定的基础设施，仅靠自身就可以临时构建网络。自主网络就是一种不需要有线网络和接入点（AP）支持的点对点网络。

■ **参考答案**　（3）B

4. 在无线局域网中，AP 的作用是___（4）___。标准 IEEE 802.11n 提供的最高数据速率可达到___（5）___。

　　（4）A. 无线接入　　　B. 用户认证　　　C. 路由选择　　　D. 业务管理

　　（5）A. 54Mb/s　　　B. 100Mb/s　　　C. 200Mb/s　　　D. 300Mb/s

■ **试题分析**　无线局域网中，AP 的作用就是给用户提供无线接入，以便用户使用无线网络。IEEE 802.11n 标准可提供高达 300Mb/s~600Mb/s 的接入速度。

■ **参考答案**　（4）A　（5）D

【考核方式3】　考核无线网络对应的 IEEE 802.11 标准中的相关概念。

5. IEEE 802.11 采用了类似于 IEEE 802.3 CSMA/CD 协议的CSMA/CA 协议,不采用CSMA/CD 协议的原因是___（6）___。

　　（6）A. CSMA/CA 协议的效率更高　　　B. CSMA/CD 协议的开销更大
　　　　　C. 为了解决隐蔽终端问题　　　　D. 为了引进其他业务

■ **试题分析**　IEEE 802.11 采用了类似于 IEEE 802.3 CSMA/CD 协议的载波侦听多路访问/冲突避免协议（Carrier Sense Multiple Access/Collision Avoidance，CSMA/CA），不采用CSMA/CD 协议的原因有两点：

①无线网络中，接收信号的强度往往远小于发送信号，因此要实现碰撞花费过大。

②隐蔽站（隐蔽终端问题），并非所有站都能听到对方，如图 17-3（a）所示。而暴露站的问题是检测信道忙碌，但是未必影响数据发送，如图 17-3（b）所示。

因此，CSMA/CA 就是减少碰撞，而不是检测碰撞。

■ **参考答案**　（6）C

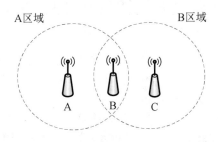

（a）A、C同时向B发送信号，发送碰撞

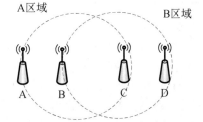

（b）B向A发送信号，避免碰撞，阻止C
向D发送数据

图 17-3　隐蔽站和暴露站问题

6. IEEE 802.11g 标准支持的最高数据速率可达____（7）____Mb/s。

（7）A. 5　　　　　　B. 11　　　　　　C. 54　　　　　　D. 100

■ **试题分析**　IEEE 802.11 系列标准主要有 4 个子标准，具体如表 17-1 所示。

表 17-1　IEEE 802.11 系列标准

标准	运行频段	主要技术	数据速率
IEEE 802.11	2.400～2.483GHz	DBPSK、DQPSK	1Mb/s 和 2Mb/s
IEEE 802.11a	5.150～5.350GHz、5.725～5.850GHz，与 IEEE 802.11b/g 互不兼容	OFDM 调制技术	54Mb/s
IEEE 802.11b	2.400～2.483GHz，与 IEEE 802.11a 互不兼容	CCK 技术	11Mb/s
IEEE 802.11g	2.400～2.483GHz	OFDM 调制技术	54Mb/s
IEEE 802.11n	支持双频段，兼容 IEEE 802.11b 与 IEEE 802.11a 两种标准	MIMO（多入多出）与 OFDM 技术	300～600Mb/s

■ **参考答案**　（7）C

【考核方式4】　考核无线网络安全技术相关概念。

7. IEEE 802.11i 所采用的加密算法为____（8）____。

（8）A. DES　　　　　B. 3DES　　　　　C. IDEA　　　　　D. AES

■ **试题分析**　IEEE 802.11i 在数据保密方面定义了三种加密机制，具体参见表 17-2。

表 17-2　WPA 的三种加密机制

简写	全称	特点
TKIP	Temporal Key Integrity Protocol（临时密钥完整性协议）	使用 WEP 机制的 RC4 加密，可通过升级硬件或者驱动方式来实现
CCMP	Counter-Mode/CBC-MAC Protocol（计数器模式密码块链消息完整码协）	使用 AES（Advanced Encryption Standard）加密和 CCM（Counter-Mode/CBC-MAC）认证，该算法对硬件要求较高，需要更换硬件
WRAP	Wireless Robust Authenticated Protocol	使用 AES 加密和 OCB 加密

■ **参考答案**　（8）D

8. Wi-Fi 联盟制定的安全认证方案 WPA（Wi-Fi Protected Access）是____（9）____标准的子集。

（9）A. IEEE 802.11　　　　　　　　　B. IEEE 802.11a

　　　C. IEEE 802.11b　　　　　　　　D. IEEE 802.11i

■ **试题分析**　WPA 包含 IEEE 802.11i 标准的大部分，是在 IEEE 802.11i 完备之前替代 WEP 的过渡方案。Wi-Fi 保护接入（Wi-Fi Protected Access，WPA）是新一代的 WLAN 安全标准，该协议采用新的加密协议并且结合 IEEE 802.1x 实现访问控制。

■ **参考答案**　（9）D

【考核方式 5】　无线网络设计和配置。

9．阅读以下说明，回答问题 1 至问题 3，将解答填入答题纸对应的解答栏内。

　　【说明】某校园网中的无线网络拓扑结构如图 17-4 所示。

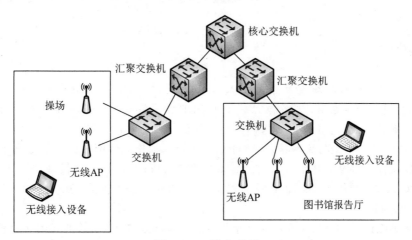

图 17-4　网络拓扑图

该网络中无线网络的部分需求如下：

①学校操场要求部署 AP，该操场区域不能提供外接电源。

②学校图书馆报告厅要求高带宽、多接入点。

③无线网络接入要求有必要的安全性。

【问题 1】（4 分）

根据学校无线网络的需求和拓扑图可以判断，连接学校操场无线 AP 的是＿＿（1）＿＿交换机，它可以通过交换机的＿＿（2）＿＿口为 AP 提供直流电。

【问题 2】（6 分）

①根据需求在图书馆报告厅安装无线 AP，如果采用符合 IEEE 802.11b 规范的 AP，理论上可以提供＿＿（3）＿＿Mb/s 的传输速率；如果采用符合 IEEE 802.11g 规范的 AP，理论上可以提供最高＿＿（4）＿＿Mb/s 的传输速率。如果采用符合＿＿（5）＿＿规范的 AP，由于将 MIMO 技术和＿＿（6）＿＿调制技术结合在一起，理论上最高可以提供 600Mb/s 的传输速率。

（5）A．IEEE 802.11a B．IEEE 802.11e　C．IEEE 802.11i　　D．IEEE 802.11n

（6）A．BFSK　　　　B．QAM　　　　C．OFDM　　　　　D．MFSK

②图书馆报告厅需要部署 10 台无线 AP，在配置过程中发现信号相互干扰严重，这时应调整无线 AP 的＿＿（7）＿＿设置，用户在该报告厅内应选择＿＿（8）＿＿，接入不同的无线 AP。

（7）～（8）

　　A．频道　　　B．功率　　　C．加密模式　　　D．操作模式　　　E．SSID

【问题 3】（5 分）

若在学校内一个专项实验室配置无线 AP，为了保证只允许实验室的 PC 机接入该无线 AP，可以在该无线 AP 上设置不广播 ___(9)___ ，对客户端的 ___(10)___ 地址进行过滤，同时为保证安全性，应采用加密措施。无线网络加密主要有三种方式：___(11)___ 、WPA/WPA2、WPA-PSK/WPA2-PSK。在这三种模式中，安全性最好的是 ___(12)___ ，其加密过程采用了 TKIP 和 ___(13)___ 算法。

（13）A. AES   B. DES   C. IDEA   D. RSA

■ 试题分析

【问题1】

由文中"①学校操场要求部署 AP，该操场区域不能提供外接电源"可知，既然要接 AP 又不能提供外接电源，那么就只能使用 POE 技术供电。POE（Power Over Ethernet）指的是在现有的以太网 Cat.5 布线基础架构不作任何改动的情况下，在为一些基于 IP 的终端（如 IP 电话机、无线局域网接入点 AP、网络摄像机等）传输数据信号的同时，还能为此类设备提供直流供电的技术。目前的标准有 802.3at/af 标准，可以提供 48V 的标准电压。

所以，连接学校操场无线 AP 的是 POE 交换机，它可以通过交换机的以太口为 AP 提供直流电。

【问题2】

IEEE 802.11 系列标准主要有 4 个子标准，具体如表 17-2 所示。更详细的内容参见朱小平老师编著的《网络工程师的 5 天修炼》一书。

多个无线 AP 同处一区域时，可能出现信号干扰的问题。这时应该选择不同的频道，避免物理信号干扰。

每个 AP 的初始标志是由 SSID（Service Set Identifier）来区别的，本题中用户选择 SSID，接入不同的无线 AP。

【问题3】（5分）

SSID 用于区别无线访问节点所使用的初始化字符串，客户端利用 SSID 完成通信连接的初始化。为了避免非授权连接，可以通过更改 SSID 避免猜测。可以限制 SSID 广播，来避免非法连接。

无线网络加密主要有三种方式：___(11)___ 、WPA/WPA2、WPA-PSK/WPA2-PSK。在这三种模式中，安全性最好的是 WPA-PSK/WPA2-PSK，其加密过程采用了 TKIP 和 AES 算法。

WPA 包含 IEEE 802.11i 标准的大部分，是在 IEEE 802.11i 完备之前替代 WEP 的过渡方案。Wi-Fi 保护接入（Wi-Fi Protected Access，WPA）是新一代的 WLAN 安全标准，该协议采用新的加密协议并结合 IEEE 802.1x 实现访问控制。在数据保密方面定义了三种加密机制，具体参见上一题分析。

■ 参考答案

【问题1】（每空2分，共4分）

（1）POE（或答 IEEE 802.3af 也给全分） （2）以太（或 Ethernet）

【问题2】（每空1分，共6分）

（3）11   （4）54

（5）D（或 IEEE 802.11n）   （6）C（或 OFDM）

（7）A（或频道）   （8）E（或 SSID）

【问题 3】（每空 1 分，共 5 分）

（9）SSID　　　　　　　　　　　　　　（10）MAC（或物理地址）

（11）WEP（或有线等效加密）　　　　　（12）WPA-PSK/WPA2-PSK

（13）A（或 AES）

知识点：存储技术

知识点综述

存储技术主要分为 RAID 技术和网络存储技术两大部分，RAID 技术中的主要级别和各个级别的特点、存储效率等，以及网络存储技术中常见的 NAS、FCSAN 和 IPSAN 等技术的特点是主要考查的知识点。本知识点的体系图谱如图 17-5 所示。

图 17-5　存储技术知识体系图谱

参考题型

【考核方式 1】 考核基本的 RAID 级别和技术。

1. 廉价磁盘冗余阵列 RAID 利用冗余技术实现高可靠性，其中 RAID1 的磁盘利用率为　　（1）　　。如果利用 4 个盘组成 RAID3 阵列，则磁盘利用率为　　（2）　　。

　（1）A. 25%　　　　B. 50%　　　　C. 75%　　　　D. 100%

　（2）A. 25%　　　　B. 50%　　　　C. 75%　　　　D. 100%

　　■ **试题分析** RAID1：磁盘镜像，可并行读数据，在不同的两块磁盘写相同数据，写入数据比 RAID0 慢点。安全性最好，但空间利用率为 50%，利用率最低。实现 RAID1 至少需要两块硬盘。

　　RAID3 使用单独的一块校验盘进行奇偶校验。**磁盘利用率=n-1/n=3/4=75%**，其中 n 为 RAID3 中的磁盘总数。

　　■ **参考答案**　（1）B　　（2）C

2. RAID 技术中，磁盘容量利用率最高的是　　（3）　　。

　（3）A. RAID0　　　　B. RAID1　　　　C. RAID3　　　　D. RAID5

　　■ **试题分析** 无容错设计的条带磁盘阵列（Striped Disk Array without Fault Tolerance）。数据并不是保存在一个硬盘上，而是分成数据块保存在不同驱动器上。因为将数据分布在不同驱动器上，所以数据吞吐率大大提高。**N 块硬盘，则读取相同数据时间减少为 1/N**。由于**不具备冗余技术**，如坏一块盘，阵列数据将全部丢失。实现 RAID0 至少需要两块硬盘。由于 RAID0 没有校验功能，所以利用率最高。

■ 参考答案 （3）A

【考核方式2】 考核常见的网络存储技术。

3. 开放系统的数据存储有多种方式，属于网络化存储的是___（4）___。

（4）A. 内置式存储和 DAS   B. DAS 和 NAS

    C. DAS 和 SAN   D. NAS 和 SAN

■ 试题分析 开放系统的数据存储有多种方式，属于网络化存储的是网络接入存储（Network Attached Storage，NAS）和存储区域网络（Storage Area Network，SAN）。

■ 参考答案 （4）D

课堂练习

1. IEEE 802.11 在 MAC 层采用了___（1）___协议。

（1）A. CSMA/CD   B. CSMA/CA

    C. DQDB   D. 令牌传递

2. 在无线局域网中，AP 的作用是___（2）___。新标准 IEEE 802.11 n 提供的最高数据速率可达到___（3）___。

（2）A. 无线接入   B. 用户认证   C. 路由选择   D. 业务管理

（3）A. 54Mb/s   B. 100Mb/s   C. 200Mb/s   D. 300Mb/s

3. IEEE 802.16 工作组提出的无线接入系统空中接口标准是___（4）___。

（4）A. GPRS   B. UMB   C. LTE   D. WiMAX

4. 物联网中使用的无线传感网络技术是___（5）___。

（5）A. IEEE 802.15.1 蓝牙个域网   B. IEEE 802.11n 无线局域网

    C. IEEE 802.15.3 ZigBee 微微网   D. IEEE 802.16m 无线城域网

5. 正在发展的第四代无线通信技术推出了多个标准，下面不属于 4G 标准的是___（5）___。

（6）A. LTE   B. WiMAXII   C. WCDMA   D. UMB

6. IEEE802.11 MAC 子层定义的竞争性访问控制协议是___（7）___，之所以不采用与 IEEE802.3 相同协议的原因是___（8）___。

（7）A. CSMA/CA   B. CSMA/CB

    C. CSMA/CD   D. CSMA/CG

（8）A. IEEE 802.11 协议的效率更高   B. 为了解决隐蔽终端问题

    C. IEEE 802.3 协议的开销更大   D. 为了引进多种非竞争业务

7. 阅读以下说明，回答问题 1 至问题 3，将解答填入答题纸的对应栏内。

【说明】某公司计划在会议室部署无线网络，供内部员工和外来访客访问互联网使用，图 17-6 为拓扑图片段。

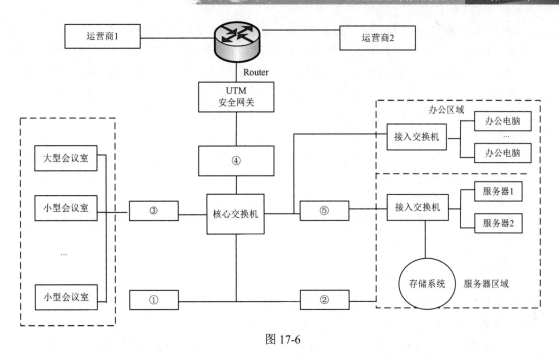

图 17-6

【问题 1】（7.5 分）

在①处部署 **(1)** 设备，实现各会议室的无线网络统一管理，无缝漫游；在②处部署 **(2)** 设备，实现内部用户使用用户名和密码认证登录，外来访客通过扫描二维码或者手机短信验证登录无线网络；在③处部署 **(3)** 设备，实现无线 AP 的接入和供电；大型会议室部署 **(4)** 设备，实现高密度人群的无线访问；在小型会议室借助 86 线盒部署 **(5)** 设备，实现无线访问。

（1）～（5）备选答案：

  A. 面板式 AP B. 高密吸顶式 AP C. 无线控制器 D. 无线认证系统

  E. 无线路由器 F. 普通吸顶式 AP G. 普通交换机 H. POE 交换机

【问题 2】（8 分）

在核心交换机配置 **(6)** ，可以实现无线网络和办公区网络、服务器区网络逻辑隔离；在④处部署 **(7)** 设备，可以对所有用户的互联网访问进行审计和控制，阻止并记录非法访问；在⑤处部署 **(8)** 设备，实现服务器区域的边界防护，防范来自无线区域和办公区域的安全威胁；在路由器上配置基于 **(9)** 地址的策略路由，实现无线区域用户通过运营商 1 访问互联网，办公区域和服务器区域通过运营商 2 访问互联网。

【问题 3】（4.5 分）

图 17-6 所示的存储系统由 9 块 4TB 磁盘组成一个 RAID5 级别的 RAID 组，并配置 1 块全局热盘，则该存储最多可坏掉 **(10)** 块磁盘而不丢失数据，实际可用容量是 **(11)** TB（每块磁盘实际可用容量按照 4TB 计算），该存储网络为 **(12)** 网络。

8．阅读以下说明，回答问题 1 至问题 2，将解答填入答题纸的对应栏内。

【说明】小王为某单位网络中心网络管理员，该网络中心部署有业务系统、网站对外提供信息服务，业务数据通过 SAN 存储网络集中存储在磁盘阵列上，使用 RAID 实现数据冗余：部署邮件系统供内部人员使用，并配备有防火墙、入侵检测系统、Web 应用防火墙、上网行为管理系统、反垃圾邮件系统等安全防护系统，防范来自内外部网络的非法访问和攻击。

【问题 1】（5 分）

存储区域网络（Storage Area Network，SAN）可分为　(1)　、　(2)　两种，从部署成本和传输效率两个方面比较两种 SAN，比较结果为　(3)　。

【问题 2】（3 分）

请简述 RAID 2.0 技术的优势（至少列出 2 点优势）。

试题分析

试题 1 分析：基本概念题，无线网不容易检查到冲突，因此使用 CSMA/CA 协议。

参考答案：（1）B

试题 2 分析：无线局域网中，AP 的作用就是给用户提供无线接入，以便用户可以使用无线网络。最新的 IEEE 802.11n 标准高达 300Mb/s 的接入速度。

参考答案：（2）A　（3）D

试题 3 分析：本题属于识记类型的题目。

参考答案：（4）D

试题 4 分析：物联网中使用的无线传感网络技术是使用的 IEEE 802.15.3 ZigBee 微微网。

参考答案：（5）C

试题 5 分析：4G 标准是新一代的通信标准，分别是 LTE、WiMAXII、UMB 三种，而 WCDMA 是 3G 标准中的一个。

参考答案：（6）C

试题 6 分析：

IEEE 802.11 采用了类似于 IEEE 802.3 CSMA/CD 协议的载波侦听多路访问/冲突避免协议（Carrier Sense Multiple Access/Collision Avoidance，CSMA/CA），之所以不采用 CSMA/CD 协议的原因有两点：①无线网络中，接收信号的强度往往远小于发送信号，因此要实现碰撞的花费过大；②隐蔽站（隐蔽终端问题），并非所有站都能听到对方，如图 17-3（a）所示。而暴露站的问题是检测信道忙碌但未必影响数据发送，如图 17-3（b）所示。

参考答案：（7）A　（8）B

试题 7 分析：

【问题 1】本题实际上就是根据题干中的解释，结合在拓扑图中的空的位置，判断对应的设备名称。无线网络部署中，通常是由无线控制器 AC 对 AP 进行统一管理和配置，因此结合题干"要实现各会议室的无线网络统一管理，无缝漫游"，必须使用无线控制器。根据题干"实现内部用户使用用户名和密码认证登录，外来访客通过扫描二维码或者手机短信验证登录无线网络"的要求，必须使用认证系统，结合选项，第（2）空选 D。第（3）空从关键词"实现无线 AP 的接入和供电"可知是带 POE 功能的交换机，选 H。第（4）空因为是大型会议室内使用，用户数量较多，需要高密度接入能力，因此选 B。第（5）空关键词"借助 86 线盒部署"，因此应该是面板式 AP，选 A。

参考答案：（1）C　　　（2）D　　　（3）H　　　（4）B　　　（5）A

【问题 2】本题的题型也是基于题干中的解释，填写合适的技术或者设备，因此关键是从题干的解释中寻找答案。第（6）空的关键词是进行网络的逻辑隔离，因此比较合适的是 Vlan 技术。第（7）空后的关键词"对所有用户的互联网访问进行审计和控制，阻止并记录非法访问"可以看出应该是上网行为管理之类的设备或者系统。第（8）空是要用于防范区域边界的安全威胁，因此是防火墙。第（9）空题干给出了是策略路由，但是策略路由常用的有两种形式，一种是基于源 IP 地址的策略路由，就是根据源地址的情况来决定出口路由器。另一种是基于目标地址的策略路由，是根据目标地址的情况来决定出口路由。

参考答案：（6）Vlan　　　（7）上网行为管理设备　　　（8）防火墙　　　（9）源 IP

【问题 3】根据题干信息"存储系统由 9 块 4TB 磁盘组成一个 RAID5 级别的 RAID 组，并配置 1 块全局热盘"，说明系统中的磁盘 RAID 级别是 RAID5，数据磁盘是 9 块 4TB 的，另外还有一块单独的全局热备盘，一共有 10 块硬盘，但是根据 RAID5 的磁盘容错能力可知，在一个 RAID 中，最少需要 3 块硬盘，当然也可以有更多的硬盘。但是不管多少硬盘，RAID5 中最多只能有一块数据硬盘出错，当更多的硬盘同时出错时，数据无法恢复。当一块硬盘故障时，由于存在一块全局热备盘，此时全局热备盘自动进入 RAID 组，此时数据硬盘还是 9 块，由于有一块硬盘用作校验盘，此时实际可用于存储数据的硬盘为 8 块，每块 4TB。此时的实际可用容量为 8×4=32TB。

参考答案：（10）1　　　（11）32　　　（12）IP-SAN

试题 8 分析：

【问题 1】第（1）、（2）空是典型的概念题，SAN 分为 IP-SAN 和 FC-SAN。从成本上来说，FC-SAN 采用专用的 FC 交换机以及光纤、专用的网卡、光模块等，建设成本明显高于 IP-SAN，但是其传输效率、数据速率及稳定性也明显优于 IP-SAN。

参考答案：（1）IP-SAN　　　（2）FC-SAN　　　（3）FC-SAN 部署成本更高、传输速率更高

【问题 2】RAID 2.0 将物理的存储空间划分为若干小粒度数据块，这些小粒度的数据块均匀地分布在存储池中所有的硬盘上，这些小粒度的数据块以业务需要的 RAID 形式逻辑地组合在一起，形成应用服务器使用的 LUN。RAID 2.0 相对早期的 RAID 来说，具有以下优势。

快速重构：存储池内所有硬盘参与重构，相对于传统 RAID 重构速度大幅提升。

自动负载均衡：RAID 2.0 使得各硬盘均衡分担负载，不再有热点硬盘，提升了系统的性能和

硬盘可靠性。

系统性能提升：LUN 基于分块组创建，可以不受传统 RAID 硬盘数量的限制，分布在更多的物理硬盘上，因而系统性能随硬盘 I/O 带宽增加得以有效提升。

自愈合：当出现硬盘预警时，无需热备盘，无需立即更换故障盘，系统可快速重构，实现自愈合。

参考答案：

1. 自动负载均衡，降低了存储系统整体故障率。

2. 快速精简重构，降低了双盘失效率和数据丢失的风险。

3. 故障自检自愈，保证了系统可靠性。

4. 虚拟池化设计，降低了存储规划管理难度。

18

网络管理

知识点图谱与考点分析

　　网络管理技术的相关概念和 SNMP 协议构成了网络工程师考试中的网络管理知识点。网络管理的基本概念属于识记的内容，比较容易理解和记忆。而 SNMP 协议的工作原理、五种基本类型的 PDU 及 RMON、管理信息库的结构等则是比较难的考点，同时也是考试中命题率较高的知识点。本章中最难的部分属于网络管理工具知识点中涉及的实际网络故障的分析，要求考生能综合运用基本的知识，并结合网络实际情况进行分析和推断，属于较高层次的试题。解决这一类题目需要对各种协议的原理和参数掌握得比较清楚，并且要学会一定的分析方法，本章中结合试题加以详细解析，希望考生能举一反三。另外还有一个网络管理设备轮询计算的知识点也常考，但是比较简单，掌握计算方法即可。本章的知识体系图谱如图 18-1 所示。

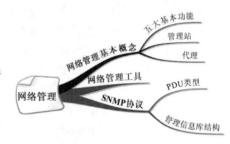

图 18-1　网络管理知识体系图谱

知识点：网络管理基本概念

知识点综述

　　网络管理的基本概念主要包括网络管理的定义、五大基本功能及其特点。考试中的一种题型是能根据某个具体的应用识别出属于哪个功能；另外一个题型就是计算轮询的设备或者轮询的间隔，根据公式计算即可。其知识体系图谱如 18-2 所示。

图 18-2　网络管理基本概念知识体系图谱

参考题型

【考核方式 1】 考核网络管理的基本概念。

1. 网络管理的五大功能域是___（1）___。

（1）A. 配置管理、故障管理、计费管理、性能管理和安全管理

　　B. 配置管理、故障管理、计费管理、带宽管理和安全管理

　　C. 配置管理、故障管理、成本管理、性能管理和安全管理

　　D. 配置管理、用户管理、计费管理、性能管理和安全管理

■ **试题分析**　OSI 定义的网络管理功能有五大类。

①性能管理（Performance Management）。

在用最少网络资源和最小时延的前提下，网络能提供可靠、连续的通信能力。性能管理的功能有性能检测、性能分析、性能管理、性能控制。

②配置管理（Configuration Management）。

用来定义、识别、初始化、监控网络中的被管对象，改变被管对象的操作特性，报告被管对象状态的变化。配置管理的功能有配置信息收集（信息包含设备地理位置、命名、记录和维护设备的参数表、能及时更新和维护网络拓扑）、能利用软件设置参数并配置硬件设备（设备初始化、启动、关闭、自动备份硬件配置文件）。

③故障管理（Fault Management）。

对网络中被管对象故障的检测、定位和排除。故障管理功能有故障检测、故障告警、故障分析与定位、故障恢复与排除、故障预防。

④安全管理（Security Management）。

保证网络不被非法使用。安全管理的功能有管理员身份认证、管理信息加密与完整性、管理用户访问控制、风险分析、安全告警、系统日志记录与分析、漏洞检测。

⑤计费管理（Accounting Management）。

记录用户使用网络资源的情况并核收费用，同时也统计网络的利用率。计费管理的功能有账单记录、账单验证、计费策略管理。

■ **参考答案**　（1）A

【考核方式 2】 考核网络管理的基本计算。

2. 某局域网采用 SNMP 进行网络管理，所有被管设备在每 15 分钟内轮询一次，网络没有明显拥塞，单个轮询时间为 0.4s，则该管理站最多可支持___（2）___个设备。

（2）A. 18000　　　B. 3600　　　C. 2250　　　D. 90000

■ **试题分析**　假定 SNMP 网络管理中轮询周期为 N，单个设备轮询时间为 T，网络没有

拥塞，则

$$支持的设备数\ X = \frac{轮询周期\ N}{单个设备轮询时间\ T} \tag{1}$$

　　某局域网采用 SNMP 进行网络管理，所有被管设备在每 15 分钟内轮询一次，网络没有明显拥塞，单个轮询时间为 0.4s，则该管理站最多可支持 X=N/T=(15×60)÷0.4=2250 个设备。

　　■ **参考答案**　（2）C

3. 假设生产管理网络系统采用 B/S 工作方式，经常上网的用户数为 150 个，每用户每分钟产生 8 个事务处理任务，平均事务量大小为 0.05MB，则这个系统需要的信息传输速率为　__(3)__。

　　（3）A．4 Mb/s　　　　B．6 Mb/s　　　　C．8 Mb/s　　　　D．12 Mb/s

　　■ **试题分析**　总信息传输速率=平均事务量大小×每字节位数×每个会话事务数×平均用户数/平均会话时长=0.05×8×8×150/60=8Mb/s。这里要注意的一点是，关于数据量大小的转换率的问题，正常情况下，1MB=1024KB=1024×1024B，但是本题在计算中没有使用这个转换关系，直接使用了 1MB=1000KB 进行计算才有正确答案，因此软考中要注意灵活根据题目意思，选择最合适的答案。

　　■ **参考答案**　（3）C

知识点：网络管理工具

知识点综述

　　这里所指的网络管理工具是具备网络管理功能的命令和其他软件，考试中的很多情况下都是利用操作系统自带的网络命令，根据命令的输出诊断和分析网络的基本情况，判断网络的故障所在。这种题型难度稍高，要注意平时对命令的详细了解和掌握一定的分析方法。其知识体系图谱如图 18-3 所示。

图 18-3　网络管理工具知识体系图谱

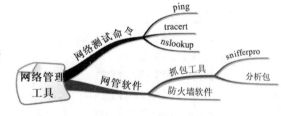

参考题型

【考核方式 1】　考核基本网络管理工具的概念。

1. 下面几个网络管理工具的描述中，错误的是　__(1)__。

　　（1）A．netstat 可用于显示 IP、TCP、UDP、ICMP 等协议的统计数据

　　　　B．sniffer 能够使网络接口处于杂收模式，从而可截获网络上传输的分组

    C. winipcfg 采用 MS-DOS 工作方式显示网络适配器和主机的有关信息

    D. tracert 可以发现数据包到达目标主机所经过的路由器和到达时间

■ 试题分析

    Netstat 是一个监控 TCP/IP 网络的工具，它可以显示路由表、实际的网络连接、每一个网络接口设备的状态信息，以及与 IP、TCP、UDP 和 ICMP 等协议相关的统计数据。一般用于检验本机各端口的网络连接情况。

    Sniffer（嗅探器）是一种基于被动侦听原理的网络分析方式，使用这种技术方式可以监视网络的状态、数据流动情况以及网络上传输的信息。Sniffer 能够使网络接口处于杂收模式，从而可截获网络上传输的分组。

    Winipcfg 命令（适用于 Windows 98 系统）的作用是显示用户所在主机内部 IP 协议的配置信息。Winipcfg 程序采用 Windows 窗口的形式来显示 IP 协议的具体配置信息。如果 Winipcfg 命令后面不跟任何参数直接运行，程序不但可在窗口中显示网络适配器的物理地址、主机的 IP 地址、子网掩码及默认网关等，还可以查看主机的相关信息，如主机名、DNS 服务器、节点类型等。

    tracert 可以发现数据包到达目标主机所经过的路由器和到达时间。

■ 参考答案   （1）C

2．某 PC 不能接入 Internet，此时采用抓包工具捕获的以太网接口发出的信息如图 18-4 所示。

Source	Destination	Protocol	Info
QuantaCo_33:9b:be	Broadcast	ARP	Who has 213.127.115.254? Tell 213.127.115.31
213.127.115.31	213.127.115.255	NBNS	Name query NB TRACKER9.BOL.BG<00>
213.127.115.31	213.127.115.255	NBNS	Name query NB BT.ROMMAN.NET<00>
213.127.115.31	224.1.1.1	UDP	Source port: ircu Destination port: ircu
QuantaCo_33:9b:be	Broadcast	ARP	Who has 213.127.115.254? Tell 213.127.115.31
QuantaCo_33:9b:be	Broadcast	ARP	Who has 213.127.115.254? Tell 213.127.115.31

图 18-4   以太网接口信息

则该 PC 的 IP 地址为____（2）____，默认网关的 IP 地址为____（3）____。该 PC 不能接入 Internet 的原因可能是____（4）____。

（2）A. 213.127.115.31   B. 213.127.115.255

      C. 213.127.115.254   D. 224.1.1.1

（3）A. 213.127.115.31   B. 213.127.115.255

      C. 213.127.115.254   D. 224.1.1.1

（4）A. DNS 解析错误   B. TCP/IP 协议安装错误

      C. 不能正常连接到网关   D. DHCP 服务器工作不正常

■ 试题分析

    图 18-4 中第 1 列 Source（源）段只出现了一个 IP 地址（213.127.115.31）和 MAC 地址（QuantaCo_33:9b:be），说明该 PC 机器 IP 地址为 213.127.115.31。

    图 18-4 中多次出现"Who has 213.127.115.254？ Tell 213.127.115.31"信息，说明 PC 的

网关为 213.127.115.254，并且由于不能上网，需要不断寻找对应的 MAC 地址。

■ **参考答案**　（2）A　（3）C　（4）C

3. 某用户正在 Internet 上浏览网页，在 Windows 命令窗口中输入___(5)___命令后得到下图所示的结果。

```
C:\Documents and Settings\Administrator>
Interface: 172.28.27.71 --- 0x2
  Internet Address      Physical Address      Type
  172.28.27.127         00-1d-92-dd-6d-e7     dynamic
```

若采用抓包器抓获某一报文的以太帧，如下图所示，则该报文是___(6)___。

```
0000  00 27 1d 10 ab 9b 00 1f  3b cd 29 dd 08 00 45 00    .'...... ;.)...E.
0010  01 29 8f ca 40 00 80 06  39 db 0a 46 ad 31 6f 08    .)..@... 9..F.1o.
0020  09 aa 0f 61 00 50 44 44  cb c4 3a de ff 41 50 18    ...a.PDD ..:..AP.
0030  44 70 91 de 00 00 47 45  54 20 2f 63 73 65 74 2f    Dp....GE T /cset/
0040  34 33 33 31 35 36 31 31  64 64 30 65 66 34 36 32    43315611 dd0ef462
0050  2e 64 61 74 20 48 54 54  50 2f 31 2e 31 0d 0a 55    .dat HTT P/1.1..U
0060  73 65 72 2d 41 67 65 6e  74 3a 20 4d 6f 7a 69 6c    ser-Agen t: Mozil
0070  6c 61 2f 34 2e 30 20 28  63 6f 6d 70 61 74 69 62    la/4.0 ( compatib
0080  6c 65 3b 20 4d 53 49 45  20 37 2e 30 3b 20 57 69    le; MSIE  7.0; Wi
0090  6e 64 6f 77 73 20 4e 54  20 35 2e 31 3b 20 54 72    ndows NT  5.1; Tr
00a0  69 64 65 6e 74 2f 34 2e  30 3b 20 2e 4e 45 54 20    ident/4. 0; .NET
00b0  43 4c 52 20 32 2e 30 2e  35 30 37 32 37 3b 20 33    CLR 2.0. 50727; 3
```

（5）A．arp -a　　　　B．ipconfig/all　　　C．route　　　　　　D．nslookup

（6）A．由本机发出的 Web 页面请求报文

　　　 B．由 Internet 返回的 Web 响应报文

　　　 C．由本机发出的查找网关 MAC 地址的 ARP 报文

　　　 D．由 Internet 返回的 ARP 响应报文

■ **试题分析**　本题的实质还是考查 Windows 的基本网络命令，其中（5）空对应的是图中显示本机 ARP 表中的信息，因此使用了 arp -a 命令。而从截获的报文中可以看到 http1.1 get 字样，表明这是一个 http get 报文，也就是通过 HTTP 协议去 get 某个网页的内容。因此这个是 Web 页面的请求报文，而非响应报文。

■ **参考答案**　（5）A　（6）A

【**考核方式 2**】　考核基本网络故障排除技能。

4. 客户端采用 ping 命令检测网络连接故障时，可以 ping 通 127.0.0.1 及本机的 IP 地址，但无法 ping 通同一网段内其他工作正常的计算机的 IP 地址。该客户端的故障可能是___(7)___。

　　（7）A．TCP/IP 协议不能正常工作　　　 B．本机网卡不能正常工作

　　　　　C．网络线路故障　　　　　　　　　 D．本机 DNS 服务器地址设置错误

■ **试题分析**　这种类型的题目相对困难一点，需要综合几个方面的知识一起考虑，也需要对一些理论概念有所了解，所幸的是考试是以选择题的形式出现，因此又在一定程度上降低了考试的难度。本题中 ping 本机 IP 地址和 127.0.0.1 都可以 ping 通，根据我们对 TCP/IP 协议的了解，可以知道协议栈和本机网卡都应该是正常的。所以可以排除 A、B 选项。而 ping 命令中使用的是 IP 地址，通信过程中没有涉及到域名的问题，因此无法判断 dns 服务器的设置及工作情况。故 D 选项的推断是不正确的。而 C 选项中的线路故障有可能导致可以 ping

通本机，但是与本机在同一网段内其他工作正常的计算机的 IP 之间不可以通信。故正确答案是 C。

■ 参考答案　（7）C

知识点：SNMP 协议

知识点综述

SNMP 协议是目前最为广泛使用的网管协议，网络工程师考试针对网管协议的考查基本集中在 SNMP 协议上。SNMP 协议主要是掌握基本概念、组成结构、各个组成部件的作用、它们之间通信的五种 PDU 的作用，以及 RMON 和管理信息库的基本概念，尤其是管理信息库中命名对象树的结构和命名规则要重点掌握。其知识体系图谱如图 18-5 所示。

图 18-5　SNMP 协议知识体系图谱

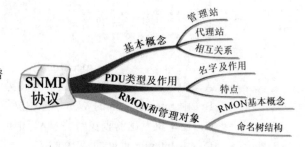

参考题型

【考核方式1】　考核 SNMP 基本概念。

1．在 SNMPv3 中，把管理站（Manager）和代理（Agent）统一叫做___(1)___。

（1）A. SNMP 实体　　　　　　　　　　　B. SNMP 引擎

　　　C. 命令响应器　　　　　　　　　　D. 命令生成器

■ 试题分析　在 SNMPv3 中，把管理站（Manager）和代理（Agent）统一叫做 SNMP 实体。

■ 参考答案　（1）A

2．SNMP 采用 UDP 提供的数据报服务传递信息，这是由于___(2)___。

（2）A. UDP 比 TCP 更加可靠

　　　B. UDP 数据报文可以比 TCP 数据报文大

　　　C. UDP 是面向连接的传输方式

　　　D. UDP 实现网络管理的效率较高

■ 试题分析　SNMP 采用 UDP 提供的数据报服务传递信息，这是由于 UDP 传输数据效率高。

■ 参考答案　（2）D

3．SNMP 网络管理中，一个代理由___(3)___管理站管理。

（3）A. 0 个　　　　　B. 1 个　　　　　C. 2 个　　　　　D. 多个

■ **试题分析**　在 SNMP 中，管理进程与代理之间的联系并没有约束数量，仅仅是通过团体名来验证。因此一个管理进程可以联系多个代理，一个代理也可以给多个管理进程提供信息。

■ **参考答案**　（3）D

4. 在 SNMP 中，当代理收到一个 get 请求时，如果有一个值不可用或不能提供，则返回___（4）___。

　　（4）A. 该实例的下一个值　　　　　B. 该实例的上一个值

　　　　　C. 空值　　　　　　　　　　D. 错误信息

■ **试题分析**　SNMP 协议中，若 get 请求无法得到值或者不能提供时，代理会将实例的下一个值提供给管理进程。

■ **参考答案**　（4）A

【**考核方式 2**】　考核 SNMP 的报文类型。

5. SNMPv2 提供了三种访问管理信息的方法，这三种方法不包括___（5）___。

　　（5）A. 管理站向代理发出通信请求　　　B. 代理向管理站发出通信请求

　　　　　C. 管理站与管理站之间的通信　　　D. 代理向管理站发送陷入报文

■ **试题分析**　SNMP 规定了五个重要的协议数据单元 PDU，也称为 SNMP 报文。SNMP 报文可以分为从管理站到代理的 SNMP 报文和从代理到管理站的 SNMP 报文。常见的 SNMP 报文具体如表 18-1 所示。

表 18-1　常见的 SNMP 报文

从管理站到代理的 SNMP 报文		从代理进程到管理进程的 SNMP 报文
从一个数据项取数据	把值存储到一个数据项	
Get-Request（从代理进程处提取一个或多个数据项）	**Set-Request**（设置代理进程的一个或多个数据项）	**Get-Response**（这个操作是代理进程作为对 **Get-Request**、**Get-Next-Request**、**Set-Request** 的响应）
Get-Next-Request（从代理进程处提取一个或多个数据项的下一个数据项）		**Trap**（代理进程主动发出的报文，通知管理进程有某些事件发生）

因此，代理站不会向管理站发出通信请求，而只能发出 Trap 报文。

■ **参考答案**　（5）B

【**考核方式 3**】　考核 RMON 和管理信息库基本格式和命名。

6. 下图是被管理对象的树结构，其中 private 子树是为私有企业管理信息准备的，目前这个子树只有一个子节点 enterprises（1）。某私有企业向 Internet 编码机构申请到一个代码 920，该企业为它生产的路由器赋予的代码为 3，则该路由器的对象标识符是___（6）___。

　　（6）A. 1.3.6.1.4.920.3　　　　　　B. 3.920.4.1.6.3.1

　　　　　C. 1.3.6.1.4.1.920.3　　　　D. 3.920.1.4.1.6.3.1

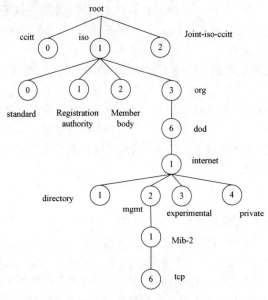

■ **试题分析**　本题考查 SNMP 中管理对象树结构的基础知识。

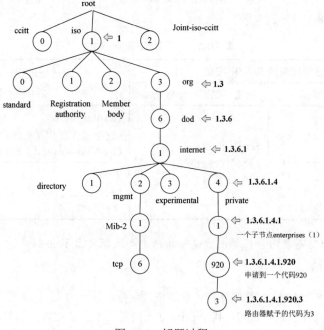

图 18-6　解题过程

从图 18-6 得出，目前 private 子树的节点表示是 1.3.6.1.4。由题干"目前这个子树只有一个子节点 enterprises（1）。某私有企业向 Internet 编码机构申请到一个代码 920，该企业为它生产的路由器赋予的代码为 3"，得出该路由器的对象标识符是 1.3.6.1.4.1.920.3。

■ **参考答案**　（6）C

7. RMON 和 SNMP 的主要区别是＿＿（7）＿＿。

（7）A. RMON 只能提供单个设备的管理信息，而 SNMP 可以提供整个子网的管理信息

B. RMON 提供了整个子网的管理信息，而 SNMP 管理信息库只包含本地设备的管理信息

C. RMON 定义了远程网络的管理信息库，而 SNMP 只能提供本地网络的管理信息

D. RMON 只能提供本地网络的管理信息，而 SNMP 定义了远程网络的管理信息库

■ **试题分析**　RMON 和 SNMP 的主要区别是 RMON 提供了整个子网的管理信息，而 SNMP 管理信息库只包含本地设备的管理信息。

■ **参考答案**　（7）B

课堂练习

1. 在 SNMP 中，管理进程查询代理中一个或多个变量的值所用报文名称为＿＿（1）＿＿，该报文的默认目标端口是＿＿（2）＿＿。

（1）A. get-request　　B. set-request　　C. get-response　　D. trap

（2）A. 160　　　　　　B. 161　　　　　　C. 162　　　　　　D. 163

2. SNMP MIB 中被管对象的 Access 属性不包括＿＿（3）＿＿。

（3）A. 只读　　　　　　B. 只写　　　　　　C. 可读写　　　　　　D. 可执行

3. SNMP 采用 UDP 提供的数据报服务，这是由于＿＿（4）＿＿。

（4）A. UDP 比 TCP 更加可靠

B. UDP 报文可以比 TCP 报文大

C. UDP 是面向连接的传输方式

D. 采用 UDP 实现网络管理不会增加太多网络负载

4. 在图 18-7 的 SNMP 配置中，能够响应 manager2 的 getRequest 请求是＿＿（5）＿＿。

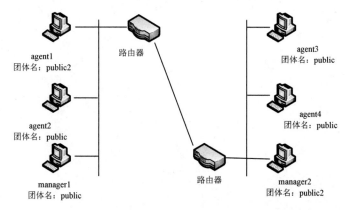

图 18-7　SNMP 配置

（5）A．agent1　　　　B．agent2　　　　C．agent3　　　　D．agent4

试题分析

试题 1 分析：SNMP 规定了五个重要的协议数据单元 PDU，也称为 SNMP 报文。SNMP 报文可以分为从管理站到代理的 SNMP 报文和从代理到管理站的 SNMP 报文。常见的 SNMP 报文见表 18-1。SNMP 协议实体发送请求和应答报文的默认端口号是 161，SNMP 代理发送陷入报文（Trap）的默认端口号是 162。

参考答案：（1）A　（2）B

试题 2 分析：SNMP MIB 中被管对象的 Access 属性包括只读、只写、可读写，但不包括可执行属性。

参考答案：（3）D

试题 3 分析：SNMP 协议是基于 UDP 协议实现，UDP 是一种无连接的协议不会增加过多的开销。

参考答案：（4）D

试题 4 分析：考查一个基本概念，团体名相同的才可以访问。

参考答案：（5）A

19
网络规划与设计

知识点图谱与考点分析

　　网络规划与设计是网络建设的第一步，在网络工程师考试的上午和下午试题中都曾考到。尤其是上午试题中，每年的分值在 2～3 分之间，因此这一部分必须记住一些基本的设计原则。而下午试题的考试方式主要是结合一个实际的网络应用环境，设计出合适的网络拓扑结构，或者根据拓扑结构进行技术选型、设备选型、传输介质选型等。本章的知识体系图谱如图 19-1 所示。

图 19-1　网络规划与设计知识体系图谱

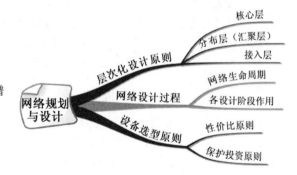

知识点：层次化设计原则

知识点综述

　　本知识点主要包括网络系统的层次化设计原则和网络系统的安全设计原则两大部分。对于层次化设计原则，主要是掌握各个层次的特点，注意各个层次之间的连接要求。安全设计原则部分要注意安全审计和网络隔离技术的特点和应用。本知识点体系图谱如图 19-2 所示。

图 19-2 层次化设计原则知识体系图谱

参考题型

1. 在层次化网络设计中，___(1)___ 不是分布层/接入层交换机的选型策略。

    （1）A. 提供多种固定端口数量搭配供组网选择，可堆叠、易扩展，以便由于信息点的增加而进行扩容

        B. 在满足技术性能要求的基础上，最好价格便宜、使用方便、即插即用、配置简单

        C. 具备一定的网络服务质量、控制能力及端到端的 QoS

        D. 具备高速的数据转发能力

■ 试题分析　层次化网络设计模型可以帮助设计者按层次设计网络结构，并对不同层次赋予特定的功能，为不同层次选择正确的设备和系统。三层网络模型是最常见的层次化网络设计模型，通常划分为接入层、汇聚层和核心层。

①接入层。

网络中直接面向用户连接或访问网络的部分称为接入层，接入层的目的是允许终端用户连接到网络，因此接入层交换机具有低成本和高端口密度特性。接入层的其他功能有用户接入与认证、二、三层交换，QoS，MAC 地址过滤。

②汇聚层。

位于接入层和核心层之间的部分称为汇聚层，汇聚层是多台接入层交换机的汇聚点，它必须能够处理来自接入层设备的所有通信流量，并提供到核心层的上行链路。因此汇聚层交换机与接入层交换机相比，需要更高的性能、更少的接口和更高的交换速率。汇聚层的其他功能有访问列表控制、VLAN 间的路由选择执行、分组过滤、组播管理、QoS、负载均衡、快速收敛等。

③核心层。

核心层的功能主要是实现骨干网络之间的优化传输，骨干层设计任务的重点通常是冗余能力、可靠性和高速的传输。网络核心层将数据分组从一个区域高速地转发到另一个区域，快速转发和收敛是其主要功能。网络的控制功能要尽量少地在核心层上实施。核心层一直被认为是所有流量的最终承受者和汇聚者，所以对核心层的设计及网络设备的要求十分严格。核心层的其他功能有链路聚合、IP 路由配置管理、IP 组播、生成树、设置陷阱和报警、服务器群的高速连接等。

■ 参考答案　（1）D

2. 以下关于网络安全设计原则的说法，错误的是___(2)___。

　　(2) A. 充分、全面、完整地对系统的安全漏洞和安全威胁进行分析、评估和检测，是设计网络安全系统的必要前提条件

　　　　B. 强调安全防护、监测和应急恢复。要求在网络发生被攻击的情况下，必须尽可能快地恢复网络信息中心的服务，减少损失

　　　　C. 考虑安全问题解决方案时无须考虑性能价格的平衡，强调安全与保密系统的设计应与网络设计相结合

　　　　D. 网络安全应以不能影响系统的正常运行和合法用户的操作活动为前提

　　■ 试题分析　网络安全设计是保证网络安全运行的基础，网络安全设计有其基本的设计原则，主要如下：

● 充分、全面、完整地对系统的安全漏洞和安全威胁等各类因素进行分析、评估和检测，是设计网络安全系统的必要前提条件。

● 强调安全防护、监测和应急恢复。要求在网络发生被攻击的情况下，必须尽可能快地恢复网络信息中心的服务，减少损失。

● 网络安全的"木桶原则"，强调对信息均衡、全面地进行保护。"木桶的最大容积取决于最短的一块木板"，**因此系统安全性取决于最薄弱模块的安全性。**

● 良好的等级划分是实现网络安全的保障。

● 网络安全应以不能影响系统的正常运行和合法用户的操作活动为前提。

● 考虑安全问题应考虑安全与保密系统的设计与网络设计相结合，同时应兼顾性能价格的平衡。

● 在进行网络安全系统设计时，应充分考虑现有网络结构及性能价格的平衡，安全与保密系统的设计应与网络设计相结合。

网络安全设计原则还有易操作性原则、动态发展原则、技术与管理相结合原则。

　　■ 参考答案　(2) C

3. 在网络设计阶段进行通信流量分析时可以采用简单的 80/20 规则。下面关于这种规则的说明中，正确的是___(3)___。

　　(3) A. 这种设计思路可以最大限度地满足用户的远程联网需求

　　　　B. 这个规则可以随时控制网络的运行状态

　　　　C. 这个规则适用于内部交流较多而外部访问较少的网络

　　　　D. 这个规则适用的网络允许存在具有特殊应用的网段

　　■ 试题分析　80/20 规则是指总流量的 80% 是网段内部的流量，而总流量的 20% 是网段外部的流量。80/20 规则适用于内部交流较多、外部访问相对较少、网络较为简单、不存在特殊应用的网络。

　　■ 参考答案　(3) C

4. 网络隔离技术的目标是确保把有害的攻击隔离，在保证可信网络内部信息不外泄的前提下，完成网络间数据的安全交换。下列隔离技术中，安全性最好的是___(4)___。

　　(4) A. 多重安全网关　　　　　　　　B. 防火墙

    C. VLAN 隔离   D. 物理隔离

 ■ **试题分析** 网络隔离（Network Isolation）技术的目标是确保把有害的攻击隔离，在保证可信网络内部信息不外泄的前提下，完成网络间数据的安全交换。

 常考的网络隔离技术有以下几种：

 ①防火墙。通过 ACL 进行网络数据包的隔离是最常用的隔离方法。局限于传输层以下的控制，对于病毒、木马、蠕虫等应用层的攻击毫无办法；适合小网络隔离，不合适大型、双向访问业务网络隔离。

 ②多重安全网关。多重安全网关也叫统一威胁管理（Unified Threat Management，UTM），被称为新一代防火墙，能做到从网络层到应用层的全面检测。UTM 的功能有 ACL、防入侵、防病毒、内容过滤、流量整形、防 DOS。

 ③VLAN 划分。VLAN 划分技术避免了广播风暴，解决有效数据传递问题；通过划分VLAN，隔离各个有安全性要求的部门。

 ④人工策略。断开网络物理连接，使用人工方式交换数据，这种方式安全性最好。

 ■ **参考答案** （4）D

知识点：网络设计过程

知识点综述

 本知识点主要是考查考生对网络设计各个阶段所要完成的任务的了解。本知识点的体系图谱如图 19-3 所示。

图 19-3 网络设计过程知识体系图谱

参考题型

【**考核方式**】 考核各个设计阶段的任务和特点。

1. 网络设计过程包括逻辑网络设计和物理网络设计两个阶段，每个阶段都要产生相应的文档。以下选项中，_____（1）_____属于逻辑网络设计文档，_____（2）_____属于物理网络设计文档。

 （1）A. 网络 IP 地址分配方案   B. 设备列表清单

   C. 集中访谈的信息资料   D. 网络内部的通信流量分布

 （2）A. 网络 IP 地址分配方案   B. 设备列表清单

　　　　C．集中访谈的信息资料　　　　　D．网络内部的通信流量分布

■ **试题分析**

● 需求规范阶段的任务就是进行网络需求分析，有集中访谈和收集信息资料。

● 通信规范阶段的任务就是进行网络体系分析，有网络内部通信流量分析。

● 逻辑网络设计阶段的任务就是确定逻辑的网络结构，有网络 IP 地址分配方案的制定。

● 物理网络设计阶段的任务就是确定物理的网络结构，依据逻辑网络设计的要求，确定设备的具体物理分布和运行环境。这一阶段，网络设计者需要确定具体的软硬件、连接设备、布线和服务。

● 实施阶段的任务就是进行网络设备安装、调试，以及网络运行时的维护工作。

■ **参考答案**　　（1）A　　（2）B

2．网络系统生命周期可以划分为五个阶段，实施这五个阶段的合理顺序是＿＿（3）＿＿。

　　（3）A．需求规范、通信规范、逻辑网络设计、物理网络设计、实施阶段

　　　　　B．需求规范、逻辑网络设计、通信规范、物理网络设计、实施阶段

　　　　　C．通信规范、物理网络设计、需求规范、逻辑网络设计、实施阶段

　　　　　D．通信规范、需求规范、逻辑网络设计、物理网络设计、实施阶段

■ **试题分析**　网络系统生命周期可以划分为五个阶段，实施这五个阶段的合理顺序是需求规范、通信规范、逻辑网络设计、物理网络设计、实施阶段。

■ **参考答案**　　（3）A

3．网络系统设计过程中，逻辑网络设计阶段的任务是＿＿（4）＿＿。

　　（4）A．依据逻辑网络设计的要求，确定设备的物理分布和运行环境

　　　　　B．分析现有网络和新网络的资源分布，掌握网络的运行状态

　　　　　C．根据需求规范和通信规范，实施资源分配和安全规划

　　　　　D．理解网络应该具有的功能和性能，设计出符合用户需求的网络

■ **试题分析**　网络系统设计过程中，逻辑网络设计阶段的任务是根据需求规范和通信规范实施资源分配和安全规划。

■ **参考答案**　　（4）C

知识点：设备选型原则

知识点综述

　　在网络设计中，网络设备的选型是非常重要的一个环节。我们的基本原则是，在满足用户的性能要求，并保证一定的先进性的前提下，尽可能选择成本较低的设备。这样既可以保证满足用户的性能要求，又不浪费用户的投资，保证网络设计有较好的性价比。其知识体系图谱如图 19-4 所示。

图 19-4　设备选型原则知识体系图谱

参考题型

【考核方式1】　考核设备选型原则。

1．下列有关网络设备选型原则的说法中，不正确的是___（1）___。

（1）A．所有网络设备尽可能选取同一厂家的产品，这样在设备可互连性、协议互操作性、技术支持、价格等方面都更有优势

　　　B．在网络的层次结构中，主干设备选择可以不考虑扩展性需求

　　　C．尽可能保留并延长用户对原有网络设备的投资，减少在资金投入上的浪费

　　　D．选择性能价格比高、质量过硬的产品，使资金的投入产出达到最大值

■ **试题分析**　网络设备选型原则考虑以下几点：

● 所有网络设备尽可能选取同一厂家的产品，这样在设备可互连性、协议互操作性、技术支持、价格等方面都更有优势。

● 尽可能保留并延长用户对原有网络设备的投资，减少在资金投入上的浪费。

● 选择性能价格比高、质量过硬的产品，使资金的投入产出达到最大值。

● 根据实际需要进行选择。选择稍好的设备，尽力保留现有设备或者降级使用现有设备。

● 网络设备选择要充分考虑其可靠性。

● 厂商技术支持，即定期巡检、咨询、故障报修、备件响应等服务是否及时。

● 对产品备件库，设备故障时是否能及时更换。

● 在网络的层次结构中，主干设备选择应预留一定的能力，以便将来扩展，而低端设备则够用即可。

● 全系统的可靠性主要体现在网络设备的可靠性。

■ **参考答案**　（1）B

【考核方式2】　考查整个网络的设计和选型原则。

2．阅读以下说明，回答问题1至问题4，将解答填入答题纸对应的解答栏内。

　　【说明】某校园网拓扑结构如图 19-5 所示。

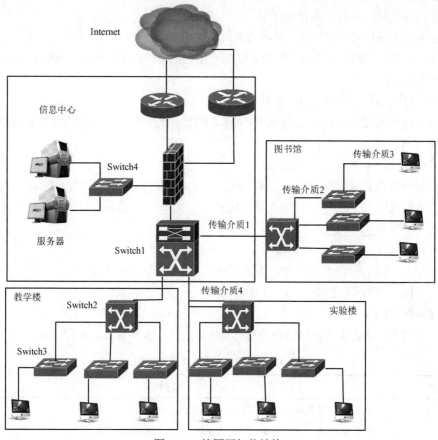

图 19-5　校园网拓扑结构

该网络中的部分需求如下：

①信息中心距图书馆 2000m，距教学楼 300 m，距实验楼 200 m。

②图书馆的汇聚交换机置于图书馆主机房内，楼层设备间共两个，分别位于二层和四层，距图书馆主机房距离均大于 200 m。其中，二层设备间负责一、二层的计算机接入，四层设备间负责三、四、五层的计算机接入，各层信息点数如表 19-1 所示。

表 19-1　各层信息点数

楼层	信息点数
1	24
2	24
3	19
4	21
5	36

③所有计算机采用静态 IP 地址。

④学校网络要求千兆干线，百兆到桌面。

⑤信息中心有两条百兆出口线路，在防火墙上根据外网 IP 设置出口策略，分别从两个出口访问 Internet。

⑥信息中心有多台服务器，通过交换机接入防火墙。

⑦信息中心提供的信息服务包括 Web、FTP、数据库、流媒体等，数据流量较大，要求千兆接入。

【问题 1】（4 分）

根据网络的需求和拓扑图，在满足网络功能的前提下，本着最节约成本的布线方式，传输介质 1 应采用___（1）___，传输介质 2 应采用___（2）___，传输介质 3 应采用___（3）___，传输介质 4 应采用___（4）___。

（1）～（4）

A．单模光纤　　　B．多模光纤　　　C．基带同轴电缆

D．宽带同轴电缆　　E．1 类双绞线　　F．5 类双绞线

【问题 2】（6 分）

学校根据网络需求选择了四种类型的交换机，其基本参数如表 19-2 所示。

表 19-2　交换机类型及基本参数

交换机类型	参数
A	12 个固定千兆 RJ45 接口，背板带宽=24G，包转发率=18Mp/s
B	24 个千兆 SFP，背板带宽=192G，包转发率=150Mp/s
C	模块化交换机，背板带宽=1.8T，包转发率=300Mp/s，业务插槽数量=8，支持电源冗余
D	24 个固定百兆 RJ45 接口，1 个 GBIC 插槽，包转发率=7.6Mp/s

根据网络需求、拓扑图和交换机参数类型，在图 19-5 中，Switch 1 应采用___（5）___类型交换机，Switch 2 应采用___（6）___类型交换机，Switch 3 应采用___（7）___类型交换机，Switch 4 应采用___（8）___型交换机。

根据需求描述和所选交换机类型，图书馆二层设备间最少需要交换机___（9）___台，图书馆四层设备间最少需要交换机___（10）___台。

【问题 3】（3 分）

该网络采用核心层、汇聚层、接入层的三层架构。根据层次化网络设计的原则，数据包过滤、协议转换应在___（11）___层完成；___（12）___层提供高速骨干线路；MAC 层过滤和 IP 地址绑定在___（13）___层完成。

【问题 4】（2 分）

根据该网络的需求，防火墙至少需要___（14）___个百兆接口和___（15）___个千兆接口。

■ **试题分析**

【问题 1～2】

分析过程如图 19-6 所示。

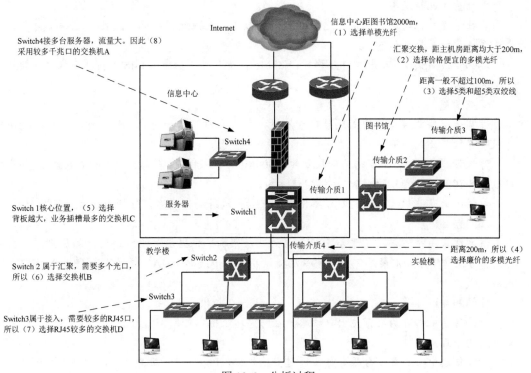

图 19-6　分析过程

- 信息中心距图书馆 2000m，所以（1）选择传输距离最远的单模光纤。
- 图书馆的汇聚交换机置于图书馆主机房内，距图书馆主机房均大于 200m，且多模光纤较单模光纤便宜，所以（2）选择多模光纤。
- 终端、PC 到接入交换机一般不超过 100m，所以（3）选择 5 类和超 5 类双绞线。
- 信息中心距实验楼 200m，所以（4）选择廉价的多模光纤。
- Switch 1 属于核心，（5）应该选择能处理大量数据交换、转发的核心交换机。即选择背板较大的、业务插槽较多的交换机。
- Switch 2 属于汇聚，需要多个光口连接较远距离的接入交换机，所以（6）选择支持多个 SFP 的交换机 B。
- Switch3 属于接入，需要较多的 RJ45 口，同时需要 GBIC 口上联汇聚，所以（7）选择 RJ45 较多的交换机 D。
- Switch4 接多台服务器，服务器特点是流量大、服务繁重，而且服务器大部分采用支持 RJ45 的网卡。因此（8）采用较多千兆口的交换机 A。

图书馆二层负责一、二层共 24+24=48 个信息点的接入，因此需要 24 口的交换机 D 共两台。

图书馆四层负责三、四、五层共19+21+36=76个信息点的接入，因此需要24口的交换机D共四台。

补充说明：

吞吐量（包转发率）。

吞吐量是单位时间内网络中通过数据包的数量。对应交换机而言，要实现满负荷运行，最小吞吐量计算公式如下：

吞吐量（Mp/s）=万兆端口数量×14.88Mp/s+千兆端口数量×1.488Mp/s+百兆端口数量×0.1488Mp/s。

背板带宽。

带宽是交换机接口处理器或接口卡和数据总线间所能吞吐的最大数据量。全双工交换机背板带宽计算公式如下：

背板带宽（Mb/s）=万兆端口数量×10000Mb/s×2+千兆端口数量×1000Mb/s×2+百兆端口数量×100Mb/s×2+其他端口×端口速率×2

更详细的有关背板带宽的内容参见朱小平老师编著的《网络工程师的5天修炼》一书。

【问题3】

该网络采用核心层、汇聚层、接入层的三层架构。根据层次化网络设计的原则，数据包过滤、协议转换应在**汇聚层**完成；**核心层**提供高速骨干线路；MAC层过滤和IP地址绑定在**接入层**完成。

【问题4】

"⑤信息中心有两条百兆出口线路，在防火墙上根据外网IP设置出口策略"要求防火墙至少有两个百兆接口。

"⑥信息中心共有多台服务器，通过交换机接入防火墙"，而其他单位通过汇聚接入，而汇聚连接防火墙，这说明防火墙需要两个千兆口。

■ 参考答案

【问题1】（每空1分，共4分）

（1）A 或单模光纤

（2）B 或多模光纤

（3）F 或 5 类双绞线

（4）B 或多模光纤

【问题2】（每空1分，共6分）

（5）C　　　　　（6）B　　　　　（7）D

（8）A　　　　　（9）2　　　　　（10）4

【问题3】（每空1分，共3分）

（11）汇聚层　　　（12）核心层　　　（13）接入层

【问题4】（每空1分，共2分）

（14）2　　　　　（15）2

课堂练习

1. 汇聚层交换机应该实现多种功能，下面不属于汇聚层功能的是___（1）___。

　（1）A．VLAN 间的路由选择　　　　　B．用户访问控制
　　　　C．分组过滤　　　　　　　　　　D．组播管理

2. 根据用户需求选择正确的网络技术是保证网络建立成功的关键，在选择网络技术时应考虑多种因素。下列说法不正确的是___（2）___。

　（2）A．选择的网络技术必须保证足够的带宽，使得用户能快速地访问应用系统
　　　　B．选择网络技术时不仅要考虑当前的需求，而且要考虑未来的发展
　　　　C．越是大型网络工程，越是要选择具有前瞻性的新的网络技术
　　　　D．选择网络技术要考虑投入产出比，通过投入产出分析确定使用何种技术

3. 大型局域网通常划分为核心层、汇聚层和接入层。以下关于各个网络层次的描述中，不正确的是___（3）___。

　（3）A．核心层承担访问控制列表检查　　B．汇聚层定义了网络的访问策略
　　　　C．接入层提供局域网络接入功能　　D．接入层可以使用集线器代替交换机

4. 大型局域网通常组织成分层结构（核心层、汇聚层和接入层），以下关于网络核心层的叙述中，正确的是___（4）___。

　（4）A．为了保障安全性，应对分组进行尽可能多的处理
　　　　B．将数据分组从一个区域高速地转发到另一个区域
　　　　C．由多台二、三层交换机组成
　　　　D．提供用户的访问控制

5. 网络设计过程包括逻辑网络设计和物理网络设计两个阶段，各个阶段都要产生相应的文档。以下选项中，___（5）___属于逻辑网络设计文档，___（6）___属于物理网络设计文档。

　（5）A．网络 IP 地址分配方案　　　　　B．设备列表清单
　　　　C．集中访谈的信息资料　　　　　D．网络内部的通信流量分布
　（6）A．网络 IP 地址分配方案　　　　　B．设备列表清单
　　　　C．集中访谈的信息资料　　　　　D．网络内部的通信流量分布

6. 安全审计是保障计算机系统安全的重要手段，其作用不包括___（7）___。

　（7）A．重现入侵者的操作过程
　　　　B．发现计算机系统的滥用情况
　　　　C．根据系统运行的日志，发现潜在的安全漏洞
　　　　D．保证可信计算机系统内部信息不外泄

7. 网络设计过程包括逻辑网络设计和物理网络设计两个阶段。以下选项中，___（8）___属于逻辑网络设计的工作，___（9）___属于物理网络设计的工作。

　（8）A．分析网络体系结构　　　　　　B．结构化布线
　　　　C．机房设计　　　　　　　　　　D．供电设计

（9）A．三层（核心、汇聚、接入）设计　　　B．防雷设计

　　　C．路由设计　　　　　　　　　　　　D．IP 地址规划、设计

8．阅读以下说明，回答问题 1 至问题 4，将解答填入答题纸对应的解答栏内。

【说明】某学校计划部署校园网络，其建筑物分布如图 19-7 所示。

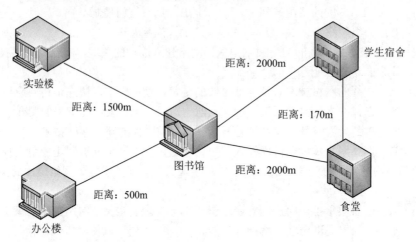

图 19-7　建筑物分布

根据需求分析结果，校园网规划要求如下：

①信息中心部署在图书馆。

②实验楼部署 237 个点，办公楼部署 87 个点，学生宿舍部署 422 个点，食堂部署 17 个点。

③为满足以后应用的需求，要求核心交换机到汇聚交换机以千兆链路聚合，同时千兆到桌面。

④学校信息中心部署服务器。根据需求，一方面要对服务器有完善的保护措施，另一方面要对内外网分别提供不同的服务。

⑤部署流控网关对 P2P 流量进行限制，以保证正常上网需求。

【问题 1】（5 分）

根据网络需求，设计人员设计的网络拓扑结构如图 19-8 所示。

请根据网络需求描述和网络拓扑结构回答以下问题。

图 19-8 中设备①应为＿＿（1）＿＿，设备②应为＿＿（2）＿＿，设备③应为＿＿（3）＿＿，设备④应为＿＿（4）＿＿。

　　　（1）～（4）：A．路由器　　　　　　　B．核心交换机

　　　　　　　　　　C．流控服务器　　　　　D．防火墙

设备④应该接在＿＿（5）＿＿上。

【问题 2】（4 分）

根据题目说明和网络拓扑图，在图 19-8 中，介质 1 应选用＿＿（6）＿＿，介质 2 应选用＿＿（7）＿＿，介质 3 应选用＿＿（8）＿＿。

　　　（6）～（8）：A．单模光纤　　　　　　B．多模光纤

　　　　　　　　　　C．6 类双绞线　　　　　D．5 类双绞线

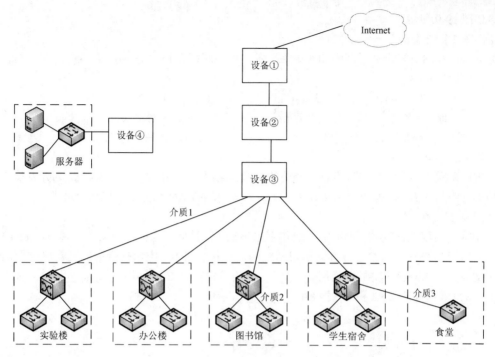

图 19-8　网络拓扑结构

根据网络需求分析和网络拓扑结构图，所有接入交换机都直接连接汇聚交换机，本校园网中至少需要___（9）___台 24 口的接入交换机（不包括服务器使用的交换机）。

【问题3】（4分）

交换机的选型是网络设计的重要工作，而交换机的背板带宽、包转发率和交换容量是其重要技术指标。其中，交换机进行数据包转发的能力称为___（10）___，交换机端口处理器和数据总线之间单位时间内所能传输的最大数据量称为___（11）___。某交换机有 24 个固定的千兆端口，其端口总带宽为___（12）___ Mb/s。

【问题4】（2分）

根据需求分析，图书馆需要支持无线网络接入，其部分交换机需要提供 POE 功能，POE 的标准供电电压值为___（13）___。

（13）A．5V　　　　　　　B．12V　　　　　　　C．48V　　　　　　　D．110V

9．阅读以下说明，回答问题 1 至问题 5，将解答填入答题纸对应的解答栏内。

【说明】某学校有三个校区，校区之间最远距离达到 61km，学校现在需要建设校园网。具体要求如下：校园网通过多运营商接入互联网，主干网采用千兆以太网将三个校区的中心节点连起来，每个中心节点都有财务、人事和教务三类应用。按应用将全网划分为三个 VLAN，三个中心都必须支持三个 VLAN 的数据转发。路由器用光纤连接到校区 1 的中心节点上，距离不超过 500m，网络结构如图 19-9 所示。

【问题 1】（3 分）

根据题意和图 19-9，从经济性和实用性出发，填写网络拓扑图中所用的传输介质和设备。

（1）～（3）：

    A．3 类 UTP   B．5 类 UTP   C．6 类 UTP

    D．单模光纤   E．多模光纤   F．千兆以太网交换机

    G．百兆以太网交换机   H．万兆以太网交换机

【问题 2】（4 分）

如果校园网中办公室用户没有移动办公的需求，采用基于___（4）___的 VLAN 划分方法比较合理；如果有的用户需要移动办公，采用基于___（5）___的 VLAN 划分方法比较合适。

【问题 3】（6 分）

图 19-9 中所示的交换机和路由器之间互连的端口类型全部为标准的 GBIC 端口，表 19-3 列出了互联所用的光模块的参数标准。请根据组网需求从表 19-3 中选择合适的光模块类型满足合理的建网成本，Router 和 S1 之间用___（6）___互连，S1 和 S2 之间用___（7）___互连，S1 和 S3 之间___（8）___用互连，S2 和 S3 之间用___（9）___互连。

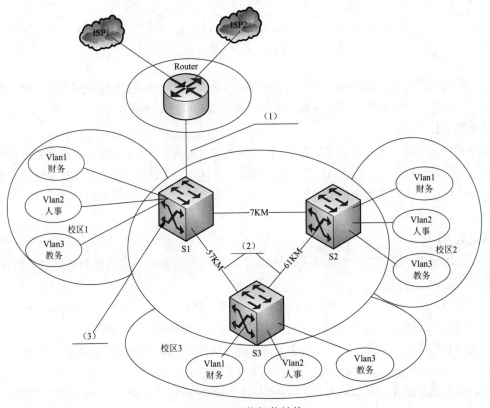

图 19-9 网络拓扑结构

表 19-3 光模块参数表

光模块类型	支持的参数指标			
	标准	波长	光纤类型	备注
模块 1	1000BaseSx	850nm	62.5/125μm 50/125μm	多模，价格便宜
模块 2	1000BaseLx/1000BaseLH	1310nm	62.5/125μm 50/125μm 9/125μm	单模，价格稍高
模块 3	1000BaseZx	1550nm	9/125μm	单模，价格昂贵

【问题 4】（3 分）

如果将 Router 和 S1 之间互连的模块 S1 和 S2 之间的模块互换，Router 和 S1 以及 S1 和 S2 之间的网络是否能连通？并解释原因。

【问题 5】（4 分）

若 VLAN3 的网络用户因为业务需要只允许从 ISP1 出口访问 Internet，在路由器上需进行基于 ___(10)___ 的策略路由配置。其他 VLAN 用户访问 Internet 资源时，若访问的是 ISP1 上的网络资源，则从 ISP1 出口；若访问的是其他网络资源，则从 ISP2 出口，那么在路由器上需进行基于 ___(11)___ 的策略路由配置。

试题分析

试题 1 分析：试题分析见"知识点：层次化设计原则"一节的例题 1。

参考答案：（1）B

试题 2 分析：越是大型网络工程，越是要选择具有前瞻性的新网络技术。新网络技术可能不可靠、不稳定。

参考答案：（2）C

试题 3 分析：核心层用于高速转发，而包过滤、策略路由、ACL 检查尽可能不要放在核心层，避免降低效率。

参考答案：（3）A

试题 4 分析：核心层的作用就是高速转发。

参考答案：（4）B

试题 5 分析：逻辑网络设计工作有：

①网络总体设计。如分析网络体系结构、网络逻辑结构。

②分层设计：如三层（核心、汇聚、接入）设计、Internet 出口设计。

③IP 地址规划、设计。

④路由设计。

⑤技术选择。

⑥功能设计。如冗余、安全、聚会设计等。

物理网络设计包含的内容有结构化布线、机房设计、供电设计、防雷设计等。

参考答案：（5）A　　（6）B

试题 6 分析：安全审计就是存储、记录安全行为和系统操作，根据日志和历时数据分析、识别不安全的行为和操作。

安全审计的作用有：

①震慑和警告潜在的入侵者。

②检查、制止入侵，发现计算机系统的滥用情况。

③记录系统运行日志，重现入侵者的操作过程。

④根据系统运行的日志，发现潜在的安全漏洞。

参考答案：（7）D

试题 7 分析：

参考第 5 题。

参考答案：（8）A　　（9）B

试题 8 分析：

【问题 1～2】

分析过程如图 19-10 所示。

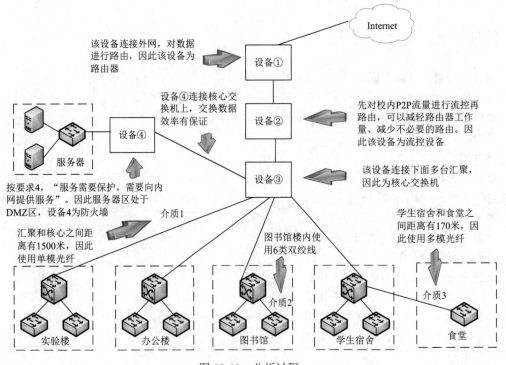

图 19-10　分析过程

【问题 2】

- 实验楼部署 237 个点，则需要 237/23≈10.3，取整为 11 台交换机。
- 办公楼部署 87 个点，则需要 4 台交换机。
- 学生宿舍部署 422 个点，则需要 19 台交换机。
- 食堂部署 17 个点，则需要 1 台交换机。

总共需要 11+4+19+1=35 台交换机。

【问题 3】（4 分）

交换机进行数据包转发的能力称为**包转发率**，交换机端口处理器和数据总线之间单位时间内所能传输的最大数据量称为**背板带宽**。

背板带宽（Mb/s）=万兆端口数量×10000Mb/s×2+千兆端口数量×1000Mb/s×2+百兆端口数量×100Mb/s×2+其他端口×端口速率×2

某交换机有 24 个固定的千兆端口，其端口总带宽为 **48000Mb/s**。

【问题 4】（2 分）

POE（Power Over Ethernet）指的是在现有的以太网 Cat.5 布线基础架构不作任何改动的情况下，在为一些基于 IP 的终端（如 IP 电话机、无线局域网接入点 AP、网络摄像机等）传输数据信号的同时，还能为此类设备提供直流供电的技术。理论上，任何功率不超过 13W 的设备都可以从 RJ45 插座获取相应的电力。POE 的标准供电电压值为 **48V**。

参考答案：

【问题 1】（5 分，每空 1 分）

（1）A（或路由器）

（2）C（或流控服务器）

（3）B（或核心交换机）

（4）D（或防火墙）

（5）核心交换机（或设备③）

【问题 2】（4 分，每空 1 分）

（6）A（或单模光纤）

（7）C（或 6 类双绞线）

（8）B（或多模光纤）

（9）35

【问题 3】（4 分）

（10）包转发率　　　　（1 分）

（11）背板带宽　　　　（1 分）

（12）48000　　　　（2 分）

【问题 4】（2 分）

（13）C（或 48V）

试题 9 分析：

【问题 1】

本题是一道简单的根据网络环境和拓扑结构选择连接介质的问题。基本解题技巧是记住不同的传输介质所能应用的环境、传输的速度及距离。通常 5～6 类 UTP 的传输距离不超过 100m，适合在室内；而多模光纤的距离大约是 1000Mb/s 的速率下不超过 500m，再长的距离则要用单模。对于（3）处的交换机，因为题目要求是 1000Mb/s 连接三个校区，因此选择 F 选项。

【问题 2】

本题考查考生对 VLAN 的划分方式的特点的了解。因为不需要移动办公，因此位置相对固定，可以采用基于端口的划分方式。而在需要移动办公的环境中，用户的机器在不同的接入点接入，但是用户本身属于的 VLAN 并不随着位置的改变而改变，因此适合用基于 MAC 地址的划分方式。

【问题 3】

本题考查的还是考生根据实际的应用环境选择合适的设备（模块）。表 19-3 给出了相关的参数，但是关键的距离参数并没有给出，因此要求考生熟悉各种激光在不同直径的光纤中的传输距离。本着最佳性价比的原则，在满足传输条件下，尽量选择价格低的产品。显然 850nm 的光在多模的传输距离不超过 500m，因此 Router 和 S1 之间用（模块 1）互连。S1 和 S2 之间的距离是 7km，用 1310nm 的激光在 9μm 的单模光纤中最多可以传输 10km 左右。因此（7）用模块 2 互连，由于 S1 和 S3 之间用（8）互联、S2 和 S3 之间用（9）互连的距离均比较长，超过了模块的传输距离，因此必须用 ZX 模块。

【问题 4】

本题是考查考生对模块传输介质的支持的了解。因为从表 19-3 中可以看到模块 2 可以在单模和多模光纤中传输，因此调换之后，Router 与 S1 可以连通。

【问题 5】

本题考查考生对策略路由应用的了解，在目前的策略路由技术中，可以根据源地址或者目的地址来进行路由策略的设置，结合题意不难得出，（10）处是源地址，而（11）处则是目的地址

参考答案：

【问题 1】（3 分，每空 1 分）

（1）E

（2）D

（3）F

【问题 2】（4 分，每空 2 分）

（4）交换机端口

（5）MAC 地址

【问题 3】（6 分，每空 1.5 分）

（6）模块 1

（7）模块 2

（8）模块 3

（9）模块 3

【问题 4】（3 分）

Router 与 S1 通，S1 与 S2 不通。因为模块 2 的传输介质兼容多模光纤，模块 1 的传输介质不兼容单模光纤。

【问题 5】（4 分，每空 2 分）

（10）源地址

（11）目的地址

参考文献

[1] 朱小平. 网络工程师的 5 天修炼. 北京：中国水利水电出版社，2012.

[2] 谢希仁. 计算机网络（第 5 版）. 北京：电子工业出版社，2008.

[3] （美）Andrew S.Tanenbaum 著. 计算机网络（第 4 版）. 潘爱民译. 北京：清华大学出版社，2004.

[4] （美）Justin Menga 著. CCNP 实战指南：交换/Cisoc 职业认证培训系列. 李莉等译. 北京：人民邮电出版社，2005.

[5] （美）Jeff Doyle 著. TCP/IP 路由技术（第一卷）（第 2 版）. 葛建立，吴剑章译. 北京：人民邮电出版社，2007.

[6] 王达. Cisco/H3C 交换机配置与管理完全手册. 北京：中国水利水电出版社，2009.

[7] 黄传河. 网络规划设计师教程. 北京：清华大学出版社，2009.

[8] 王奎. PPP 身份验证协议. 中国互动出版网.

[9] 杨波，周亚宁. 大话通信. 北京：人民邮电出版社，2009.

[10] 丁奇. 大话无线通信. 北京：人民邮电出版社，2009.

[11] （美）SHon Harris 著. CISSP 认证考试指南（第 4 版）. 石华耀等译. 北京：科学出版社，2009.

[12] 工业和信息化部教育与考试中心. 软考历年真题.